STORIA DELLA BELLEZZA

A CURA DI

UMBERTO ECO

美的历史

【意大利】翁贝托·艾柯（Umberto Eco）◎编著
彭淮栋◎译

中央编译出版社
CCTP Central Compilation & Translation Press

图书在版编目（CIP）数据

美的历史 /（意）艾柯编著；彭淮栋译 .
—北京：中央编译出版社，2011.3
（图文馆）
书名原文：Storia della bellezza
ISBN 978-7-5117-0738-3

Ⅰ . ①美… Ⅱ . ①艾… ②彭… Ⅲ . ①美学史—西方国家 Ⅳ . ① B83-095

中国版本图书馆 CIP 数据核字（2011）第 003800 号

美的历史 【意大利】翁贝托·艾柯◎编著 彭淮栋◎译

出 版 人：刘明清
出版统筹：贾宇琰
责任编辑：张维军
出版发行：中央编译出版社
地 址：北京西城区车公庄大街乙 5 号鸿儒大厦 B 座（邮编：100044）
电 话：（010）52612345（总编室）（010）52612333（编辑部）
（010）52612316（发行部）（010）52612315（网络销售）
（010）52612346（馆配部）（010）66509618（读者服务部）
传 真：（010）66515838
印 刷：北京佳信达欣艺术印刷有限公司
成品尺寸：145 毫米 ×202 毫米 13.75 印张
版 次：2011 年 10 月 北 京 第 1 版
印 次：2017 年 7 月 第 8 次 印 刷
定 价：98.00 元

网 址：www.cctphome.com 邮 箱：cctp@cctphome.com
新浪微博：@ 中央编译出版社 微 信：中央编译出版社（ID: cctphome）

目　录

导论

女子胸像，
公元前 2 世纪，
卢切拉（意大利），
市立博物馆

“美丽”，连同“优雅”、“漂亮”、“崇高”、“奇妙”、“超绝”等措词是我们表示喜欢某件事物时经常使用的形容词。依此意思，美丽的与善的似乎是同一回事。事实上，在各历史时期里，美与善也密切相连。

不过，根据我们的日常经验来判断，我们往往不仅将我们喜欢的事物界定为好的善的，也把我们希望拥有的东西界定为好的善的。我们所认为好的事物，其数无限，两情相悦之爱、诚实获致的财富、精美的佳肴皆是，皆为我们所希望拥有。刺激我们的欲望者，谓之善。我们以有德之行为善，而且会有“但愿此事出自我手”之心，或者，见一善事，受其激励而决心做一同样可嘉之事。有时候，一事符合某种理想原则但苦难及身，我们仍视之为善，如英雄光荣就义、有人舍身救治麻风病，以及父母为救子女而牺牲生命。这些例子，我们认为其事乃善事，但我们出于自私或恐惧，宁可不要置身其境。我们认其为善，却是他人之善，我们旁观，带着某种超脱，虽然也怀着某种情感，而且不无思齐之欲。形容我们宁可敬佩而不亲履的有德之行，我们往往说，那是“美事”。

超脱的态度使我们将一件善事界定为美，而不起思齐置身其地之心。细想此点，我们就明白，我们谈“美”时，是为一件事物本身之故而享受之，非关我们是否拥有此一事物。我们悦赏烘焙店橱窗里一个结婚蛋糕，可能觉得其美丽，即使我们出于健康理由或当时并无食欲而不以其为该买之物。美丽的事物，如果是我们的，会使我们快乐，但即使属于他人，也仍然美丽。至于有人见一美丽之

物，例如伟大艺术家的画，出于借拥有以傲人，或为了能够日日观赏之欲，或因其经济价值巨大，而欲占为私有，当然又是另一回事。这些嗜欲、妒羡、占有欲、贪婪，与“美”的情操了无关涉。

口渴之人见水泉，急趋而饮之，初非赏爱水泉之美。他或她可能静观其美，亦是在其解渴之后。美感之异于欲望，关键在此。我们见人，对之并无性欲，或者，知道其人绝不可能为我所有，仍能视之为美丽绝伦。若我们对一人生出欲念（其人可能貌丑）但却无法与之达成为我所欲求的关系，则痛苦随至。

本书出古入今，第一要义是看看哪些文化、哪些历史时期认识到，有些事物给人静观欣赏之乐，此乐独立于我们对这些事物可能怀有的欲望。在这层意义上，此书不从任何先入为主的美学出发，而是综观数千年来人类视为美的事物。

布隆奇诺，
维纳斯与丘比特的寓言，
局部，
1545，
伦敦，
英国国家美术馆

我们的另外一项指南是，现代为美与艺术之间打造的关系，并不如我们所想的这般一望可知。有些现代美学理论只承认艺术之美，因而低估自然之美，有些历史时期则与此相反，认为美是自然界的特质（月光、精美的水果、美丽的颜色），“艺”之要务，是把东西做好，以所做之物善尽其用——画家、雕刻家、造船家、木匠、理发师之作，皆可以“艺”称之。到后来，为了将绘画、雕刻及建筑区别于工艺，才有现代意义的“艺术”一词。

不过，美与艺术之间的关系，往往暧昧多层，原因是，自然之美虽获偏爱，艺术能为自然做美丽的刻画，亦属公认之事，即使所刻画的自然本身危险叵测或令人厌恶。

我们这本书讲美的历史，不是艺术史（或文学史、音乐史），因此，我们一路看美的历史，将会随时提到处理美与艺术之间关系的观念。

大家一定会问：这本美的历史为什么只征引艺术作品为其史料？理由是：古往今来，是艺术家、诗人、小说家向我们述说他们认为美的事物，而为我们留下美的例子的，也是他们。农夫、石匠、烘焙师、裁缝师也制作他们认为美丽之物，但其中只有非常少数能留存于世（瓶罐、牲口栖身的建筑、一些衣服）。最重要的是，他们没有片言只字告诉我们，他们何以认为那些东西美丽，或者，向我们解释自然之美对他们是何意义。艺术家刻画谷仓、工具或身穿衣饰的人，我们才能借以猜测他们那个时代，匠人对美可能抱有的理想。

然而我还是无法十分确定，有时艺术家画他们当时的人，其灵感来自圣经时代或荷马时代，而刻画圣经或荷马笔下的人物之时，又从当下处身时代的时尚汲取灵感。我们的见解虽有作品可征，但对这些作品绝难完全确定。不过，我们细心观察之余，还是可以冒昧推论。思考古代艺术家或匠人之作，当时的文学或哲学文字往往可以借助。例如，雕刻罗马式（Romanesque）教堂柱子或柱头那些怪物的雕刻家是否认为那些怪物美丽，我们说不上来，但我们有圣伯纳（St. Bernardo）的文字（他本人并不认为那些雕刻好或有用），可从中得知信徒颇得观赏之趣（而且，圣伯纳虽谴责那些雕刻，言下却透露出他对其吸引力并非毫无感觉）。于是，感谢天意留此不容质疑的证言，我们可以说——根据12世纪这位圣徒之见——那些怪物雕刻是美的（虽然道德上可以疵议）。

高更，
你忌妒吗?
局部，
1892，
莫斯科，
普希金博物馆

由于上述原因，本书只关注在西方文化中的美的观念。我们拥有所谓原始民族的艺术品，比如面具、粗糙雕刻、雕刻，但我们没有技术文本，以便告诉我们它们是用作静观、葬礼或单纯日常应用。至于其他文化，虽说诗歌与哲学的典籍浩如烟海（比如印度文化或中国文化），即使传统引导我们把某些概念译成西方文字，比如“美”或“善”，但几乎很难确定在哪点上它们同我们的一致。

我们说过，本书大部分将从艺术世界取材。不过，我们接近现代之际，也会用到除了纯粹娱乐、广告或满足情色行为，别无艺术目的的材料，诸如商业电影、电视及广告传输的影像。原则上，伟大的艺术作品与美学价值稀少的作品，对本书价值相同，亦即协助我们了解特定时代的美的理想。

如此说来，本书可能招来相对主义之讥，仿佛我们认为美随不同的历史时期与文化而转移。我们正是此意。前苏格拉底学派哲学家色诺芬尼（Xenophanes of Colophon，公元前560—前478年）有一段著名的话：“假使牛或马或狮子有手，能如人一般作画，假使禽兽画神，则马画之神将似马，牛画之神将似牛，神之状貌各如它们自己。”（Clement of Alexandria, *Stromata*, V, 110）

美的观念千汇万状，在这些变化之上，可能有某种施诸百世万族而皆准的规则。本书并不期望不计代价地搜寻这些规则。我们不作此意图，而只期凸显差异。至于是否在差异底下寻找万流归宗的统一，只读者自便。

本书谋篇命意的原则是，美向来并非绝对、颠扑不破的，而是随历史时期与国家之异而异，非仅物理美如此（包括男、女、风景），神、圣徒、观念之美亦然。

本书如此命意，对读者最为尊重。我们将会看到，同一时期，画家与雕刻家歌颂一种美的典型（人、自然、观念），文学家却歌颂另一种典型。某些希腊诗人吟咏的女性美，在后世某个时代才由画家与雕刻家实现。另一方面，我们只要想想，下一个千年，火星人蓦然碰见一幅毕加索的作品，以及毕加索同时代的爱情故事里描写的美女，这位火星人将会何其诧异。他不会明白这两种美的观念有何关系。所以，我们必须花些工夫，看看不同的美的模式如何并存于同一时期，以及其他模式如何穿越不同的时期彼此呼应。

埃里卡·克利尔，
Allen Jones与Philip Castle摄，
取自《Pirelli 月历》，
1973

本书一开始就将全书的编排与灵感和盘托出，让读者尝一脔而知鼎味。全书起始，排列出一系列对照图表可见，不同时代里，有时彼此相距遥远的哲学家、作家、艺术家如何重拾并发展（或许加以变化）纷繁多样的美的观念，在此图表可一目了然。

公元前 3 万年

威伦多夫的维纳斯，
维也纳，
自然历史博物馆

公元前 4 千年

安提尼，
雅巴伦，塔西里，
阿尔及利亚

公元前 4 世纪

普拉克西提勒斯，
克尼迪亚的维纳斯，
罗马人仿作，
罗马，
罗马国家博物馆

公元前 3 世纪

跪姿的维纳斯，
巴黎，
卢浮宫

公元前 2 世纪

米罗的维纳斯，
巴黎，
卢浮宫

公元前 2—前 1 世纪

拉克希米女神，
象牙小雕像，
庞贝出土，
那不勒斯，
国家考古博物馆

约 1482

波提切利，
维纳斯的诞生，
佛罗伦萨，
乌菲齐美术馆

1506

克拉纳赫，
维纳斯与偷蜜的丘比特，
罗马，
博盖塞陈列馆

1509

乔尔乔内，
睡眠的维纳斯，
德累斯顿，
德累斯顿美术馆

1797—1800

戈雅，
裸体的维纳斯，
马德里，
普拉多博物馆

1804—1808

卡诺瓦，
宝琳·波拿巴，
罗马，
博盖塞陈列馆

公元前 1 世纪

战神与维纳斯，
庞贝的战神与维纳斯屋壁画，
那不勒斯，
国家考古博物馆

4—5 世纪

维纳斯自海中升起，
开罗，
科普特博物馆

约 1360

圣马丁工匠，
维纳斯受六个传奇情人崇拜，
佛罗伦萨盘子，
巴黎，卢浮宫

14 世纪

大妓女揽镜，
启示录织锦之 17，
昂热，
安茹的雷尼王城堡

1470—1480

低莱茵地区佚名画家，
爱的魔力，
莱比锡，
造型艺术博物馆

1538

提香，
乌尔比诺的维纳斯，
佛罗伦萨，
乌菲齐美术馆

1545

布隆奇诺，
维纳斯与丘比特的寓言，
伦敦，
英国国家美术馆

1630

鲁本斯，
裹毛皮的海伦娜扮阿芙罗狄特，
维也纳，
艺术史博物馆

1650

维拉斯奎兹，
维纳斯照镜子，
伦敦，
英国国家美术馆

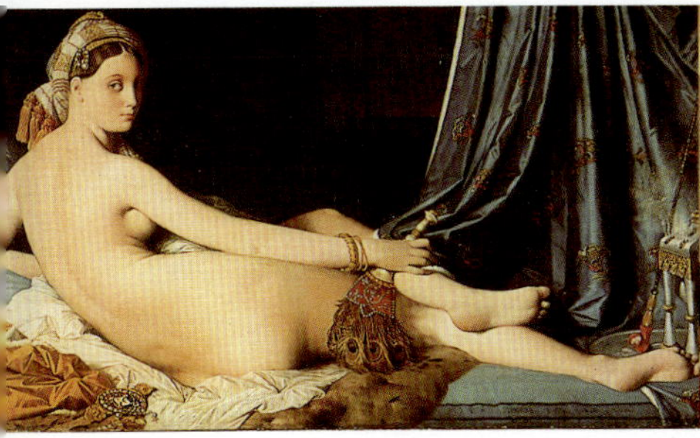

1814

安格尔，
大宫女，
巴黎，
卢浮宫

1833

海耶兹，
忏悔的抹大拉，
米兰，
市立现代艺术馆

1863

马奈，
奥林匹亚，
巴黎，
奥塞美术馆

1892

高更，
你忌妒吗?
莫斯科，
普希金博物馆

1908

毕加索，
森林女神，
圣彼得堡，
艾尔米塔什博物馆

1909

克里姆特，
莎乐美，
威尼斯，
现代艺术馆

约 1920

约瑟芬·贝克

约 1950

玛丽莲·梦露

公元前 6 世纪

青年雕像，
雅典，
国家考古博物馆

公元前 460—前 450 年

米隆，
掷铁饼者，
罗马人仿希腊原作，
罗马，
罗马国家博物馆

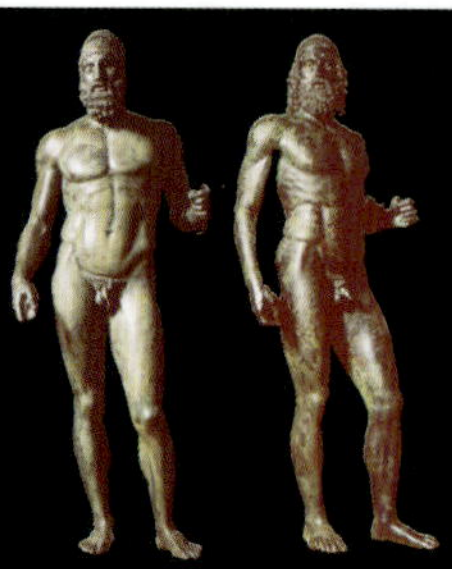

公元前 470—前 400 年

奥林匹亚匠师，
里亚斯青铜像，
雷吉欧卡拉布利亚，
国家考古博物馆

公元前 440 年

波里克利特斯，
持矛者，
罗马人仿希腊原作，
那不勒斯，
国家考古博物馆

1 世纪

眺望楼的阿波罗，
罗马人仿
公元前 4 世纪希腊原作，
罗马，
梵蒂冈博物馆

1842

海耶兹，
参孙，
佛罗伦萨，
皮蒂宫现代艺术馆

1906

毕加索，
少年，
巴黎，
奥伦治博物馆

1907

马蒂斯，
“音乐”素描，
纽约，
现代艺术博物馆

1923

弗雷德里克·凯利 - 鲁宾逊，
青年，
私人收藏

约 1965
碧姬·芭铎

1997
莫妮卡·贝鲁奇

裸体的阿多尼斯

约 1190
亚当，
巴黎，
圣母院

1474
安东奈罗·达·美西纳，
圣塞巴斯提安，
德累斯顿，
德累斯顿美术馆

1602
卡拉瓦乔，
施洗者圣约翰，
罗马，
卡皮托利纳美术馆

1615—1630
雷尼，
阿塔兰忒与希波墨涅斯，
那不勒斯，
卡波迪蒙特博物馆

1792
安-路易·吉罗代-特里奥松，
恩底弥翁的睡眠，
巴黎，
卢浮宫

1933
约翰尼·韦斯穆勒，
电影《泰山》

1952
马龙·白兰度，
饰演马克·安东尼，
电影《恺撒大帝》

1985
阿诺德·施瓦辛格，
电影《魔鬼司令》

公元前 7 世纪

克里特岛的欧瑟尔女像，
巴黎，
卢浮宫

公元前 7 世纪

花神，
斯塔比亚的阿里阿德涅别墅壁画，
那不勒斯，
国家考古博物馆

公元前 6 世纪

女像，
雅典，
国家考古博物馆

公元前 470 年

萨福与阿尔开俄斯，
红色人像希腊双耳瓶，
慕尼黑，
古代美术品收藏馆

约 1340

围巾游戏，
金银丝线刺绣钱包，
织于巴黎，
汉堡，
艺术与手工艺博物馆

约 1540

提香，
美女，
佛罗伦萨，
皮蒂宫帕拉提纳美术馆

1606—1607

鲁本斯，
朵莉亚，
卡尔斯鲁尔，
国家艺术厅

1650

米歇尔·贾提尼，
塞维尼夫人，
《法国著名女性画像集》
（巴黎，1827）

1740

利奥塔德，
戴土耳其头饰的法国女士，
日内瓦，
艺术与历史博物馆

1756

布歇，
蓬巴杜夫人，
慕尼黑，
旧皮纳科特克美术馆

1899

高更，
玛丽之月，
圣彼得堡，
艾尔米塔什博物馆

1902

克里姆特，
贝多芬壁画，
天使唱诗班，
维也纳，
奥地利美术馆

1910

费迪南德·霍德勒，
行走的女人，
托马斯·斯密德亨尼收藏

1917

埃贡·席勒，
弯膝而坐的女人，
布拉格，
国家美术馆

约 1920

柯蕾特

1456

乌切洛，
圣乔治屠龙，
伦敦，
英国国家美术馆

1469

柯萨，
4月，月份厅，
费拉拉，
齐法诺亚宫

1503—1506

达·芬奇，
蒙娜丽莎，
巴黎，
卢浮宫

约1514

拉斐尔，
戴头纱的女子，
佛罗伦萨，
皮蒂宫

1530—1535

帕米吉亚尼诺，
安提亚，
那不勒斯，
卡波迪蒙特博物馆

1760

盖恩斯巴勒，
尊贵的葛兰姆夫人，
爱丁堡，
苏格兰国立美术馆

1800

大卫，
雷卡米尔夫人，
巴黎，
卢浮宫

1866

伯恩·琼斯，
被链子锁在树干的公主，
纽约，
福布斯收藏馆

1867

曼金，
萨福，
曼彻斯特，
曼彻斯特美术馆

1927

可可·香奈儿，
画像

1946

丽塔·海华斯

1960

安妮塔·艾克伯格，
电影《**甜蜜生活**》

公元前 2000 年

男子小银像，
阿勒颇，
国家博物馆

公元前 1300 年

塞内金姆王装饰壁画，
埃及，
帝王谷陵墓

公元前 470—前 450 年

尼尔比德画家，
拱形瓶画，
那不勒斯，
国家考古博物馆

1 世纪

罗马雕像，
那不勒斯，
国家考古博物馆

14 世纪

音乐与乐师，
取自波修斯《数学与音乐
安如宫廷泥金抄本，
那不勒斯，
国立图书馆

1593—1594

卡拉瓦乔，
持水果篮的男孩，
罗马，
博盖塞陈列馆

1609—1610

鲁本斯，
自画像，
与伊莎贝尔·布兰特，
慕尼黑，
旧皮纳科特克美术馆

1634

伦勃朗，
苏尔曼斯画像，
巴黎，
私人收藏

约 1660

杨·科席耶，
算命，
圣彼得堡，
艾尔米塔什博物馆

约 1668

维梅尔，
地理学家，
法兰克福，
施特德尔美术馆

1844

埃米尔·戴洛伊，
波德莱尔画像，
凡尔赛，
国家博物馆

1897

波迪尼，
孟德斯鸠－斐仁沙克伯爵，
巴黎，
奥塞美术馆

1901

比亚兹莱，
我也在阿加底亚，
《比亚兹莱新作集》，
（伦敦－纽约，1901），
米兰，
国立布雷登斯图书馆

约 1947

汉弗莱·博加特

1954

马龙·白兰度，
电影《**码头风云**》

1360

阿尔波，
武装天使行列，
帕度亚，
市立博物馆

1410—1411

林堡兄弟，
4月，
取自**《贝里公爵的富贵》，**
尚蒂伊，
孔代博物馆

1433

凡·艾克，
红头巾男子，
伦敦，
英国国家美术馆

1500

丢勒，
穿毛皮的自画像，
慕尼黑，
旧皮纳科特克美术馆

1573

保罗·韦罗内塞，
李维家的飨宴，
（左半部分），
威尼斯，
学院美术馆

1720

弗拉加尔加略，
绅士画像，
米兰，
布雷拉美术馆

1787

提希班，
歌德在罗马乡间，
法兰克福，
施特德尔美术馆

1800

大卫，
拿破仑跨越圣伯纳山口，
巴黎，
马勒麦宗国家博物馆

1818

约瑟·塞文，
雪莱在卡拉卡拉浴场，
罗马，
济慈-雪莱纪念馆

1954

詹姆斯·迪恩

1975

大卫·鲍伊

1989

米克·杰格

2002

贝克汉姆

2002

乔治·克鲁尼

公元前 2700—前 2300 年

女头石雕，
克罗斯岛，
巴黎，
卢浮宫

公元前 2500 年

女头石雕，
埃及查法吉神庙，
堪萨斯，
尼尔森 - 阿特金斯
艺术博物馆

公元前 1391—前 1353 年

图雅王后，
埃及新王国时代，
巴黎，
卢浮宫

公元前 5 世纪

女头瓦檐饰，
巴黎，
卢浮宫

公元前 2 世纪

女子画像，
（安底诺？）
巴黎，
卢浮宫

公元前 1 世纪

弗拉维亚女爵，
那不勒斯，
国家考古博物馆

约 1540

布隆奇诺，
潘绮亚蒂奇，
佛罗伦萨，
乌菲齐美术馆

约 1540

提香，
忏悔的抹大拉，
佛罗伦萨，
皮蒂宫帕拉提纳美术馆

1703

尼古拉斯·德·拉吉里耶，
斯特拉斯堡美女，
斯特拉斯堡，
艺术博物馆

1770

乔舒亚·雷诺兹，
瓦德格雷夫仕女，
爱丁堡，
苏格兰国立美术馆

约 1782

洛姆尼，
扮女妖瑟西的汉密尔顿女士，
伦敦，
泰特美术馆

1926

露易丝·布鲁克斯

1929

塔玛拉·德·蓝姆皮卡，
圣莫里茨，
奥尔良，
艺术博物馆

1931

葛丽泰·嘉宝

1932

葛丽泰·嘉宝，
电影《**玛塔·哈莉**》

约 1949

丽塔·海华斯

公元前 1 世纪

女诗人（萨福？）画像，
庞贝出土，
那不勒斯，
国家考古博物馆

5 世纪

提奥多拉的头，
米兰，
史佛萨堡市立古代艺术馆

约 1300 年

诗人阿兹提登，
取自《**猎人与猎物**》，
海德堡大学图书馆

15 世纪

贝伦切里画师，
玛丽亚·邦奇亚尼画像，
佛罗伦萨，
乌菲齐美术馆

1480

皮埃罗·迪·科西莫，
西蒙内塔·韦斯普奇，
尚蒂伊，
孔代博物馆

1485—1490

达·芬奇，
抱银鼠的女子，
克拉科夫，
札托里斯基博物馆

1800

玛丽·维莲敏·贝诺伊斯，
黑人女子画像，
巴黎，
卢浮宫

1829

吉赛贝·托明兹，
摩斯肯家族，
鲁比亚纳，
国家美术馆

1860—1865

菲力克斯·纳达尔，
莎拉·伯恩哈特

1867

罗塞蒂，
莉莉丝，
威明顿，
特拉华艺术博物馆

1922

丽娜·德·里果洛，
电影《**梅莎琳娜**》

1954

奥黛丽·赫本

约 1960

碧姬·芭铎

约 1970

崔姬

公元前 2500—前 2000 年

阿卡德的萨尔贡王，
青铜头像，
巴格达，
伊拉克国家博物馆

公元前 7 世纪

统治者头像，
泰尔巴西普总督宫壁画，
阿勒颇，
国家博物馆

公元前 7—前 6 世纪

德尔斐的阿波罗，
德尔斐，
考古博物馆

公元前 550 年

蓝班骑士，
巴黎，
卢浮宫

公元前 5 世纪

运动员头像，
那不勒斯，
国家考古博物馆

约 1645

凡·代克，
两位英格兰青年的画像，
伦敦，
国家美术馆

1720

弗拉加尔加略，
戴三角帽的绅士，
米兰，
佩佐利博物馆

约 1815

托马斯·劳伦斯，
拜伦像，
米兰，
私人收藏

约 1923

鲁道夫·范伦铁诺

1932

约翰·巴里摩尔，
电影《**玛塔·哈莉**》

1975

约翰·特拉沃尔塔，
电影《**周末夜狂热**》

约 1998

丹尼斯·罗德曼

公元前 5 世纪

安提努斯，
那不勒斯，
国家考古博物馆

1255—1265

赫曼，
西唱诗班席雕像，
瑙姆堡大教堂

14 世纪

安如宫廷的骑士，
取自那不勒斯泥金抄本
Ad Robertum Siciliae Regem，
佛罗伦萨，
国立图书馆

1498

丢勒，
戴手套的自画像，
马德里，
普拉多博物馆

16 世纪

维尼托，
绅士画像，
罗马，
国家美术馆

约 1935

蒂龙·鲍尔

1951

马龙·白兰度

1954

詹姆斯·迪恩

约 1968

吉姆·莫里森

约 1968

吉米·亨德里克斯

1132—1140
耶稣诞生，
巴勒莫，
帕拉提纳礼拜堂镶嵌画

12 世纪
祈祷的圣母，
大理石圣像，
墨西拿，
地区博物馆

12 世纪
圣母与二天使，
拱窗，
佛尔米斯，
圣安其罗教堂

12 世纪
佛罗伦萨画派，
圣母与孩子，
佛罗伦萨，
乌菲齐美术馆

1285
杜西奥·迪·博宁塞纳，
圣母鲁奇拉耶，
佛罗伦萨，
乌菲齐美术馆

1441—1447
菲利皮诺·里皮，
圣母的加冕，
佛罗伦萨，
乌菲齐美术馆

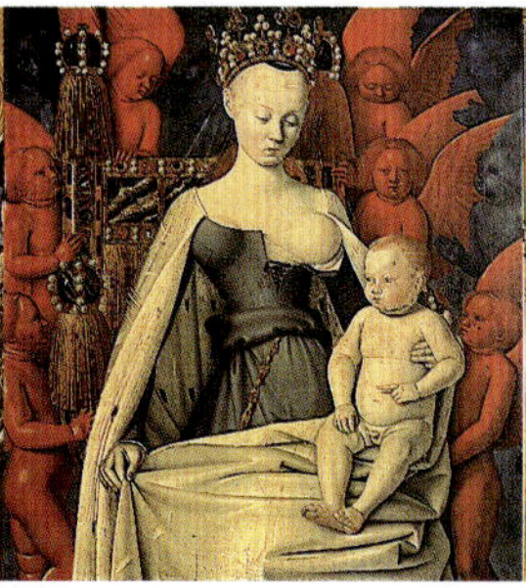

1450
让·富凯，
圣母与孩子，
安特卫普，
皇家艺术博物馆

约 1460
贝里尼，
圣母与孩子，
佛罗伦萨，
乌菲齐美术馆

约 1470
梅姆林，
圣母携子登极，
佛罗伦萨，
乌菲齐美术馆

1509
昆滕·梅契斯，
圣安妮三联画，
布鲁塞尔，
皇家艺术博物馆

1524—1526
提香，
佩沙洛圣母，
威尼斯，
圣玛丽亚教堂

约 1526
丢勒，
持梨子的圣母与孩子，
佛罗伦萨，
乌菲齐美术馆

1532
帕米吉亚尼诺，
长脖子圣母，
佛罗伦萨，
乌菲齐美术馆

1310

乔托，
万圣节圣母，
佛罗伦萨，
乌菲齐美术馆

1330

西蒙纳·马提尼，
天使报喜，
佛罗伦萨，
乌菲齐美术馆

1410—1411

林堡兄弟，
圣母访亲，
取自《**贝里公爵的富贵**》，
尚蒂伊，
孔代博物馆

1425—1430

马索里诺，
谦卑的圣母，
佛罗伦萨，
乌菲齐美术馆

约 1478

雨果·凡·德·古斯，
波蒂纳里祭坛三联画，
佛罗伦萨，
乌菲齐美术馆

1487

波提切利，
石榴圣母，
佛罗伦萨，
乌菲齐美术馆

1501—1505

米开朗基罗，
圣家庭与圣约翰，
佛罗伦萨，
乌菲齐美术馆

1504—1508

拉斐尔，
金翅雀圣母，
佛罗伦萨，
乌菲齐美术馆

约 1604

卡拉瓦乔，
圣母与朝圣者，
罗马，
圣阿格诺斯提诺教堂

约 1686

卢卡·乔达诺，
天幕圣母，
那不勒斯，
卡波迪蒙特博物馆

1849—1850

罗塞蒂，
天使报喜，
伦敦，
泰特美术馆

1894—1895

爱德华·蒙克，
圣母，
奥斯陆，
国家美术馆

1991

麦当娜

9—10 世纪

福音书封面，
卡普亚，
教堂宝藏

1145—1150

正门雕刻，
沙特尔，
圣母教堂

1170

钉十字架，
取自《**佛洛雷夫圣经**》，
伦敦，
大英博物馆

1180—1194

基督受洗，
镶嵌画，
蒙里尔（西西里），
圣玛丽亚阿森塔教堂

1475—1476

安东奈罗·达·美西纳，
钉十字架，
安特卫普，
皇家艺术博物馆

1475

安东奈罗·达·美西纳，
救世主，
伦敦，
英国国家美术馆

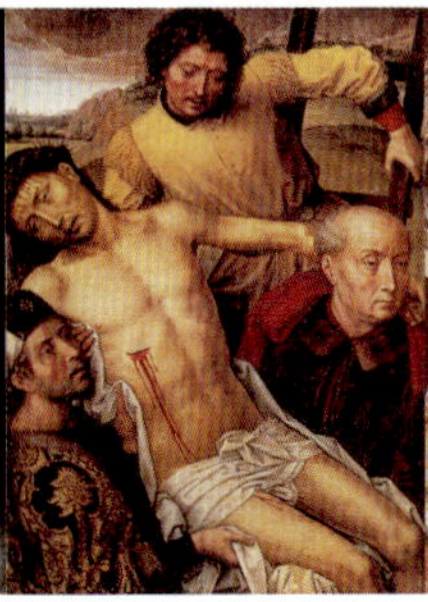

1480—1490

梅姆林，
基督降架，
格拉纳达，
皇家礼拜堂

约 1480

安德烈亚·曼泰尼亚，
哀基督之死，
米兰，
布雷拉美术馆

1550

布隆奇诺，
基督降架，
佛罗伦萨，
乌菲齐美术馆

1625

巴提斯特罗·卡拉奇欧洛，
鞭笞，
那不勒斯，
卡波迪蒙特博物馆

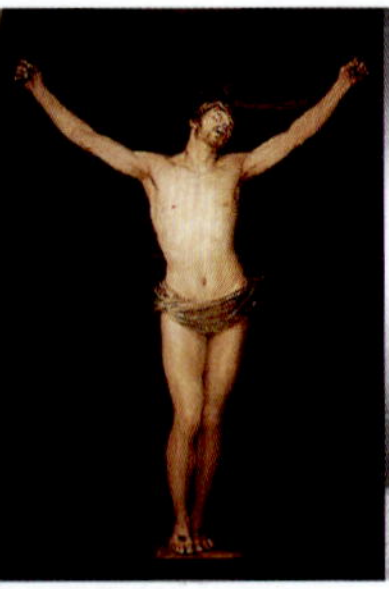

1780

戈雅，
十字架上的基督，
马德里，
普拉多博物馆

1973

泰德·尼里，
音乐剧《**万世巨星**》

2003

詹姆斯·卡维泽，
电影《**耶稣受难记**》

约 1350

鲁卡画派，
十字架受难场面，
佛罗伦萨，
乌菲齐美术馆

14 世纪

乔提诺，
圣母哀子，
佛罗伦萨，
乌菲齐美术馆

1410—1411

林堡兄弟，
基督受洗，
取自《**贝里公爵的富贵**》，
尚蒂伊，
孔代博物馆

1450

弗朗西斯卡，
基督受洗，
伦敦，
英国国家美术馆

约 1500

吉安·弗朗切斯科·马涅里，
背十字架的基督，
佛罗伦萨，
乌菲齐美术馆

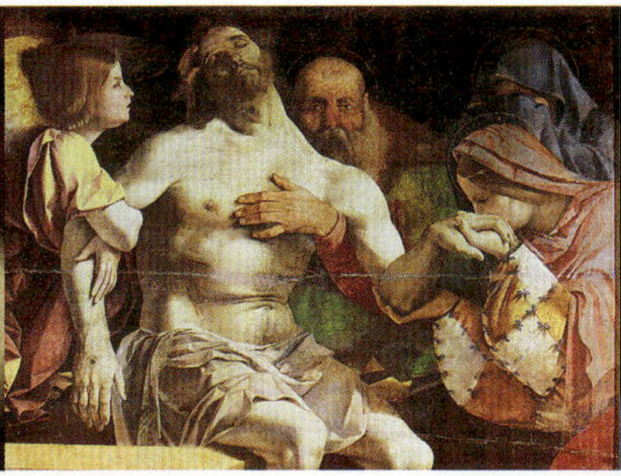

1508

洛伦佐·洛托，
圣母哀子，
联画，
雷卡纳提，
市立博物馆

约 1510

奇马·达·科内利亚诺，
戴荆冠的基督，
伦敦，
英国国家美术馆

约 1515

拉斐尔，
耶稣显容，
罗马，
梵蒂冈美术馆

公元前 14 世纪

埃赫那吞巨型半身像，
新王国时代，
开罗，
埃及博物馆

公元前 3—前 2 世纪

亚历山大大帝，
镶嵌画，
那不勒斯，
国家考古博物馆

6 世纪

查士丁尼皇帝与廷臣，
拉文纳，
圣维塔尔教堂

约 1000

教宗奥托三世及世俗显贵，
取自《**奥托三世福音书**》，
慕尼黑，
巴伐利亚州立图书馆

1317

西蒙纳·马提尼，
图卢兹的圣路德维司
那不勒斯，
卡波迪蒙特博物馆

1540

小霍尔班，
亨利八世，
罗马，
国家美术馆

1542

多索·多西，
阿方索一世，
摩德纳，
埃斯坦塞美术馆

1636

凡·代克，
查尔斯一世骑马，
伦敦，
英国国家美术馆

1637

凡·代克，
查尔斯一世打猎，
巴黎，
卢浮宫

约 1845

奥尔良的路易·菲利普，
凡尔赛，
国家博物馆

1938

意大利国王**伊曼纽尔三世**与儿子翁贝托、孙子维托里奥

1961

约翰·肯尼迪，
美国第 35 任总统

1974

乔万尼·阿涅利，
菲亚特公司总裁

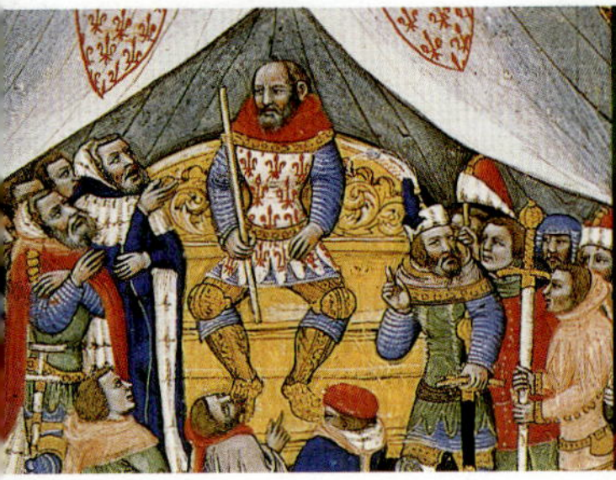

1373

波隆纳的尼可洛，
帷幄中的恺撒，
取自 *De bello pharsalico*，
米兰，
特里夫奇亚纳图书馆

1519

丢勒，
马克西米利安一世皇帝，
维也纳，
艺术史博物馆

1525—1530

克卢埃，
弗朗西斯一世，
巴黎，
卢浮宫

1532—1533

提香，
查尔斯五世在米尔伯格，
马德里，
普拉多博物馆

1641

凡·代克，
拿骚－奥兰治的威廉二世，
阿姆斯特丹，
国家博物馆

约 1670

皮埃尔·米尼亚尔，
路易十四被名声女神加冕，
都灵，
萨包达美术馆

约 1780

英王乔治三世，
凡尔赛，
国家博物馆

1806

安格尔，
拿破仑一世登上皇帝宝座，
巴黎，
国立伤兵院
军事博物馆

1841—1845

埃德文·兰德希尔，
现代温莎堡，
温莎堡，
王室收藏

公元前 14 世纪

纳芙蒂蒂王后，
新王国时代，
柏林，
埃及博物馆

9—10 世纪

提奥多拉女皇与廷臣，
拉文纳，
圣维塔尔教堂

1255—1265

艾克哈德与尤塔，
瑙姆堡大教堂，
唱诗班席雕像

1503—1504

米琪儿·席陶，
阿拉贡的凯瑟琳，
维也纳，
艺术史博物馆

1536

小霍尔班，
简·西摩像，
海牙，
莫瑞泰斯皇家美术馆

约 1500

贝里尼，
塞浦路斯王后，
卡塔丽娜·科尔纳罗，
布达佩斯，
艺术博物馆

约 1955

格蕾丝·凯莉

1963

伊丽莎白·泰勒，
电影《**埃及艳后**》

1990

黛安娜

约 1490

达·芬奇，
人体比例研究，
威尼斯，
学院美术馆

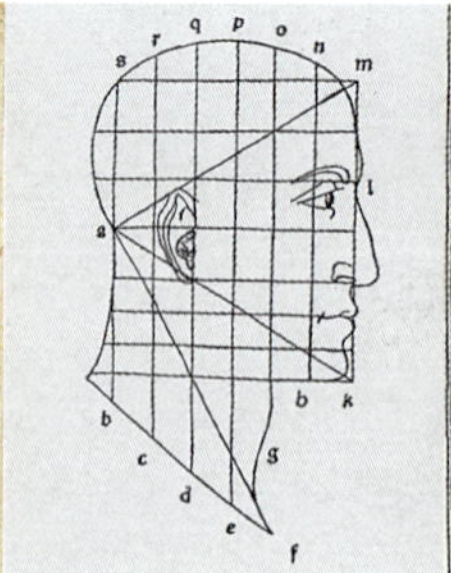

1509

帕奇欧里，
几何栅栏之人头，
取自《**神圣的比例**》
米兰

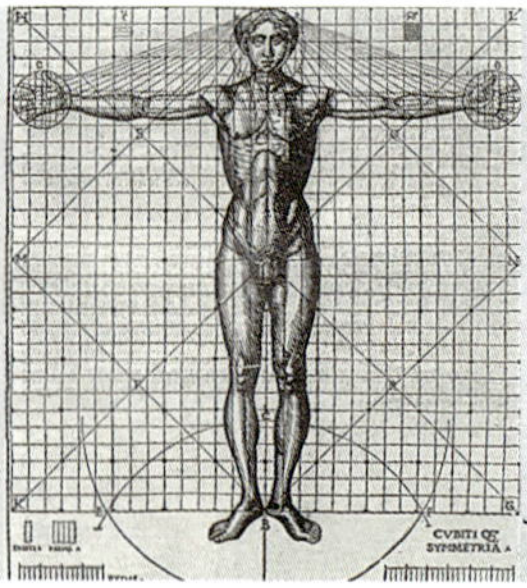

1521

塞沙里亚诺，
维特鲁威的人形，
取自《**维特鲁威建筑学**》，
米兰，
国立布雷登斯图书馆

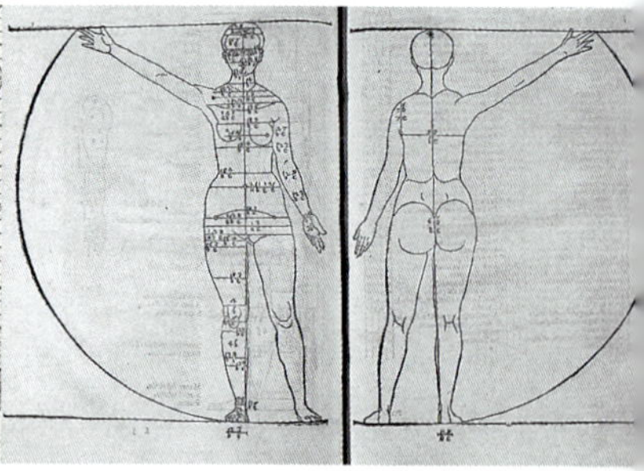

1528

丢勒，
人体测量图，
取自《**人体比例四书**》

女王

1570

小梅契斯，
英格兰的伊丽莎白一世，
西耶纳，
国家美术馆

1571

克卢埃，
奥地利的伊丽莎白，
巴黎，
卢浮宫

1633

凡·代克，
海丽塔·玛丽王后，
华盛顿，
国立美术馆

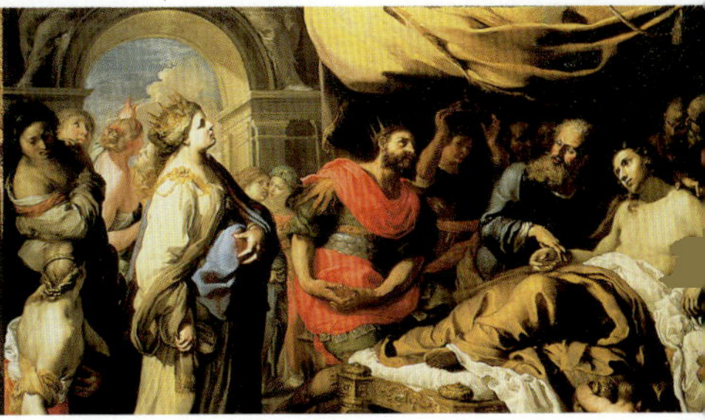

约 1650

贝尔那迪诺·梅伊，
安提奥乔斯和斯特拉托尼斯，
西耶纳，
蒙代帕希收藏

比例

公元前 4 世纪

波里克利特斯，
拳击选手，
罗马人仿希腊原作，
罗马，
私人收藏

公元前 440 年

波里克利特斯，
持矛者，
罗马人仿希腊原作，
那不勒斯，
国家考古博物馆

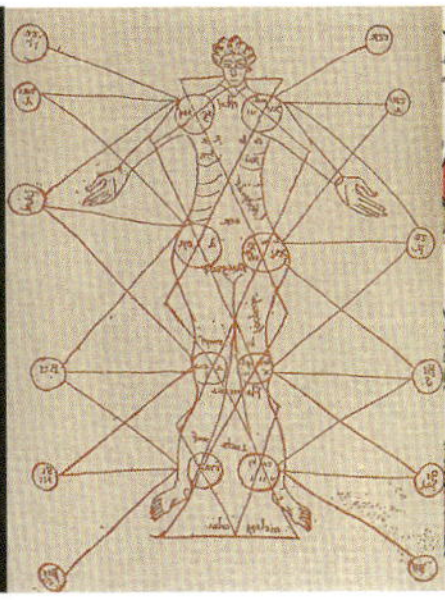

11 世纪

人的体液与基质和黄道十二宫的关系，
西班牙，
欧斯玛市

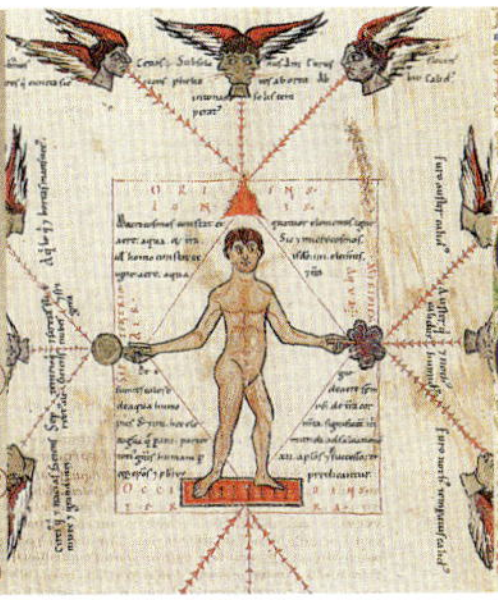

12 世纪

风、元素、体液，
取自《**占星学手稿**》，
巴伐利亚

1410—1411

林堡兄弟，
人与黄道十二宫，
取自《**贝里公爵的富贵**》，
尚蒂伊，
孔代博物馆

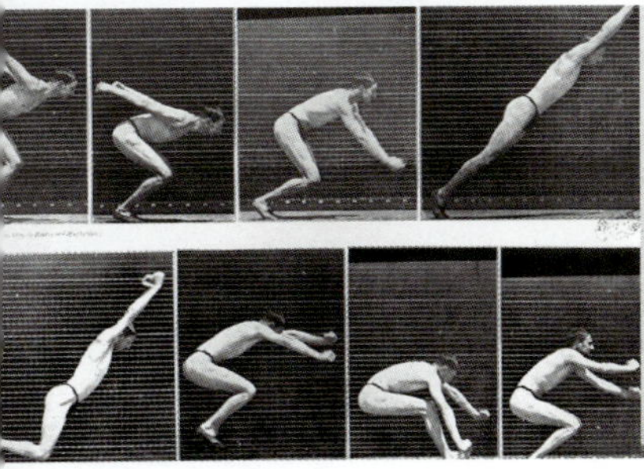

1887

伊德韦尔德·迈布里奇，
人体运动

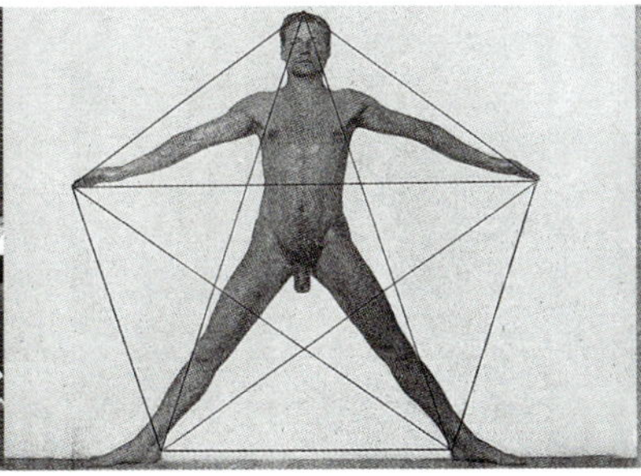

1931

吉卡，
小宇宙，
取自《**黄金分割**》，
巴黎

1931

吉卡，
一张脸的和谐分析，
取自《**黄金分割**》，
巴黎

第一章

古希腊人的审美理想

1. 缪斯的合唱

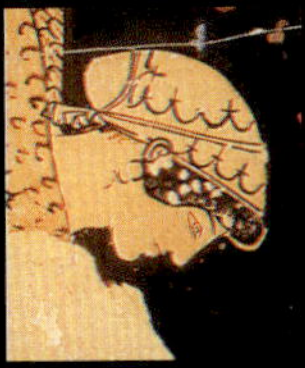

青年雕像，
公元前 6 世纪，
雅典，
希腊国立考古博物馆

根据赫西奥德（Hesiod）之说，卡德莫斯（Cadmus）与哈默妮（Harmony）在底比斯（Thebes）结婚。缪斯唱诗赞美新娘和新郎，其中有个叠句，众神很快就朗朗上口：“唯有美的才受人爱，不美的，没有人爱。”这些熟如谣谚的诗句频见于后来诗人的作品里，包括提奥格尼斯（Theognis）与欧里庇得斯（Euripides），在某种程度上表达了古希腊流行的美感见解。其实，美在古希腊并没有独立地位：我们还可以说，至少一直到伯里克利（Pericles）时代，希腊人缺乏真正的美学与美的理论。

美几乎无时无刻不与其他特质彼此连带，绝非偶然。例如，德尔斐神谕（the Delphi Oracle）回答美的欣赏判准是什么，如此说道：“最美的，也是最正义的。”就是在希腊艺术的黄金时代，美也时时与其他价值并提，诸如“适中”、“和谐”及“平衡”。此外，希腊人对诗隐怀不信任，这不信任至柏拉图而直言不讳：艺术与诗（因此，连同美）容或悦目赏心，却与真理没有直接关联。美这个主题经常与特洛伊战争相连，亦非巧合。

荷马作品里找不到美的定义，但《伊利亚特》（*Iliad*）这位作者为特洛伊战争提出了一项含蓄的理由，遥启后来辩士戈吉亚斯（Gorgias）那篇《海伦颂》（*Encomium of Helen*）：**海伦令人无法抗拒的美**免除了她是生灵涂炭祸因之罪。特洛伊陷落，希腊大军进城，墨奈劳斯（Menelaos）扑向他的出墙妻，就要取她性命，但眼睛余光落在她裸袒的胸脯上，举剑的手废然下垂。

海伦令人无法抗拒的美

荷马（公元前8—前7世纪）

《伊利亚特》，III, vv. 156-165

“难怪特洛伊人和亚该亚人这么受苦：看她一眼，你就知道她像一个不朽的女神！不过，她虽然美丽，还是让他们用船把她带走吧，以免她为我们和我们的子女带来大祸。”大家这么说。普里阿摩斯召见海伦。“孩子，”他说，“过来坐在我身边，这样你就可以看见你前夫，你的亲人朋友。这事当然错不在你，该怪诸神。使我们和亚该亚人发生这场可怕的战争的，是他们……”

艺术与真理

柏拉图（公元前5—前4世纪）

《理想国》，X

这么看来，模仿者隔真理很远。他能是一个画家、鞋匠、木匠或别的任何工匠，但他对他们的技术一无所知。他能做种种模仿，只因为他只碰触那些事物的一小部分，也就是表象。他如果是不错的艺术家，他将他的画隔着一段距离给小孩子或单纯的人看，可能骗得过他们，他们会以为他们看到的是一个真的木匠。这也就是我想提出的结论。绘画或素描，以及一般的模仿，做其当行本色之事，是离真相很远的，我们和他们发生关系的心理作用也和理性相隔甚远，没有健康的或合乎真理的目标。模仿艺术家有如劣等人娶劣等人，生出劣等的后代。

古典主义

温克尔曼

《希腊绘画与雕刻里的模仿》，1755

如同人类，艺术有其青春时代，这些艺术的早年类似一切艺术家的早期阶段，一切艺术家初期都只懂得欣赏宏壮奇妙。最早的希腊画家画画，或许犹如希腊最早的伟大悲剧诗人的风格。人做一切事情，最初都冲动且不精确；均衡与精确随后方至，而且人需要时间来学习欣赏均衡和精确。唯有大师具备这些特质，尚在学习者则利于强烈的激情。最好的希腊著作，亦即苏格拉底一派的作品，其真正与众不同的特征，就是希腊雕像那种高贵的单纯与静穆的宏伟。构成拉斐尔之伟大者，也就是这些特质，而他是由模仿古人而获得这些特质。他又唯其有那样美丽的身体和特质、那样的美丽灵魂，才成为近代意识到并发现古人真质的第一人，而且，他在一个庸俗、不完美的灵魂对真正的伟大都仍然毫无感觉的时代造此境界，堪称福气。

卡比多里尼的维纳斯，
罗马人仿希腊原作，
公元前 300 年，
罗马，
卡皮托利尼博物馆

不过，即使此处及他处提到男女身体之美，我们还是不能说荷马史诗对美具有意识上的理解。后起的抒情诗人亦然，除了萨福（Sappho）这个重要的例子之外，美在其他作品中似乎并非攸关宏旨的主题。但是，我们如果以现代眼光看美，仍无法充分了解早期希腊人对美的观点。就如历代都有人认为某种“古典的”美是原味，是真貌，实则他们将现代观点投射于过去，大有未当。温克尔曼（Winckelmann）标举的**古典主义**就是一例。

希腊词 Kalón 勉强可以译为“美丽的”。根据此词，我们要注意，一切**令人愉快**，引起悦慕或吸引**眼神**的人或事物，**皆谓之美**。一个

令人愉快皆谓之美

提奥格尼斯（公元前 6—前 5 世纪）

《挽歌》，I, vv. 17-18

缪斯与美之神，宙斯的女儿，
你们在卡德莫斯的婚礼上唱这些美丽的词：
“唯有美的才受人爱，
不美的，没有人爱。”

美丽的事物永远可亲

欧里庇得斯（公元前 5 世纪）

《巴克哀》，III, vv. 880-884

一只手搁在臣服的敌人头上，
有什么智慧，有什么神的赏赐
比这更美？
美永远可亲。

希腊红色人像杯，
黎明女神抱其子曼农尸体，
公元前 490—前 480 年，
巴黎，
卢浮宫

黑色人像双耳瓶，
阿基里斯与埃阿斯掷骰子，
公元前540年，
梵蒂冈，
梵蒂冈博物馆

物体美丽，意指这个物体的外形令感官愉快，尤其视觉与听觉。但是，表现这个物体之美的因素不是只有那些能用感官感觉的层面：以人体为例，灵魂与人格也扮演重要角色，而这些特质主要需以“心”眼而非肉眼去感觉。

根据这些提示，我们可以说，早期希腊人对美是有了解的，只是他们所了解的美与传达美的各种艺术结合，使美本身并无独立地位：在颂神歌里，美是宇宙的和谐；在诗，美是使人欢悦的魅力；在雕刻，美是作品成分的适当配置与平衡；在修辞，美是恰当的音声节奏。

眼神

柏拉图（公元前5—前4世纪）

《会饮》，211e

如果人能看见真正的美呢？我是说，神圣的美，纯粹、清明、不掺杂质，没有被道德和人类生活的所有颜色与虚荣所污染。如果他能看见真正的美，与之说话。记住，只有在那样的相契里，以心灵的眼睛看着美，他产生的才不是美的表象，而是真实（因为他掌握到真实），产生并滋育真正的美德，成为神的朋友而不朽。如果人能不朽，这会是不高贵的人生吗？

费德洛斯和在座诸位，这是狄奥提玛对我说的话，我信服。我自己信服，也希望让别人相信，要臻至这个目的，人性不容易找到比爱更好的帮手。

2. 艺术家的“美”观

雅典兴起至军事、经济、文化强权之际，一种比较清晰的审美观逐渐成形。伯里克利（Pericles）时代在多次击败波斯的战争中达于极盛之时，也是艺术出现重大发展之刻，尤以绘画与雕刻为最。艺术出现这次重大发展的原因，与希腊人重建被波斯人毁坏的神庙、展示雅典之盛势，以及伯里克利优遇艺术家有关。

除了外在原因，还必须加上古希腊人在具象艺术方面的技术性发展。相较于埃及艺术，希腊雕刻与绘画进步甚大，在某种程度上，这进步得助于艺术与常识的结合。

在建筑与绘画里，埃及人不考虑透视法。透视法有其抽象而严格的规则，而希腊人重视的是一种主观的透视法，希腊画家发明前缩法（foreshortening），不理会美的客观精准：盾牌本来有其完美的圆形，而观看者看东西是平透视，这圆形就可以随观看者的视点而调整。

阿波罗神庙山墙雕刻，
人首马身怪与拉庇泰族之战，
公元前 4 世纪，
德尔斐，
考古博物馆

战车御者，
公元前 5 世纪，
德尔斐，
考古博物馆

米隆，
掷铁饼者，
公元前 460—前 450 年，
罗马，
国立罗马博物馆

同理，雕刻的对象是活生生的人体美，当然也要依据经验。菲迪亚斯（Phidias，他的许多作品今日只能由后代的复制品得知）与米隆（Miron）那一代，以及随后的普拉克西提勒斯（Praxiteles）一代，在于以写实手法再现美——尤其人体，因为他们偏好有机形体之美，不喜无机物体之美，并与执守规范（kanon）之间创造了一种平衡，类似音乐作曲规则（nómos）。

后人以为希腊人将抽象的人体理想化，实则不然，希腊人将千姿万态的活生生人体综合，从中寻找一种理想的美，肉体与灵魂圆谐的美。易言之，形态之美与灵魂之善合一是最高理想，希腊文称之为 Kalokagathía（心身至善），其最高贵的表达可见于萨福的诗与普拉克西提勒斯的雕刻。

最能表现这种美的，是静态形式，在此形式里，动作或运动的一个片断显出平衡与沉静。表现此一状态，较繁纹缛饰更适合。不过，希腊雕刻里一件极重要的作品还是在根本上打破了这条规则：《拉奥孔》（*Laocoon*，希腊时代之作）充满戏剧动态的描写，殊非以单纯取胜。此作 1506 年发现，见者莫不惊异神迷。

菲迪亚斯，
巴特农神殿浮雕，
公元前 447—前 432 年，
伦敦，
大英博物馆

普拉克西提勒斯，
克尼迪亚的维纳斯，
罗马人仿作，
公元前 375—前 330 年，
罗马，
国立罗马博物馆

普拉克西提勒斯，
赫尔墨斯与年幼的戴奥尼索斯，
罗马人仿作，
公元前 375—前 330 年，
罗马，
国立罗马博物馆

拉奥孔，
公元前 1 世纪，
梵蒂冈，
梵蒂冈博物馆

心身至善

萨福（公元前 7—前 6 世纪）

对某些人，世上最美的东西是一支骑兵队，有人说是步兵大军，也有人说是舰队，我则认为，你爱的就是美的。这容易解释。天下最美的海伦选择那个使特洛伊生灵涂炭的男人，不顾女儿与双亲，远走高飞，为了爱他……美丽者站在我们眼前的时候是美丽的，美而善者则眼前好，永远好。

拉奥孔

温克尔曼

《古代艺术史》，I. 1767

最后，希腊杰作的主要特征是高贵的单纯与静穆的伟大，姿势、神情皆然。犹如海面无论何其波涛汹涌，海水深处依然平静，希腊人像无论内心如何激情动荡，都永远流露一种伟大而均衡的精神。这样的精神，在最残忍的折磨之下，不只跃然于拉奥孔脸上而已。他的痛苦显现于他身体的每一块肌肉，每一条筋腱，而且不必费心考虑他的脸或其他部分，单看那扭曲紧缩的腹部即可见得，使我们感同身受。这痛苦，我说，完全不是靠脸上之愤，也不是靠姿势之痛来传达。这个拉奥孔没有像维吉尔诗里那样惧怖狂叫：他的嘴形无法那样叫；如萨多里托所说，从那里浮现出来的，只有痛楚而压抑的太息。肉体的痛苦与精神的伟大均匀分布于整个身体，似乎在维持彼此的平衡。拉奥孔在受苦，不过，是像索福克勒斯笔下的费洛提特斯那样受苦：他所受的折磨点燃我们的心，我们但愿自己也能像这个崇高的人这样承受痛苦。

3. 哲学家谈美

苏格拉底与柏拉图进一步探讨美的问题。我们从色诺芬（Xenophon）的《**回忆苏格拉底**》（*Memorabilia*，由于作者的党派姿态，其真实性目前有人持疑）得知，苏格拉底点出至少三个审美范畴，有意从思想观念层次建立艺术实践的正当性。三个范畴是：**理想美**，将自然之局部混融而再现自然；**精神美**，透过眼睛表现灵魂（普拉克西提勒斯的雕刻，眼睛着色以增加写实感，是为一例）；以及**有用的**或**功能的美**。

回忆苏格拉底

色诺芬（公元前5—前4世纪）

《回忆苏格拉底》，III

阿里斯提伯斯再问他（苏格拉底）是不是知道哪些东西美丽。

"很多，"他答道。

"那些东西是不是都彼此相似呢？"

"没有。相反，往往有些彼此非常不像。"

"一件东西和美丽的东西不相像，怎么可能是美的？"

"真是！"苏格拉底答道，"一个很美的赛跑选手，和一个很美的摔跤选手可能非常不相像，一张防身用的美丽的盾，和一枝可以快速又有力掷出的标枪也完全不相像。"

"这个回答和前一个回答没有什么不同，"阿里斯提伯斯说，"就是我刚才问你的，你是不是知道哪些东西是善的。"

"你以为一个是善，一个是美吗？你难道不晓得吗？对同样的事情来说，一切东西都是既美又善的。

"这么说来，连一只装垃圾的篮子也是美的？"

"当然。一张金盾可能是丑的，如果篮子适合而金盾不适合它们各自的目的。"

"你是说，同样的事情可能既美又丑？"

"这当然就是我的意思，"苏格拉底答道，"而且可能既好又不好：例如，对饥饿者好的东西，对发烧的人可能不好，对摔跤选手好的东西，对赛跑者往往不好。所以，一件东西如果适合其目的，就此而言它就是既美又善的，反之，它就是既坏又丑。"……

苏格拉底如果碰巧和工作中的艺术家谈起来，他会想法子对他们有用。有一次，他去看画家帕哈修斯，两人聊起来，他问：

"帕哈修斯，绘画可不是再现我们所见的东西吗？换句话说，你们画家以色彩为媒介，再现高的矮的身体，光和阴影，硬的软的，粗的细的表面，青春的如花盛绽和老年的皱纹，可不是吗？"

“正是，”帕哈修斯说，“我们就是这么做。”

“由于很难找到一个全无缺陷的人，你们刻画理想的美的类型的时候，你们从许多模型取用各个模型最美的特征，从而使你们画的人看来完全美丽，是不是呢？”

“对，我们就是这么个做法。”

“真的？你认为可不可能也画出心灵，画出心灵的气氛，魅力，甜美，可亲，愉悦和吸引力？还是说，这些都是画不出来的？”

可是苏格拉底，”帕哈修斯答道，“我们怎么有办法模仿既没有线条比例，也没有颜色，没有你刚才举出的性质，而且根本看不到的东西？”

“不过，”苏格拉底说，“我们看一个人，是不是可能带着好恶？”

“我想可能，”帕哈修斯说。

“这些不是都能通过眼神来表现？”

“毫无疑问。”

“心中惦念朋友福祸遭遇的人，神情会不会和不关心朋友的人一样？”

“万万不会。关心的人，朋友安好，他们神色就愉快，朋友不幸，他们就忧形于色。”

“所以说，这些神色是可以刻画的吧？”

“的确可以。”

“庄严，大方，惨苦，不高贵，节制，谨慎，倨傲和庸俗，高贵和自由不是明显可见于人的脸上和行为上吗，无论他们是动是静的时候？”

“没错。”

“那么，这些也是可以刻画的？”

“的确可以。”

“一张五官透露着美丽、善良、可亲的性情，看起来顺眼的脸，还是一张显出丑恶、邪恶、恨意的脸？”

“哦，苏格拉底，两者千差万别。”

又有一次，苏格拉底拜访雕刻家克雷伊顿，说：

“我看你的跑者，摔跤选手，拳手和角斗选手都好美。这美我看了就知道。不过，你是怎么给你所创造这些东西生命的？你赋予他们的生命如何让观赏者的眼光感觉到呢？”

克雷伊顿有点困惑，没有马上回答，苏格拉底就说：

“你这些雕像所以给人有生命的感觉，不是因为你模仿活生生的人的形式吗？”

“这一点没有疑问。”

“你是不是经由精确刻画各种不同的身体姿势，例如肢体抬高或压低，拉长或伸展，紧绷或放松，而使你这些雕像栩栩如生，充满吸引力？”

“当然。”

“忠实再现运动中的身体，可不是会让观者产生特殊的快感？”

“这是很自然的道理。”

“我们是不是也该刻画战士猛厉的眼神，我们是不是也该模仿征服者功成事遂的满面红光？”

“是应该。”

“这样的话，雕刻家就是能够通过外在形式来描画灵魂的动态了。”

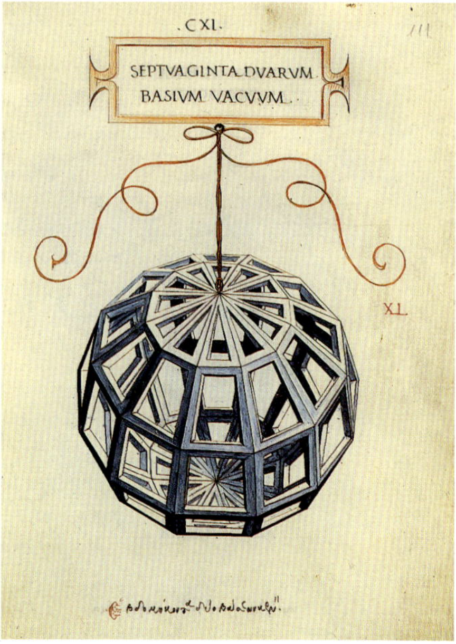

达·芬奇，
截棱 12 面体与空心 70 面体，
柏拉图立体，
取自帕奇欧里《神圣的比例》，
1509，
米兰，
安布罗西亚图书馆

柏拉图的立场比较复杂，而且导出历代不断发展的两个最重要观念：美是细部之间的**和谐与比例**（此说衍自毕达哥拉斯），以及美是**光辉壮丽**。后面这一点见于《斐多篇》（*Phaedrus*）对话录，后来影响到新柏拉图主义思想。柏拉图认为美有其自主的存在，独立于表现它的物质媒介，因而不系于任何感官对象，而是处处发光。

美与眼睛所见不相对应（苏格拉底貌丑出名，但人说他焕耀着内在美的光华）。柏拉图说，肉体是囚禁灵魂的暗窟，因此感官之见必须以思想所见来克服，思想欲有所见，须知辨证之术，易言之，须知哲学。艺术是真美的谬妄摹仿，道德对青少年有害，因此最好从学校禁绝，代之以**几何形式之美**。几何形式以比例及数学的宇宙观念为根据。

和谐与比例

柏拉图（公元前 5—前 4 世纪）

《蒂迈欧篇》，V

神有意把世界做得像最美好、最完美的智慧生命，塑造了一个有形的动物，这动物含摄了所有性质相近的其他动物……

其中最美的纽带，是使它自己和它所结合的事物形成最完全融合的那个纽带；最适于产生如此结合的，就是比例。

光辉壮丽

柏拉图（公元前 5—前 4 世纪）

《斐多篇》，XXX

正义、智慧及灵魂所珍惜的一切，在其尘世仿品里都黯然无光，如隔着模模糊糊的玻璃，只有少数人在其影像里看见真实，而且充满困难才看见。过去有个时代，他们看见美的光明灿烂，那时候，我们哲学家跟着宙斯的队伍，其他人跟着其他的神，看到那至福的景象，被引入一种神秘的仪式，一种真正的福境，我们在我们的纯真中礼赞那境界。那时我们尚未经验到后来出现的种种邪恶，我们纯真、单纯、安详、幸福，我们看那景象纯净发光，我们自己也纯净，尚未葬身我们带着走的这具活坟墓，还没有像蚝被囚禁在它的壳里一般，囚禁在这肉体里。

几何形式之美

柏拉图（公元前 5—前 4 世纪）

《蒂迈欧篇》，55e-56c

不过，暂时放下这项探讨，接下来让我们来看看，四元素在几何基本形式里的分配。

我们把立体指派给土吧，因为土是四元素里最不可动，又是所有形体中最可塑的，而基础最稳定的东西必然有此性质。好，在我们开始时的三角形里，有两条等边者，其基础天然就比不具等边者稳定；在以不同三角形构成的复合图形中，就整体与部分而论，等边四边形必然又比等边三角形稳定。在其余形状里，我们又把最不活动者派给水，把最容易动的派给火，活动性介于中间者则派给气。

我们也必须设想，所有这些形体都非常小，单独拿任何一种元素的微粒，我们都看不见，许多微粒聚集起来，才看得见。至于各种元素所占比例，它们的运动，以及其他属性，在必然性允许或同意的范围内，神都已按照精确的比例使其完美或和谐。

阿波罗式与戴奥尼索斯式

1. 德尔斐神

根据神话，宙斯规定万物有其适当的尺度与公正的分限：人间的治道因此而有一种能够量度的和谐，而这和谐表现于德尔斐神庙墙上四则圭臬之中："至美即至公"、"遵守界限"、"毋骄傲"，及"毋过度"。希腊人的审美意识即建立于此四条规则之上。依照赫西奥德（Hesiod）之说，世界从混沌（Chaos）腹中跃生后，混沌时时张着大嘴，伺机噬人。上述四条规则所代表的世界观，正是认为秩序与和谐使混沌有其分限。**阿波罗**是这个观念的守护神，德尔斐神庙西面墙上画有缪斯群像，阿波罗即在其中。但是，与此相反的一面，即德尔斐神庙西侧（追溯至公元前4世纪），画戴奥尼索斯（Dionysius）像，戴奥尼索斯是不受羁勒、破坏一切规则的混沌之神。

罗马人仿公元前4世纪雕像，
眺望楼的阿波罗，
1世纪，
梵蒂冈，
梵蒂冈博物馆

黑色人像瓶，
阿波罗与缪斯，
公元前500年，
圣彼得堡，
艾尔米塔什博物馆

利西波斯，
猎人亚历山大，
公元前 300—前 250 年，
罗马，
朱利亚别墅博物馆

两个相反的神同时并在，并非巧合，虽然这一点到现代才由尼采拈出而成为论题。大体而言，这表示混沌扰乱和谐之美的可能性永远都在，而且定期必至。明确一点而论，则可以说这一点表示希腊人的审美观念有些始终未曾解决的重要内在对立，也由于这些内在对立，希腊人的审美观念远比古典传统偏重的那种简化要更复杂，更具问题意识。

第一组对立，是美与感官感觉之间的对立。美当然是可得而感觉的，但并非完全如此，因为美并不尽现于感官形式，表象与美尚隔一间：此一间隔，艺术家致力弥合无间，但哲学家赫拉克利特

阿波罗

尼采

《悲剧的诞生》，I. 1872

在某一层次上，我们可以借叔本华谈那个裹玛雅面纱的男子的话（《意志与表象的世界》，1,416 页），应用于阿波罗："就像暴风雨的海上，四面八方奔腾鼎沸，如山巨浪狂啸起落，一个水手坐在船中，信赖他孤弱的船：在充满忧苦的世界上，一个人静静坐着，信赖他以个体存在的原则。"

克莱奥弗拉德斯画家，
红色人像双耳陶瓶，
戴奥尼索斯，
公元前 500—前 495 年，
慕尼黑，
州立文物博物馆

睡眠中的半神人，
公元前 220 年，
慕尼黑，
州立文物博物馆

（Heraclitus）认为这间隔之大，无以复加。他说，世界的和谐之美其实是一种漫无秩序的流动。

第二组对立是声音与视像之间的对立。希腊人偏爱这两种感觉形式（或许因为两者有异于嗅、味二觉，能以度量与数字次序表现）：希腊人承认音乐在表达灵魂上有其一日之长，但他们对美（Kalón）的定义（“赏心悦目”）只纳入**可见的形式**。混沌与音乐于是构成和谐且有形可见的阿波罗式之美的黑暗面，遂归戴奥尼索斯领域。

此中差异，我们如果想到希腊人认为雕像必须代表一个“理念”（引申之下，即代表宁穆的静观），音乐则撩拨激情，即不难理解。

可见的形式

尼采

《悲剧的诞生》，I. 1872

其实，我们可以这么说阿波罗：对这个体原则的信心，以及抱此原则者的镇定操持，在他身上获得最崇高的表现；我们也可以将阿波罗视为个体原则的光荣神圣意象，他的姿势和神情向我们述说着“幻象”的喜悦和智慧，以及它的美。

2. 从希腊人到尼采

阿波罗与戴奥尼索斯的对立，另外一面是“远 / 近”。希腊和西方艺术有别于某些东方做法，大体喜欢与作品保持一些距离，不与作品直接接触：对照之下，日本的雕刻意在引人触摸，西藏的沙子曼荼罗需要人与之互动。古希腊人则认为，表现美的是视与听，而非触、味、嗅，视觉与听觉使对象与观者之间能保持距离。不过，能够听的形式，例如音乐，又因其在聆听者心中唤起的反应，而惹嫌疑。音乐的节奏影射事物常变不居的流动，了无分界，徒滋不谐。

美迪亚斯画家，
菲昂与雷斯波斯岛的女人，
局部，
约公元前 5 世纪，
佛罗伦萨，
考古博物馆

尼采分析阿波罗模式与戴奥尼索斯模式之对立，其说实质要义在此；尼采之说有其年轻人的天真（他自己也承认），也有冒险的揣测，语言学家已有中肯的批评，此处不论。静穆的和谐，在古希腊作“秩序与节制”解，是一种美，尼采称之为**阿波罗式的美**。

但这种美也是一道障幕，用以掩盖一种破坏宁静的**戴奥尼索斯式的美**。此美并无明显形式，而是超越表象。这是一种欢喜而危险的美，为理性之反，每每以着魔与疯狂见于描述：这是晴和的雅典天空的夜暗面，其中活动的是神秘的启蒙仪式与晦暗的牺牲仪式，如伊勒西斯的神秘仪式（the Eleusinian Mysteries）与戴奥尼索斯仪式。这扰乱和谐的美久受古典世界和谐之美压抑，一直隐而未彰，到现代（参见本书第十三章）方始浮现，成为当代人频频汲用的一个幽秘又重要的美源。

西勒诺斯与半人兽神，
戴奥尼索斯神秘仪式壁画，
公元前1世纪，
庞贝，
神秘别墅

阿波罗式的美

尼采

《悲剧的诞生》，III. 1872

荷马式的“天真”，只能理解为阿波罗幻觉的全面胜利：这个幻觉类似大自然经常运用来达成其目的的那种幻觉。真正的目标遮掩于幻景之中：我们伸手捕捉幻景的时候，大自然用你的幻觉达成它的目标。在希腊人，“意志”希望在天才的变化与艺术的世界里静观自己；为了荣耀它们自己，意志的造物必须觉得自己配得上荣耀；它们必须在一个更高层次上看自己，不用这个完美的静观世界来指挥或指责。美的层次就是如此，在这层次里，希腊人看见自己被映照出来的形象，即奥林匹亚诸神。希腊人以如此反映出来的美，来对抗痛苦，以及那随艺术而来的受苦智慧。荷马，这位天真的艺术家，就是这胜利的标志。

戴奥尼索斯式的美

尼采

《悲剧的诞生》，XVI. 1872

“我们相信生命永恒，”悲剧疾呼；音乐即是这永恒生命的直接表现。造型艺术的目标则完全不同：这里，阿波罗以灿烂荣颂现象的永恒来克服个体的痛苦；这里，美克服生命内在本有的痛苦；痛苦被谎言从自然的五官中抹除。在戴奥尼索斯艺术及其悲剧象征里，这个自然以发自真诚的声音向我们呼喊：“要像我这样！在没有止息的现象之流里，我是永恒创造力的原母，永远推向存在，永远在现象的变动不居里寻得满足！”

I R M E S E T L O E T I V I N C V
P O S T O L I C Y M T V M A R T Y R
P I P O S V I T Q V O S C V L M E
M A P I E B S A L M A E S T V O C
T A R I S E T C R V X F V N D A M
T R V C T A C R V C I F I X I R O
M A N V Ç E N V S A D V I T A M D
O L V M N A F X I T O S T E N D E
R S E P A R A D Y S S O S V R Ç E
A V L A M S P O N S I I V S T I Q
A E A N O V A M O X I V R E C R I
N D O Q V O D T V S T I F O E D E
N A T V M V I N C A T P I F T A T
Q; T I M O R V I R T: A C P A L M A
X D O M I N I + P I F V N D A M E
S T O T O V E P N A N T I F L O R
E D R O P A R T O E T P R E T I O
V N Ç I S I N F I R M O T R A M I
I A R C H A R V I V S P L E B S C
T R A H I T I N F V N D O D O M A
V O T I C O R D A S C I T D O Ç M
T V M R E Ç N A N T I V E R B A P
T V I M A M I M P E R D I S A V L
F O R M A S S E N T I I N S C A M M

美：比例与和谐

1. 数字与音乐

毛鲁斯，
四元素，四季，世界四区，世界四方位……排成十字形，并且神圣。
取自《**赞美神圣的十字**》，
Ms. 223 F, fol. 10,
局部，
9 世纪，
亚眠（法国），
市立图书馆

我们根据常识，判断一件比例精当之物乃属美丽。我们因此能够解释，何以自古以来美即等同于比例，虽然我们还必须记住，在古希腊与古罗马，美的定义也包含比例必须与颜色（与光）悦目相配的概念。苏格拉底以前的古希腊哲学——如公元前 7 世纪至前 6 世纪的泰勒斯（Thales）、阿那克西曼德（Anaximander）及阿那克西米尼（Anaximenes）——讨论万物起源（他们认为实在界起源于水、无限、空气），目标是将世界定义为一个由单单一条法则主宰的有秩序整体。这定义的另外一个意思是，他们将世界想成一个形式。希腊人明显体会形式与美是彼此相应的。将宇宙论、数学、自然科学及美学捉置一处而清楚陈明这些要点者，是毕达哥拉斯及其始于公元前 6 世纪的学派。

毕达哥拉斯（他多处游历，可能接触过埃及人的数学思想）首倡万物源于**数字**。毕达哥拉斯畏无限，畏不能简化至一个有限之物，因而往数学中寻找能限制现实、赋现实以秩序、使现实可解的规则。毕达哥拉斯标志着一种“美学 / 数学”宇宙观的诞生：万物因其秩序而存在，因其为数学定律之实现而有**秩序**。数学定律既是存在的条件，也是美的条件。

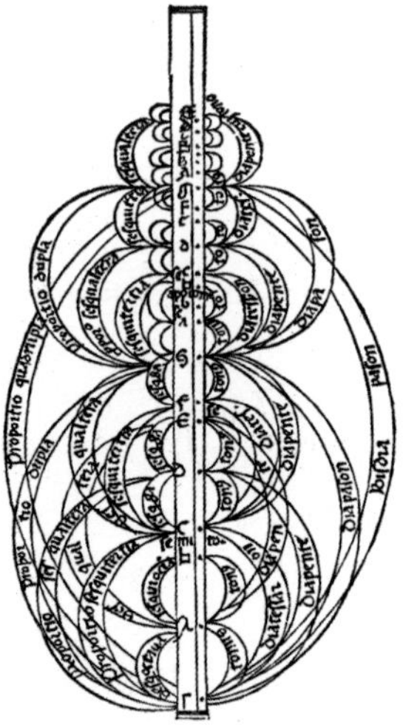

贾富里欧，
《音乐理论》插图，
1492，
米兰，
国立布雷登斯图书馆

数字

菲洛拉奥斯（公元前 5 世纪）

《前苏格拉底时代断简》，D44B4

一切已知事物都有一个数字：没有数字，就不可能知道或思考任何事物。

秩序

毕达哥拉斯（公元前 6—前 5 世纪）

莱尔修斯，《哲学家传》

美德是和谐、健康、一切美好的事，以及神性。因此，一切事物都是依照和谐而形成。

音乐的声音

提昂（公元 1—2 世纪）

《前苏格拉底时代断简》，D18A13

据说，赫米奥尼的拉苏斯，以及美他庞顿的希帕修斯，利用运动的快慢，也就是构成和弦的那种快慢……拉苏斯将这些数字比例转用到陶瓶上。取两个大小与形状相同的陶瓶，一个全空，一个装水半满，同时敲两瓶，就产生一个八度音程。再来，一瓶全空，另一瓶装四分之一水，同敲两瓶，就得到四度音程；一瓶装三分之一水，得到五度音程，因为在八度音程里，空（空间）的比例是二比一，五度音程是三比二，四度音程是四比三。

数学比例

提昂（公元 1—2 世纪）

《前苏格拉底时代断简》，D47A19a

尤多瑟斯和阿奇塔斯相信，构成和弦的比例可用数字表达：他们认为，这些比例寓于运动之中。因此，快速运动发出音高较高的声音，有如一个东西不断并快速击打空气；缓慢的运动则发出音高较低的声音，就如一个速度较慢的东西一样。

比例

波纳文图（13 世纪）

《心灵升向上帝之路》，II，7

由于一切事物都是美的，而且在某种程度上是悦目的；由于无比例即无美与乐趣，而比例基本上在数字之中：因此，一切事物必定有数字上的比例。所以，“数字是造物者心中的主要模范”，数字因此也是引导万物朝向智慧的轨迹。这轨迹人人明见，而且最接近上帝，它使我们在一切具体与可以感觉的事物里知道上帝；我们既知凡物皆有数字比例，我们就由此数字比例得到乐趣，并依照主宰这数字比例的法则，对事物作无可反驳的判断。

音乐模式

波修斯（480—526）

《论音乐》，I，1

人性之宜，莫过于闻甜美的音乐模式而忘我，闻不美的音乐而懊烦，不只特定年纪或气质之人如此，而是人莫不如此：幼童、青少年、老者都自然、自发受音乐模式影响，因此我们可以说，没有任何年龄的人会厌恶甜美旋律的乐趣。也因此，我们知道柏拉图之说甚当，亦即世界的灵魂是以音乐的和谐构成的。所以，由于我们内在的和谐，我们感觉到声音的和谐结构，而且从中获得乐趣，因为我们明白我们和那些结构相似。职是之故，相似是可悦的，不相似则可厌。

首先研究调节**音乐的声音**之**数学比例**者，亦为毕达哥拉斯。声音的比例成为音程的基础，以及一根弦与一个音高的关系的基础。音乐上的**比例**观念，与如何产生美的所有规则密切相连。比例的观念贯穿古代，通过波修斯（Boethius）写于4至5世纪之间的著作，下传至中世纪。波修斯说一故事：某日早晨，毕达哥拉斯观察一位铁匠的铁锤敲在铁砧上产生不同的声音，由此悟知音阶诸音之间的关系与铁锤重量成正比。波修斯还提出，毕达哥拉斯主义者知道不同的**音乐模式**对个人心理有不同的影响，他们谈到强烈与温和的节奏适合教育青少年，谈到娴雅、淫靡的节奏。据说毕达哥拉斯叫一个酗酒少年听扬扬格（spondaic）节奏的希坡弗里吉亚（Hypophrygian）音乐，恢复了他的自制（因为弗里吉亚 [Phrygian] 音乐曾令少年过度兴奋）。

贾富里欧，
毕达哥拉斯就声音关系所做实验，
取自《音乐理论》，
1492，
米兰，
国立布雷登斯图书馆

2. 建筑比例

希腊神庙的柱子之间、正面各部之间的比例，与音程之间的比例相互呼应。从算术上的数字观念进至空间几何上各点之间的比例观念，其实也出自毕达哥拉斯。

四元体（Tetraktys）是毕达哥拉斯主义者用以发誓的符号图形，代表“数字化约成空间、算术化约为几何”的完美范例。其三角形各边由四点形成，中央一点，亦即原点，其他一切数字由此产生。“四”于是成为力量、正义、固实的同义词。三组四的数字形成的三角形是完美平等的象征。形成三角形的点的数目是十，由此第一个十，可以表达所有可能的数字。若谓数字乃宇宙之本质，则**四元体**（或十）代表一切宇宙智能、一切数字、一切可能的数学运算的浓缩。以此图形为模型，由此三角形推而广之，会出现偶数与奇数交替的数字行进。偶数象征无限，因为形成线的点之间不可能找到任何平分两段的点。奇数象征有限，因为线永远有个中点可以将线一分为二，两段点数相等。算术上的这些和谐也与几何上的和谐彼此对应，眼睛可以持续将这些点连起来，形成无限系列的相连等边三角形。这种构思世界的**数学观念**，后来出现于柏拉图之作，尤其《蒂迈欧篇》（*Timaeus*）对话录中。

人文主义运动至文艺复兴之间，新柏拉图主义复起，达·芬奇研究并称颂柏拉图著作，誉之为理想模范。弗朗西斯卡（Piero della

毕达哥拉斯**四元体**之建构。中心点到形成四面体的等边三角形的各点等距。从各点延伸，会形成潜在无限的架构，出现无限系列的等边三角形。

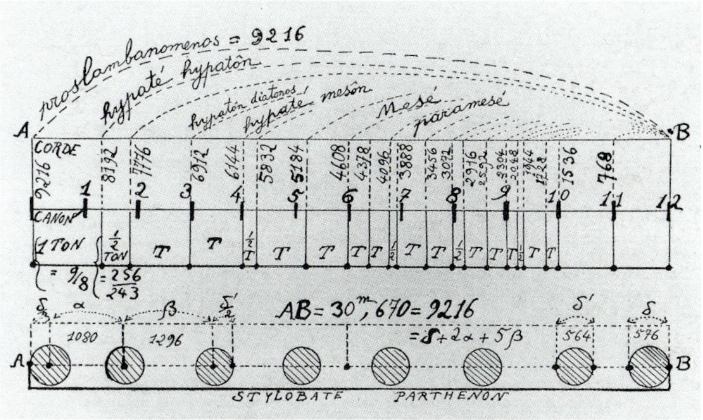

吉卡，
毕达哥拉斯值域与希腊神庙（巴特农）柱子间隔的关系，
取自《**黄金分割**》，
1931，
巴黎

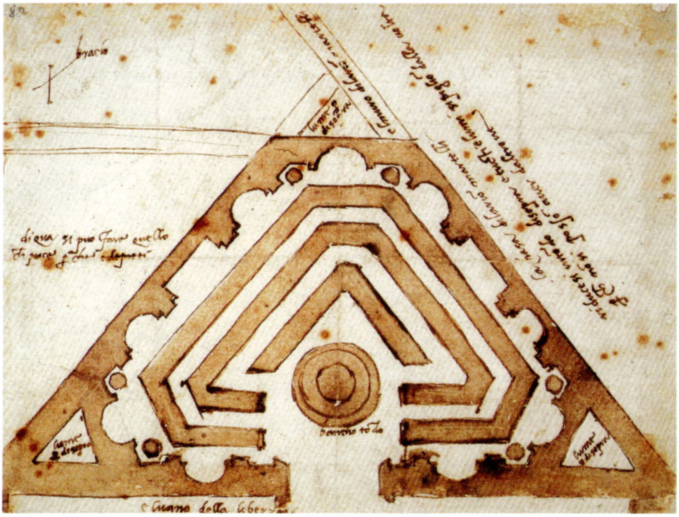

米开朗基罗，
罗伦佐图书馆善本室设计图，
约 1516，
佛罗伦萨，
米开朗基罗博物馆

狄巴巴里，
帕奇欧里修士与不知名青年的画像，
约 1495，
那不勒斯，
卡波迪蒙特博物馆

Francesca）作《绘画透视法》（*De perspectiva pingendi*），帕奇欧里（Luca Pacioli）著《神圣的比例》（*De divina proporzione*），丢勒（Dürer）写《论人体之对称》（*On the Symmetry of Human Bodies*），莫不祖述柏拉图。帕奇欧里讨论的神圣比例称为黄金分割，即 AB 之中——取定一个分界点—— AB 与 AC 之比，等于 AC 与 CB 之比。

维特鲁威（Vitruvius，公元前 1 世纪）的《建筑学》（*De architectura*）讨论最理想的建筑比例，其学说播及中世纪与文艺复兴时代。印刷术发明，此书以各种版本问世，所附图解与示例日益精确。

维特鲁威的著作启发文艺复兴时代的建筑理论，自埃布尔提（Leon Battista Alberti）之《建筑研究》（*De re aedificatoria*）至弗朗

"黄金分割"，调和长方形原理。其中的关系也是一些生物成长的原理，并且成为许多建筑与艺术结构的基础。黄金分割由于潜在上可能无限复制，因此被视为"完美"。

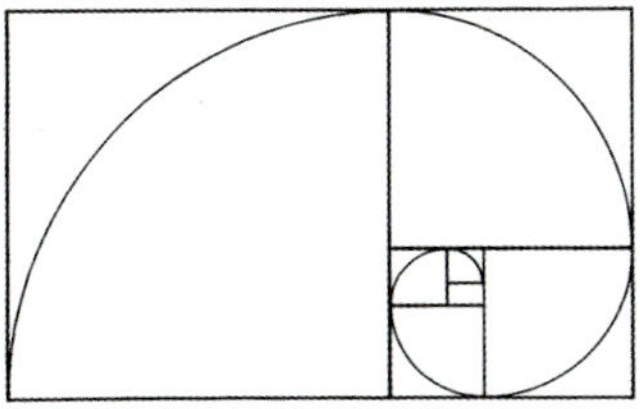

数学观念

柏拉图（公元前5—前4世纪）

《蒂迈欧篇》，53e-55c

其次，我们必须确定四种最美，彼此不同，但在某些情况下能够彼此参化相生的物体是哪些。发现个中道理，我们就会知道土、火以及有比例的中间元素的真正来源。我们将会不愿意承认可见的物体里有比这些更美的。因此，我们必须努力构造这四种最美的物体，从而确定我们有权利说，我们充分理解它们的性质。好，在两种三角形中，等边三角形只有一种形态，等腰或不等边三角形则有无限多的形态。我们如果按照适当的秩序进行的话，就必须从这无限多的三角形形态里选出其最美者，要是有谁能指出一个比我们所选的形态构成更美，就拿走棕榈枝，不是以敌人身份拿走，而是以朋友身份。好，我们主张，所有三角形中最美的——其他可以不必再谈——是同样的两个三角形相合可以构成一个等边三角形的那种三角形。……

其次，让我们选两种三角形，就是构成火和其他元素的两种三角形，一是等边三角形，另一种三角形，其长边的平方等于短边平方的三倍。……

现在，我必须谈谈几种构成，说明它们各需要多少基本三角形来生成。第一种是最简单，也最小的构成，其构成成分是斜边之长为较短一边之两倍的三角形。两个这样的三角形，沿斜边彼此邻接，重复三次，并且诸斜边与短边以同一点为中心，则这六个三角形就产生一个等边三角形。将四个等边三角形以平面角相交于一点的方式摆在一起，则形成一个立体角，随最钝的平面角出现。四个这样的立体角结合，就生出第一种立体，这个立体将整个圆圈分成相等且相似的几个部分。第二种立体由同样的三角形构成，就是结合八个等边三角形而来，从四个平面形成一个立体角。从六个立体角，又完成第二种立体。第三种立体是由120个基本三角形相邻接而成，形成12个立体角，各个立体角都被五个等边三角形的平面包含，共有20个基底，每个基底都是一个等边三角形。现在，两种基本三角形里的一种，也就是斜边为较短边两倍的那种，在形成三种立体之后不再产生新的立体，但等腰直角三角形产生第四种立体，这第四种立体由四个等腰直角三角形复合而成，四个等腰直角三角形的直角交会成一个中心，形成等边四边形。六个等边四边形结合，形成八个立体角，各个立体角由三个直角平面合成。这样构成的立体是一个正方体，有六个等边四边形底面。另外还有第五种结合，是神用来描画宇宙的动物形体。

达·芬奇，
柏拉图立体，
取自帕奇欧里《**神圣的比例**》，
1509，
米兰，
安布罗西亚图书馆

弗朗西斯卡，
蒙提费特洛祭坛画，
1472—1474，
米兰，
布雷拉美术馆

帕拉底欧，
罗东达别墅，
约 1550，
维琴察（意大利）

西斯卡，从帕奇欧里到帕拉底欧（Andrea Palladio）的《建筑四书》（*Quattro libri dell'Architettura*），皆是。

在建筑实践上，比例原则也以象征与神秘形式出现。哥特艺术喜用五角形，尤其教堂窗户上的玫瑰纹饰。石匠的记号亦当作如是解，建筑教堂者每每在教堂结构中最重要的石块上铭刻其个人密码，拱心石即常见此类独门记号，这些记号大多是以固定图形或格纹为基础的几何样式。

巴黎圣母院，
约 1163—1197

巴黎圣母院，
北面玫瑰窗，
《圣经旧约故事》，
约 1163—1197

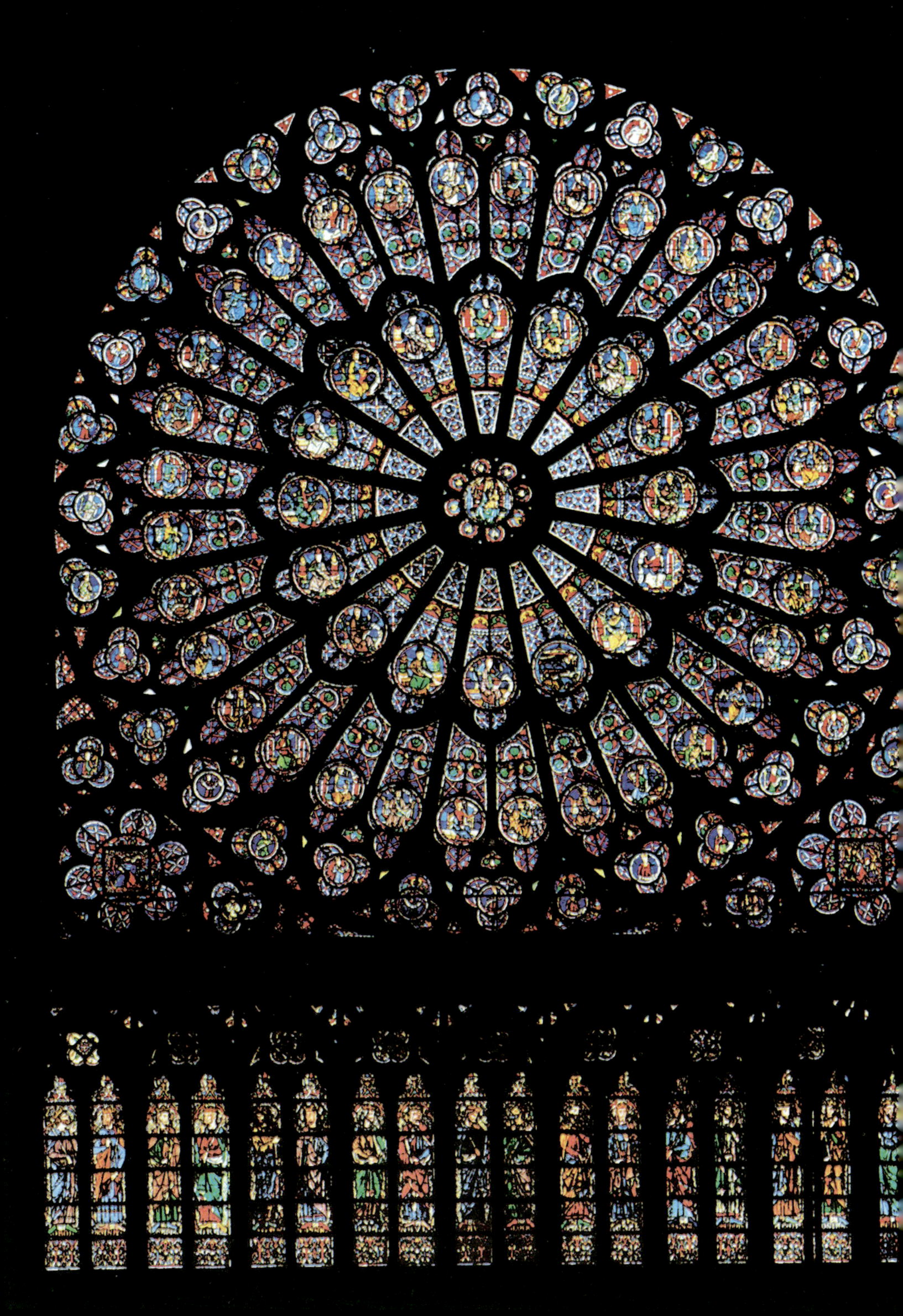

3. 人体

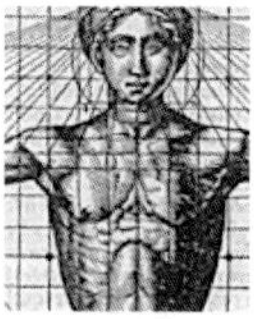

早期的毕达哥拉斯主义者认为和谐存在于奇数与偶数的对立之中，也存在于有限与无限、一与多、右与左、男与女、直与曲的对立之中。不过，毕达哥拉斯及其嫡传弟子似乎认为，两个对立事物之中，只有一个代表完美：奇数、直线与正方形既善且美，与之对立者代表错误、邪恶、不谐。

赫拉克利特（Heraclitus）提出一个不同的解决之道：如果宇宙包含彼此似乎不能兼容的对立事物，如一与多、爱与恨、和平与战争、静与动，则实现和谐之方法并非消灭对立事物中的一个，而是让两者在一种持续不断的紧张中并存。**和谐**不是没有对立，而是对立物之间的平衡。

后来的毕达哥拉斯主义者，如公元前 5 世纪至公元前 4 世纪间的菲洛拉奥斯（Philolaos）与阿契塔斯（Architas），接受赫拉克利特之见，将之纳入自家学理之中。

两个对立实体彼此平衡的观念由此诞生，对立实体相互中和，两个层面彼此矛盾，互成对极，唯其对立，遂成和谐。这些特质转移于视觉关系，就是对称。职是之故，毕达哥拉斯的思考表达了一种对称的需求。对称向为希腊艺术要素，而且成为古典希腊艺术的至高审美原则之一。

我们不妨看看公元前 6 世纪艺术家的一尊年轻女子雕像。阿那

和谐

菲洛拉奥斯（公元前 5 世纪）

《前苏格拉底时代断简》，D44B6

关于自然与和谐，其理如下。事物的实质是永恒的，这点，以及自然本身，需要的是神的知识，而不是人的知识，才能了解，除了一点：如果不是事物——有限与无限的事物——的实质构成宇宙，则实有的事物和我们所知的事物都不可能产生。

由于原理彼此并不相等，也不同类，如果不加入和谐，它们不可能形成宇宙，无论这和谐是怎么加上去的。如果原理彼此相似而且同类，就不需要和谐了：然而那些元素，构成宇宙的那些事物的实质是彼此相似且不同类的，必须包覆于和谐之中，和谐能够将它们坚定维系于宇宙内部。

宙斯与迪米特之女科拉，
公元前 6 世纪，
雅典，
希腊国立考古博物馆

克里翁（Anacreon）与萨福之所爱，是否即此型女子？二人盛称其笑靥、目光、步态、发辫之美的女子，是否即在此中？使毕达哥拉斯主义者解说少女美在何处，必曰其美源于体液平衡，体液平衡产生悦目的面容，以及四肢关系之安排正确和谐，而其关系之法则即行星距离之法则。公元前 6 世纪那位艺术家创造了诗人颂赞的无从衡量之美，那是艺术家自己某个春日早晨端详他所爱之人的容颜时所见之美，但他必须以石头创造其所见，将其形象固着于一个形式。好的形式，所需要件之一正是正确的比例与对称。此所以艺术家使女子双目对称，均等配置鬈发、胸脯、双臂、双腿比例。同时，衣服褶纹均等且对称，嘴角亦复对等，两边嘴角往上牵，绽出此类雕像典型之似无还有的笑意。

波里克利特斯，
持矛者，
罗马人仿希腊原作，
公元前 450 年，
那不勒斯，
国家考古博物馆

波里克利特斯，
绑带子的人，
公元前 430 年，
雅典，
希腊国立考古博物馆

单说**对称**，不足以解释那丝笑意的魅力，其余比例之谈也相当僵硬。又过两世纪，至公元前 4 世纪，波里克利特斯（Polyclitus）完成一尊雕像，恰当体现了**各部分比例**的规则，而有**正典**（the Canon）之称；然此《正典》之基础要素已不在于两个对等成分彼此均衡。身体的所有部分必须依照几何上的比例，彼此照应：A 之于 B，如 B 之于 C。维特鲁威后来以分数写出正确的身体比例：脸是身长的 1/10，头是身长的 1/8，躯干占 1/4，等等。

希腊的比例正典有别于埃及。埃及人使用格栅，栅中格子是相同大小的正方形，以此形成固定的量化尺度。例如，人形之高若为 18 个单位，足部即为 3 个单位，手臂为 5 个单位，以此类推。

波里克利特斯的《正典》，特色就不在头之于身体，犹身体之于腿等固定单位。他的标准是有机的，身体各部位的比例决定于身体的运动、视角的变化，以及身形随观赏者的位置而调整。

柏拉图《辩士篇》(*Sophist*)对话录使我们了解，雕刻家并非以数学方式计算比例，而是随视觉之需要，随观看者之立足点而调整。维特鲁威区分比例与**韵律**(eurhythmy)，比例是在技术上应用对称原理，韵律是随视觉条件而调整比例，如《辩士篇》所言。

对称

维特鲁威(公元前1世纪)

《建筑学》，III，1

对称是作品本身诸部分之间的适当协调，以及诸部分与整体之间的尺寸对应。对称源于希腊人说的模拟：如果不模拟人体的正确比例，任何建筑都不可能获得令人满意的秩序安排。

正典

老普林尼(1世纪)

《自然史》，XXXIV，55

波里克利特斯，也就是阿格拉德斯的学生，创作了《绑带子的人》，是个带有女性气质的青年雕像，那个青年以精通百艺出名。他还创作了《持矛者》，是一座雄赳赳的青年雕像。这位波里克利特斯另有一件人像，艺术家称之为《正典》，并奉之为艺术圭臬来参考，就像我们遇事而参考法律。要说有谁创作过一件成为艺术化身的作品，公认只有他。

各部分比例

盖伦(2世纪)

《希波克拉底斯与柏拉图》，V，3

克里西波斯说，美不在于个别元素，而在部分之间的和谐比例，在于一只手指和其他手指的比例，所有手指和整只手的比例，手与腕的比例，腕与前臂的比例，前臂与整只胳臂的比例，所有部分与所有其他部分的比例，如波里克利特斯的《正典》所示。

韵律

柏拉图(公元前5—前4世纪)

《辩士篇》，XXIII

客人：有一种技艺是制造相同的东西。一般来说，制造相同的东西，是依照原物的比例来做，长、宽、高一样，并且着上相合的颜色。

泰提特斯：一切模仿不都以此为目标吗？

客人：不尽然；雕刻和绘画，不管什么尺寸，就有某种程度的欺骗。艺术家如果想依照真正的比例来做，那么作品的上部由于距离观看者比较远，看起来会和底下部分失掉比例，因为底下部分离观看者比较近，因此他们放弃真相，不照原物的真实比例，而是只挑看起来美丽的比例。……

这样的模仿艺术，可不是像我方才说的，可以称为制造相同东西的技艺？……至于貌似美丽之作，其所以美丽，是观看者所站的位置使然，一个人如果有能力得到正确的视点，这些作品根本就不像它们声称模仿之物。我们不是可以把这些作品称为“表象”吗？因为它们只是表面上看起来像原物，其实却不像。……绘画和一切模仿之作有很多这种情形。……我们可以公平地称这种艺术为幻象，不是吗？

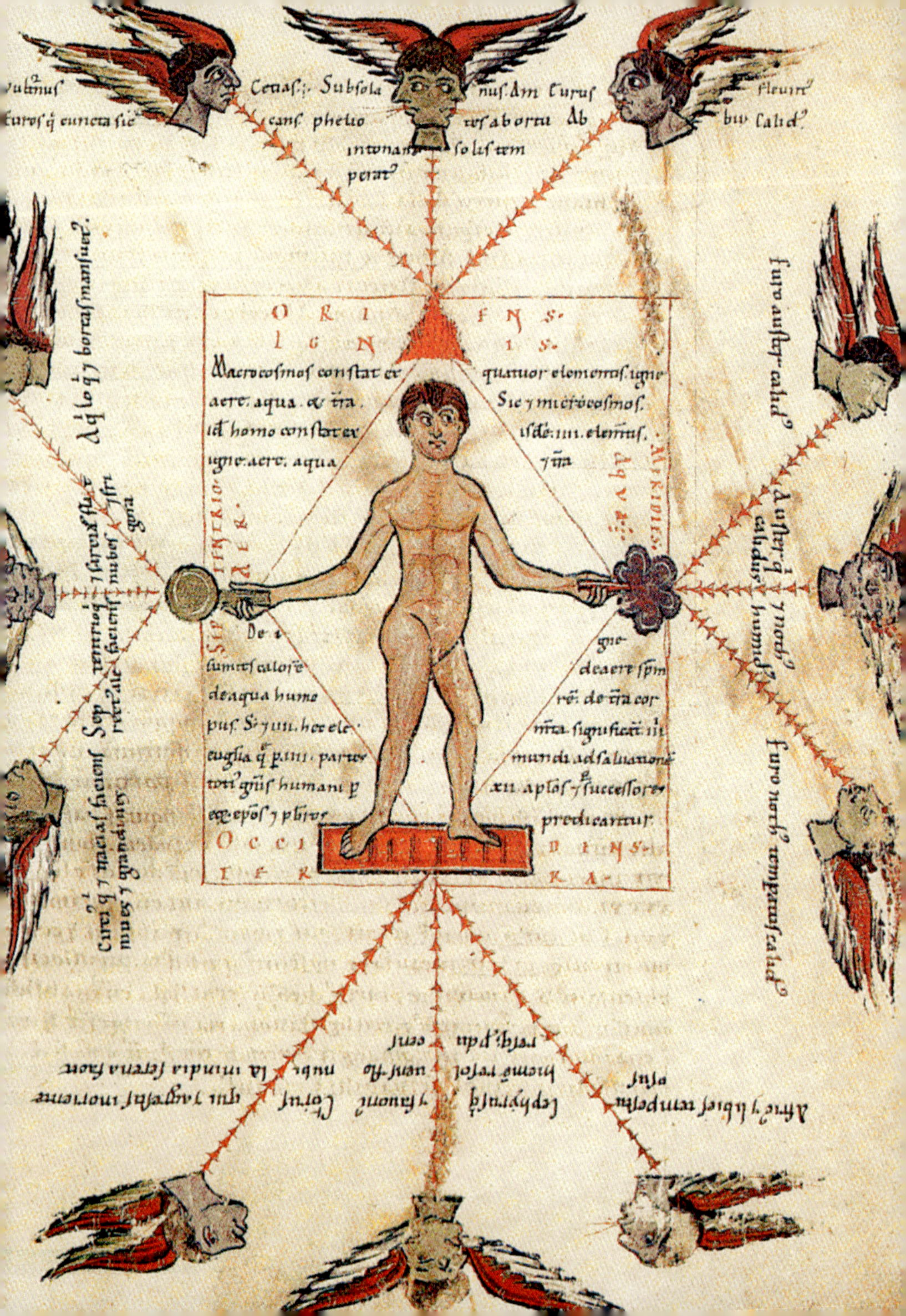
ORIENS
IGNIS
Macrocosmos constat ex
aere. aqua. & t[er]ra.
id homo constat ex
igne. aere. aqua
quatuor elementis. igne
Sic et microcosmos.
SEPTENTRIO
AER
MERIDIES
AQUA
OCCIDENS
TERRA
predicantur

显然，中世纪人不以数学比例来欣赏或复制人体。我们可能认为，这有一部分是由于偏向精神之美而贬低肉体使然。以人体为造物之极范的观念，中世纪高峰期的世界并非全不认识，读阿奎那（Thomas Aquinas）可知。不过，以大多数例子而论，他们以“毕达哥拉斯 / 比例”的标准来界定道德之美，如**人体方圆几何图**（homo quadratus）的象征意义所示。

中世纪文化发轫于柏拉图主义的理念（柏拉图主义当时也在犹太教的神秘传统内部发展），视世界为一巨大动物，亦即视世界如人，人如世界：换句话说，宇宙是人的放大，人是小宇宙。这是**人体方圆几何图**理论诞生之始，在此理论中，数字——宇宙的原理——含有象征意义，其象征意义之基础来自一系列数字对应，而数字上的对应也就是审美上的对应。

风、元素、体液，
取自《占星学手稿》，
12 世纪，
巴伐利亚

古代人这样推理：自然如此，艺术必定亦然。不过，在很多情形里，自然被分成四部分。**“四”这个数字**成为与一切相生相成的关键数字。四是基数，主要的风向，月自盈而虚的阶段数，**季节**的数目；四是《蒂迈欧篇》里火的四面体的组成数，亚当之名（Adam）由四个字母构成。四，如维特鲁威所言，是人的数字，因为人的双手往身体两侧伸直，宽度与身高相符，一个理想正方形的底与高于焉具备。

四是道德完美的数字，正犹某些语言里，“四角形”象征道德坚定之人。不过，**人体方圆几何图**后来也变成“五角形的人”，因为五也是一个充满玄奥符应的数字，五是个象征神秘至善与美学至境的实体。

“四”这个数字

佚名的卡杜西会士（12 世纪）

《论音乐》

古代人如此推理：自然如此，艺术亦然：但是，在很多情况里，自然分成四部分。世界四区，四元素，四基质，四风，四个物理构成，灵魂之官有四，等等。

季节

波修斯（480—526）

《算术》，1，2

原始自然所曾构成之一切，似乎都依照数字比例形成。在造物者的灵魂里，这其实就是主要模型，由此生出四元素，季节之循环，星辰之运动，以及天体的旋转。

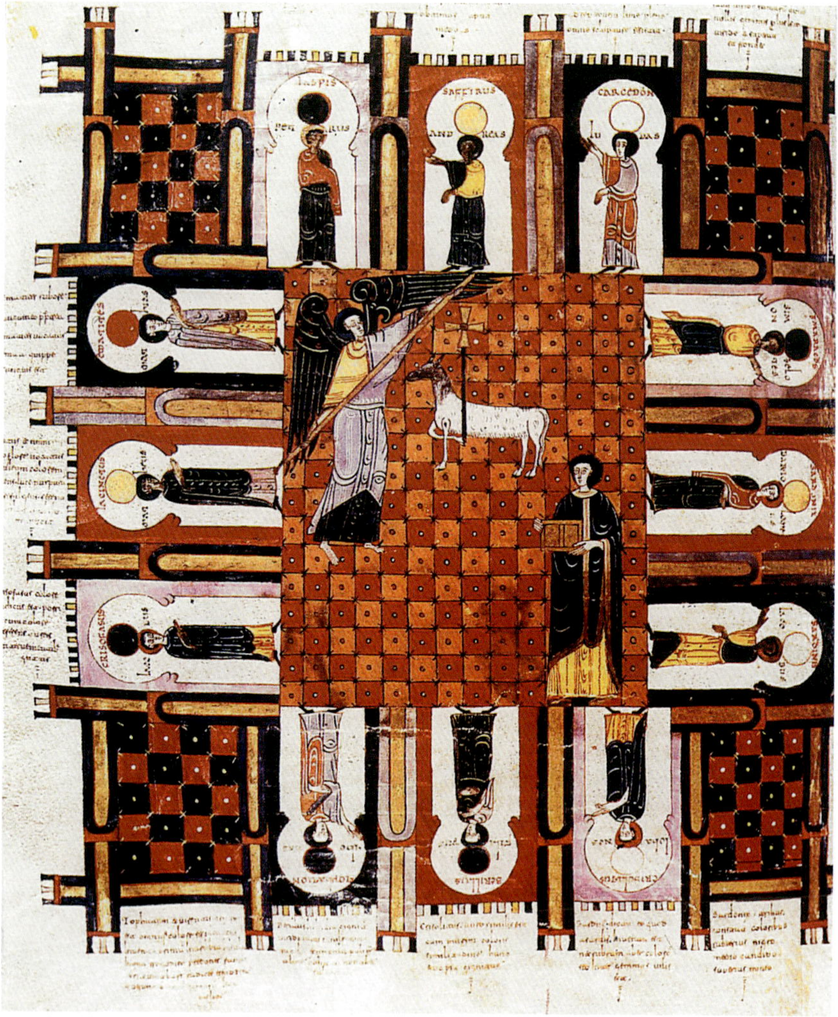

以色列十二族的领袖，
取自圣黎巴纳《启示录注释》，
费迪南德一世夫妇泥金抄本，
Code B.N. 马德里，
8 世纪

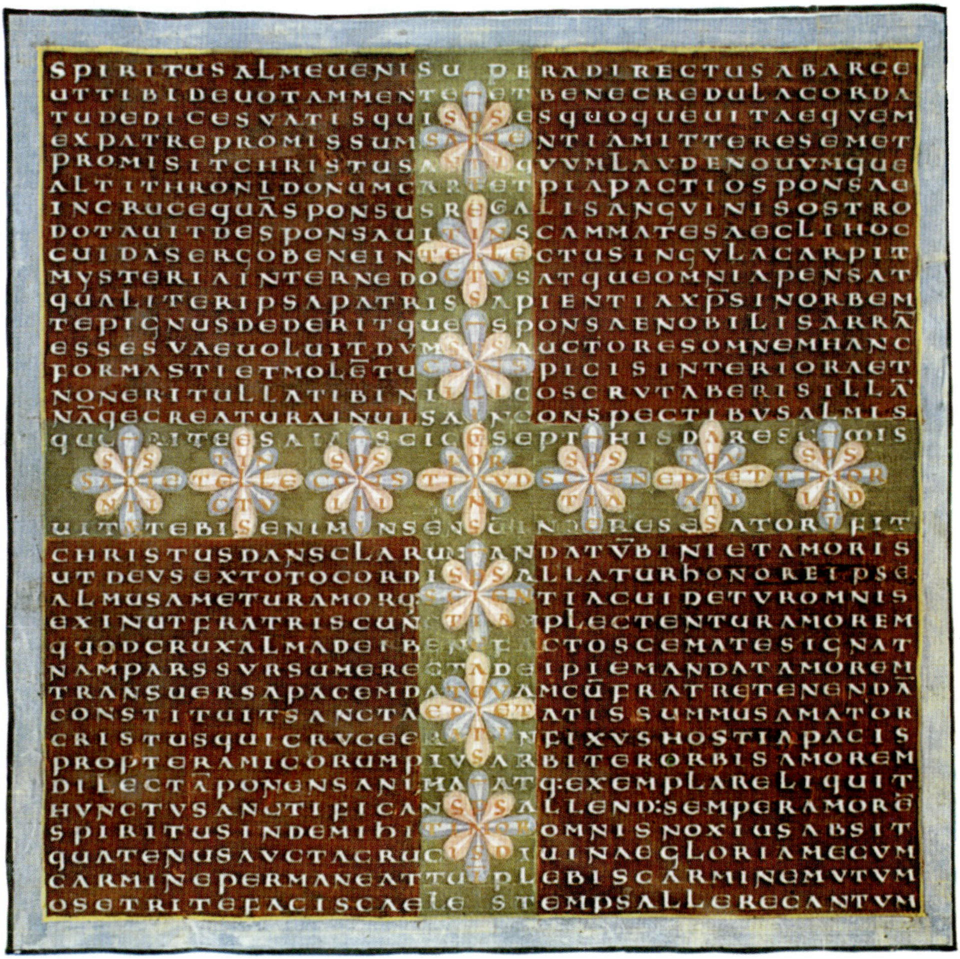

毛鲁斯，
赞美神圣的十字，
ms.Reg.Lat., 124，
9 世纪，
梵蒂冈，
梵蒂冈图书馆

毛鲁斯，
赞美神圣的十字，
ms.652.f.33v，
9 世纪，
维也纳，
奥地利国家图书馆

五是个循环数字，相乘之下，不断回归本身（5×5 = 25, 25×5 = 125, 125×5 = 625，以此类推）。五是事物的本质，是物种之数（鸟、鱼、植物、动物、人），五是上帝的本体，见于圣经（the Scriptures，the Pentateuch 摩西五书，the five Holy Wounds 五个圣伤），最重要的是，“五”体现于人，肚脐为圆心，以直线连接四肢顶点则成五角形。圣希德嘉德（St. Hildegard of Bingen）有**共鸣灵魂**（anima symphonizans）之说，其神秘主义即根据五面体之比例与神秘魅力而来。12 世纪，圣维克多的修伊（Hugh of Saint Victor）说，肉体与灵魂反映神之美的至境，肉体以偶数为本，不完美且不稳定，灵魂以奇数为本，确定而完美。

我们只要取中世纪艺术家维拉·德·奥内库尔（Villard de Honnecourt）的人体研究，与达·芬奇及丢勒相较，即可见得人文主

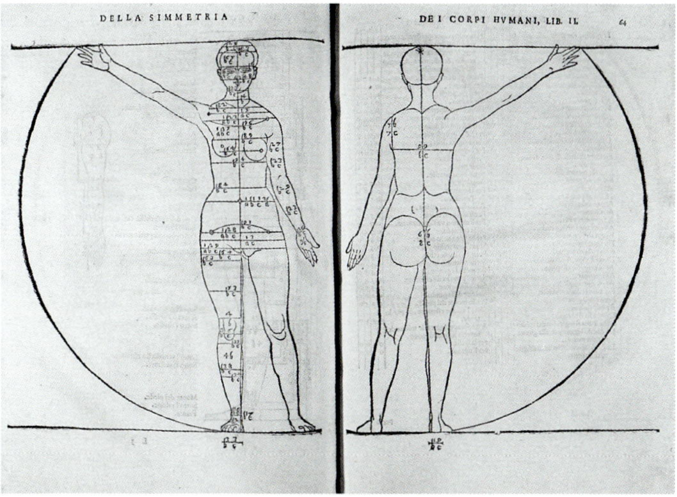

丢勒，
人体测量图，
取自《人体比例四书》，
1528

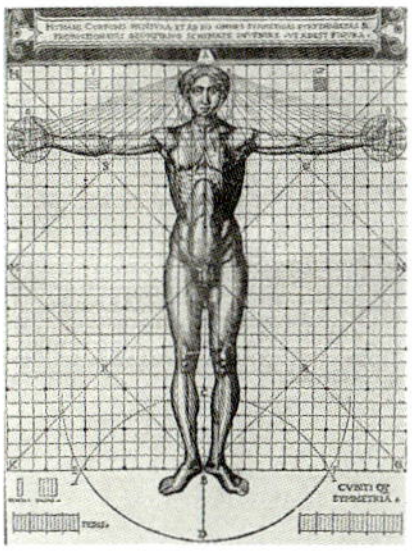

塞沙里亚诺，
维特鲁威的人形，
取自《维特鲁威建筑学》，
1521，
米兰，
国立布雷登斯图书馆

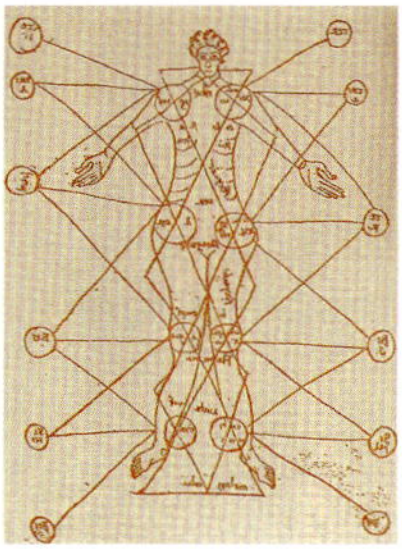

人的体液与基质和黄道十二宫的关系，
11 世纪，
西班牙，
欧斯玛的布尔戈

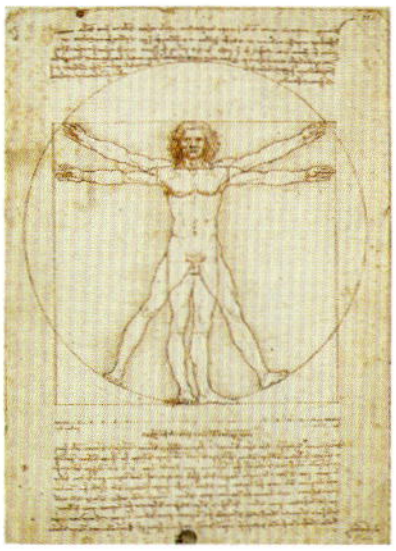

达·芬奇，
人体比例研究，
约 1490，
威尼斯，
艺术学院美术馆

义与文艺复兴较为成熟的数学思考何其重要。

丢勒笔下的人体比例以严谨的数学规格为根据。奥内库尔与丢勒时代之人都讨论比例，但后者计算明显更为精确，文艺复兴艺术家的理想模范明显不是中世纪从哲学角度出发的那种比例概念，而是波里克利特斯的《正典》所体现的概念。

4. 宇宙与自然

依照毕达哥拉斯传统（其观念由波修斯传到中世纪），主宰人的灵魂与肉体的法则，与主宰音乐者相同，且其比例可见于《**宇宙的和谐**》（*Cosmic Harmony*），故而小宇宙与大宇宙（我们生活的宇宙与整个宇宙）由单单一条规则约束，这条规则是数学规则兼为美学规则。体现此一规则者即天体音乐（the music of the spheres）：毕达哥拉斯说，这是行星产生的音阶，各个行星环绕不动的世界运转之际，产生一个声音，这声音音高取决于各行星与地球之距离，因此也取决于各行星运行之速度。这套系统发出的是最甜美的音乐，惜乎吾人官能鲁钝，无福听闻。

世界产生的这个音乐之美，是中世纪人不厌变奏的一个主题。9世纪，约翰•斯高特斯•埃里金纳（John Scotus Erigena）提出创造之美（Beauty of Creation），说是“同”与”异”同时演奏而产生的一种

宇宙的和谐

普鲁塔克（公元1—2世纪）

《神谕之结束》，XXII

培特伦说，183个世界排列成一个等边三角形，这三角形每边有60个世界。其余3个世界分别位于3个顶点，但接触到那些依次沿各边排列的世界，不规则绕行，有如舞蹈。此由世界的数目可以证明，这数字不源于埃及，不源于印度，而源于多利斯，通过希美拉城一个名叫培特伦的人传下来。我没有读过他那本小书，也不知道此书是否仍然在世，但伊雷索斯的法尼亚斯援引雷吉姆的希丕斯说，这是培特伦的见解与信条，亦即183个世界“彼此接触于一点”，但他没有解释“彼此接触于一点”意何所指，也没有举证支持其说。

秩序与尺度

波纳文图（13世纪）

《名言集四篇注释》，I，43，1

由于上帝只能造依其本性而成秩序的东西，由于秩序的前提是数字，数字的前提是测量，又由于有数字的东西才有秩序，而有限的东西才有数字，因此上帝必定是依照数字、重量和尺度来造万物。

宇宙（The Cosmos）

康奇斯的威廉（12世纪）

《柏拉图注释》

世界之美在于一切以其单一元素出现，如天空的星辰、空中的鸟、海里的鱼、地上的人。

宇宙（Kósmos）

伊西多尔（560—636）

《字源》，XIII

其实，希腊人以装饰来为世界命名，着眼则是元素之纷繁与星辰之美。事实上，它们称呼世界为Kósmos，意思就是装饰。因为肉眼所见之物，其美无过于世界者。

和谐，“同”或“异”分而听之，了无意义，合奏齐作则产生一种天然的甜美。在其《十二问解疑》（*Liber duodecim quaestionum*）里，安敦的霍诺流斯（Honorius of Autun）专辟一章，解释宇宙之结构组织如何形同一张希腊古琴，琴上之弦各有类型，齐拨共作则音声谐美。

12 世纪，沙特尔学派（the School of Chartres）的作家，如康奇斯的威廉（William of Conches）、沙特尔的梯尔利（Thierry of Chartres）、伯纳德•席维斯特（Bernard Silvestre）、里尔的艾兰（Alain of Lille），重新检视柏拉图《蒂迈欧篇》中的理念，以及奥古斯丁（Augustine）所持之上帝以**秩序与尺度**安排万物的观念（圣经起源论）。他们认为，**宇宙**是某种连贯的统一，由万物彼此协同构成，由一个神圣原理维系，神圣原理即灵魂、神意、命运。上帝所造，其实就是 kósmos（**宇宙**），亦即万物之秩序，与太初之混沌对立。为上帝之造物担任中介者，是自然。“自然”是万物内在固有的力量，使相似之物产生相似之物，如康奇斯的威廉在其《自然哲学对话》（*Dragmaticon*）里所说。世界之装饰，即“美”，则是世界创生之时，自然透过各种本因之间的有机综合关系所产生的圆谐。

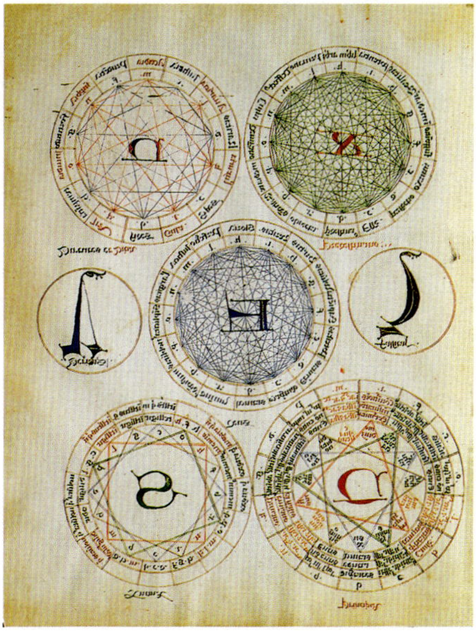

以几何表现的上帝、灵魂、美德与恶行概念，
取自《图说技术》，
13 世纪，
贝加莫（意大利），
市立图书馆

美开始出现于物质分化成各种重量与数目，各具轮廓，各见形状与颜色之际。易言之，美的基础，寓于事物在创造过程中出现之形。沙特尔学派所说，并非数学的、不动的秩序，而是一种有机的过程，一种永远可以回溯于其始发者而出现新诠的发展。世界之本不是数，而是自然。

由于比例与对比之故，丑物也是世界和谐的一部分。美（这一点是所有中世纪哲学的共同信念）也起源于**对立物的对比**。因此，在创世观念中，怪物亦有其存在的理由与尊严；同理，秩序内部之恶成为善、美，因为恶源生于善，只是两者并立时，善之光华突出（参见本书第五章）。

上帝以圆规测量世界，
取自《圣经的道德教谕》，
约 1250 年

艾萨克牺牲柱，
11—12 世纪，
苏亚克（法国），
圣玛丽大教堂

对立物的对比

伊鲁格纳（9 世纪）

《自然的分类》，V

任何整体的一部分，作为部分来看如果是畸形，它在全体里就成为美的，因为它在里面有其秩序安排。不仅如此，一般而言，它也是美的一个成因：智慧与愚蠢相形而显，知识与无知（只是不完美、有所欠缺）相较，生与死、光与影相反，价值由无价值反衬；简而言之，一切美德不但与德行相较而获称赞，而且如果无此比较，美德不值得赞美。真正的理性会说，一切作为宇宙之局部时显得邪恶、不诚实、可耻、恶劣，而被看不见全体者视为罪行的事物，从普遍观点来看，既非罪行，也不可耻、不邪恶。一幅美丽的画也是此理。凡是依照神意的设计来安排而成的事物，都是善的、美丽的、正义的。相反的事物相形相较，使我们能赞美宇宙和造物主。

5. 其他艺术

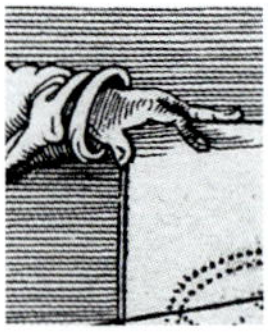

比例美学出现各色各样形态，日益复杂，在绘画亦然。所有具象艺术论，从艾索山（Mt. Athos）修道僧所写的拜占庭时期作品，到 15 世纪塞尼尼（Cennini）的《画论》（*Tractatus*），都透露造型艺术有志达到音乐里的数学水平。在这层意义上，我们应该看看维拉·德·奥内库尔（13 世纪）的《画像书》（*Livre de portraiture*）：书中一切人形物状都由几何系数决定。

奥内库尔，
人、头、马等素描，
取自《**画像书**》，
13 世纪

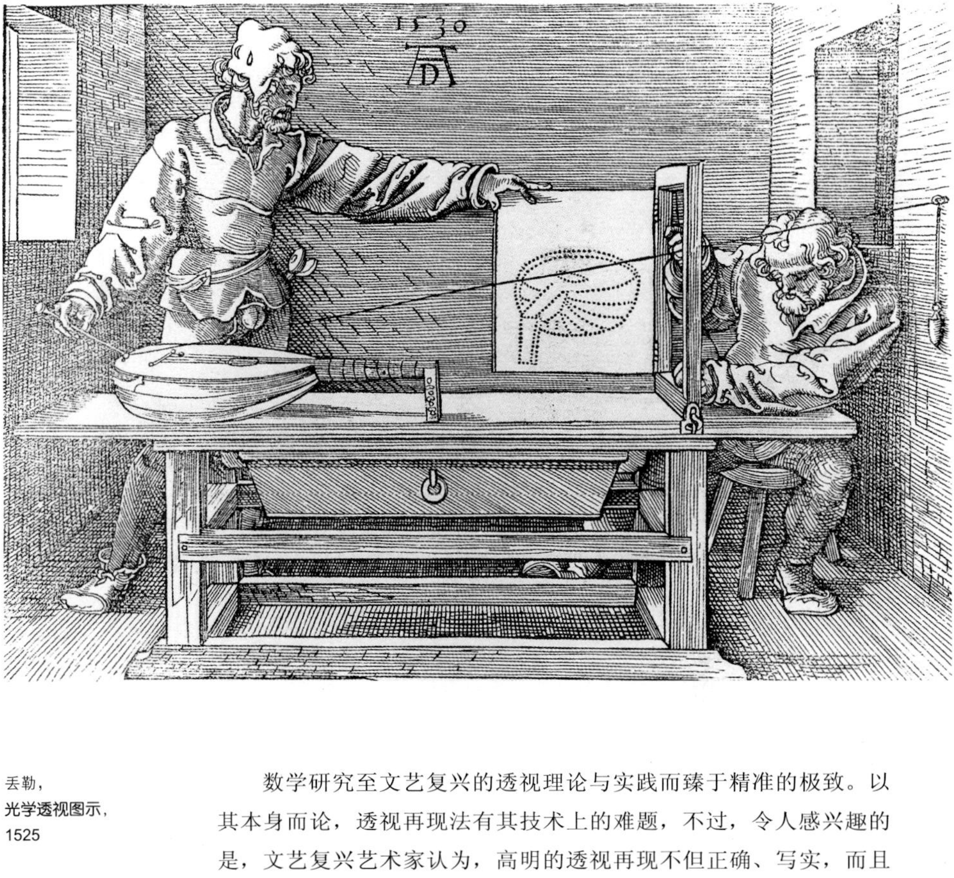

丢勒，
光学透视图示，
1525

数学研究至文艺复兴的透视理论与实践而臻于精准的极致。以其本身而论，透视再现法有其技术上的难题，不过，令人感兴趣的是，文艺复兴艺术家认为，高明的透视再现不但正确、写实，而且美而悦目。文艺复兴的透视理论与实践，影响莫大，其他文化或其他世纪的再现之作被视为不遵守透视规则的，原始的，不足以称之为艺术的，甚至根本就是丑陋的。

6. 合目的性

在中世纪思想发展到最完足的阶段，阿奎那说，美要存在的话，不但必须**比例**恰当，还必须完整（换句话说，一切事物必须具备属于它们才对的部分，残缺的身体因此是丑的），还要有**光辉**——颜色清晰之物才是美的。不过，依阿奎那之见，比例非仅关乎内容之正确配置而已，内容还必须配合**形式**，因此，一具合乎人性理想条件的人体是合比例的。阿奎那视比例为一种伦理价值，亦即有德（或道德之恶）的行动会依照理性法则产生比例正确的言语与行事，所以，我们又有**道德之美**（或道德之恶）。

这项原则的意思是，事物之产生有其目的，故事物必须**适合其目的**，阿奎那见一水晶锤，必定毫无犹豫，以“丑”称之，因为做成此锤之材料虽然有其肤浅的美，此物却不适合其应有的功能。美是事物之间**相辅相成**，石块彼此互支互抵而为一座建筑提供坚实的基础，可以界定为“美”。美是人智与人智所理解的对象之间的正确关系。换句话说，比例成为一项解释宇宙本身何以统一的形而上原理。

比例

阿奎那（13世纪）

《神学大全》，I, 5, 4

美寓于比例，因为人的感官乐见比例良好的事物。

光辉

阿奎那（13世纪）

《神学大全》，I, 39, 8

美需要三个特质：首先是完整或完足：因为不完全的东西就是畸形的。其次是部分之间的比例或和谐。最后是清明或光辉：事实上，我们也以“美丽”形容颜色清晰、灿烂之物。

形式

阿奎那（13世纪）

《驳异教》，II, 81

物质与形式必然互成比例，彼此配合。

圣母教堂，
拉昂（法国），
12 世纪

圣礼拜堂，
巴黎，
13 世纪

道德之美

阿奎那（13 世纪）

《神学大全》，II，145，2

精神之美，是一个人的操持与行为依照理性之光而比例良好。

适合其目的

阿奎那（13 世纪）

《神学大全》，I，91，3

工匠都希望将最好的秩序赋予其作品，不是绝对的最好秩序，而是依照作品所要用的目的而论，那是最佳秩序。

相辅相成

阿奎那（13 世纪）

《圣名注释》，IV，6

就如石头彼此相适而产生房子，同理，美不但要求一切事物维持其自身，而且所有东西摆在一起时，要各依其本身特性建立互惠互辅的合作关系。

7. 比例的历史演变

看看中世纪艺术的许多表现，取之与希腊艺术的模范相较，我们起初会很难认为，这些在文艺复兴以后被视为野蛮、不合比例的雕像或建筑结构，也会成为体现比例标准之作。

其实，比例理论向来与一派带着柏拉图特色的哲学思想彼此连带，这派哲学认为，现实的原型是理念，现实事物只是对理念的苍白、不完美模仿。希腊文明似乎竭尽其力，要在雕像或绘画里体现理念之完美，虽然我们很难说，柏拉图考虑人的理念之时，是不是心存波里克利特斯的人体或之前的具象艺术。柏拉图认为，艺术是对自然的不完美模仿，自然本身又是对理想世界的不完美模仿。反正，文艺复兴时期的艺术家都力图使艺术再现符合柏拉图的美的理念。但是，有些时期，理想与现实世界之间的分裂相当明显。

以波修斯为例，他感兴趣的，似乎不是应该体现比例的具体音乐，而是与具体现实完全分开的原型规则。波修斯认为，作曲家知道声音世界的规则，音乐家是没有任何理论知识的奴隶，靠本能行事，对只有理论能够透露的不可言喻之美懵然不知。波修斯几乎恭维毕达哥拉斯研究音乐而不谈听觉判断。对具体的声音世界与“耳

蒙德里安，
几何构图 A，
1919，
罗马，
国家现代艺术美术馆

波提切利，
维纳斯的诞生，
约 1482，
佛罗伦萨，
乌菲齐美术馆

朵的判断”兴趣缺失，在天体音乐说中已可见得。各个行星产生音阶里的一个音，则众星齐作，产生的其实会是相当不悦耳的不谐和音。但中世纪的理论家醉心于数学对应之美，不愁此事。

执著纯属理想的和声概念，是一个饱经危机的时代的典型做法。中世纪初期就是这么一个时代。当时的人求庇于某种稳定、永恒的价值，对任何与肉体、感官、物质相连的事物，都持疑以对。中世纪人基于道德主义的原因，颇感于尘世之美何其短暂，外在之美则如波修斯在《哲学之慰藉》（*The Consolations of Philosophy*）所说，其“倏忽而逝，速于春芳之消歇”。

不过，我们切勿因此以为，这些理论家对具体声音之悦耳，对具体形式之悦目，皆麻木无感，或者说，在宇宙的抽象之美，与实际世界之美的品位之间，他们无力调和。多位作者对光与色彩之美的热爱（参见本书第四章），就是证据。不过，中世纪在比例的理想，与再现艺术或建筑艺术上的比例之间，看来的确有其明显的悬隔。

但是，有此悬隔，非独中世纪为然。取文艺复兴诸家之数学比例论观之，理论与现实关系圆满的领域，只有建筑与透视法。

我们想通过绘画来了解文艺复兴人体美的理想，就会发现，理

老帕尔玛，
风景里的山林女神，
1518—1520，
德累斯顿（德国），
艺术博物馆

论的完美与品位的多变，确有差距。不同的艺术家所认为美的男女之间，有何共同的比例标准？波提切利（Botticelli）与克拉纳赫（Cranach）、乔尔乔内（Giorgione）的维纳斯之间，我们能不能找到同样的比例规则？

刻画名流男女的艺术家，比较有兴趣呈现的可能是他们强健的体格，以及脸部表情流露的精神力量与权力意志，而不是留心自己下笔是否符合比例正典。其中许多男女代表了一种相貌的理想，我们在这些相貌的理想之间，实在看不出有何共同的比例标准。

所以，历世以还，比例美之谈不绝于书，算术与几何原理在各时代也居于主导地位，但比例的意义变动不居。认定手的中指长度与手的长度之间、手指与手以及身体其余部分之间必须有正确比例，是一回事，如何确定正确的比例，却是与时而变的品位问题。

历世以来，产生过许多不同的比例理想。初期希腊雕刻家理解的比例，有别于波里克利特斯的比例；毕达哥拉斯所艳羡之音乐比例，又异于中世纪所言之音乐比例，因为中世纪人所认为悦耳的音乐已经有异。第一个千年之末期，作曲家必须调整一个文本的音节来配合一种称为哈利路亚（Alleluia jubilus）的拟声唱法时，就面临一个有关文字与旋律比例的难题。9 世纪，自由复音（diaphony）的两个声部放弃一致，各自发展旋律线，但不失去整体的协调，这时必须另寻新的比例规则。从自由复音转到分枝旋律（discant），从分

在文艺复兴的黄昏时期，一个重要观念逐渐得势：美与其说来自平衡的比例，不如说是来自一种扭力，亦即不断努力，要超越主宰物理世界的数学规则。于是，继文艺复兴的均衡之后，有矫揉主义不息的激动。不过，艺术（以及自然美的观念）有此一变，条件是不再将世界看成那么秩序严格，那么明显具备几何结构。托勒密（Ptolemy）的宇宙模型以圆形之完美为基础，似乎是古典比例理想的体现。甚至伽利略的模型将地球挪出宇宙中心，使之环绕太阳运行，也不足以撼动这个最古老的天体完美论。但是，开普勒（Kepler）提出地球沿循一个以太阳为中心的椭圆轨道运行，天体完美的意象就陷入危机。原因不是开普勒的宇宙模型不遵循数学定型，而是——在视觉意义上——这个模型不再近似“毕达哥拉斯式”同心天体的完美系统。

此外，16 世纪末，布鲁诺（Giordano Bruno）开始设想宇宙无限以及世界有许多个，这时，宇宙和谐的整个观念明显必须改弦易辙。

圣母教堂，
沙特尔（法国），
12 世纪中叶

帕拉底欧，
救世主教堂，
取自斯卡莫齐编《**建筑四书**》，
约 1615

塞拉里乌斯，
和谐的大宇宙，
1660，
阿姆斯特丹

反驳比例

柏克

《崇高与美的观念起源之哲学探讨》，III，4. 1756

我好几次非常细心地检视那些比例，发现那些比例在很多事物上近乎或完全相像，不仅彼此非常不同的事物如此，一个非常美，另一个非常丑的东西，也是如此。至于那些有人认为颇具比例的部分，它们往往在情况、性质与作用方面都相距极远，我看不出它们如何可以比较，因此也看不出从其间的比例能够得出什么结果。有人说，美丽的身体，其颈部应该以小腿衡量，而且颈子的周长应该是手腕周长的两倍。但是，小腿与颈部有何关系，小腿与颈部和手腕又有何关系？这些比例一定可以在俊美的身体上找到，也一定可以在难看的身体上找到，任何人不怕麻烦找找看，就会知道。而且，在最美的身体上，这些可能是最不完美的。你可以将你喜欢的任

塞拉里乌斯，
和谐的大宇宙，
1660，
阿姆斯特丹

何比例派给人体每个部分，我担保，一位画家怀着宗教般的心情遵守全部那些比例，但他如果高兴，也会画出一具非常丑的身体来。这位画家大幅偏离这些比例，也会产生一个非常美的形体。的确，从古代与现代雕像杰作也可以看到，其中有些作品，比例与其他杰作大有差别；它们离我们在活生生的人身上看到的比例也一样远。说穿了，主张比例美的人，他们自己之间对人体比例又如何众议咸同呢？有的说身长要等于七个头，有的说八个头，还有人加长到十个。区区几个划分法，就有这么大的差异！然而所有俊美的男人，这些比例是不是一模一样呢？或者，美丽的女人，其比例是不是全都如此？没有人会这么说；但两性都可以美丽，女性尤然。我相信，女性之美，很难归因于她们的比例优人一等。

UBI MONS MAGNS ARDENS
MISSUS EST IN MARE

中世纪的光与颜色

1. 光与颜色

天使打开无底坑，蝗虫升起，
取自圣黎巴纳《启示录注释》，
费迪南德一世夫妇泥金抄本（Code B.N. 马德里），
8 世纪

时至今日，许多人仍为中世纪是“黑暗时代”之说所惑，以为中世纪是个沉黯的时代，即使谈到颜色亦然。那些年头，夜幕降临，人生活于灯光寒伧的环境之中：在最多只有炉火照明的茅屋里，在高燃火把的巨大城堡房间里，以及灯笼光线微弱的修道院，村落与城市则街巷冥暗，凶险莫测。然而这些也是文艺复兴、巴洛克时代，以及接下来发现电的时代的特色。

然而中世纪人自认（至少在诗与绘画中如此自我刻画）生活于极为灿烂的环境之中。中世纪泥金手抄本或许完成于只靠一窗采光的晦黯环境之中，却洋溢着光明，带着种种纯色交错所产生的那种特殊辉丽：红、青、白、绿，没有细致的层次暗示或明暗对比。

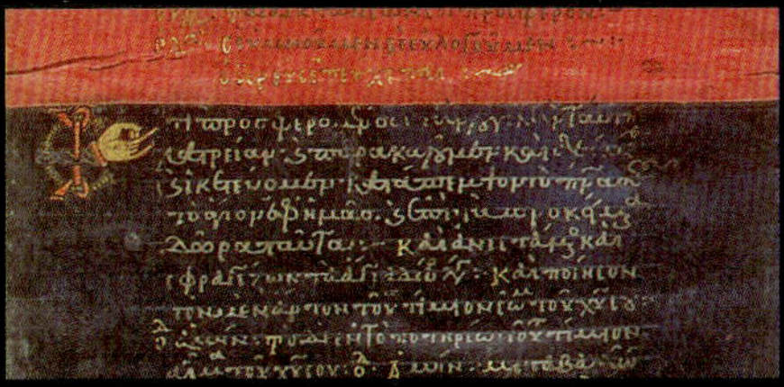

圣约翰·克里索斯顿祈祷书抄本，
局部，
10—11 世纪，
梵蒂冈，
梵蒂冈图书馆

中世纪的艺术以运用原色见长，色区明确，不兴暗示，诸色错落，以整体的协调发光，不将颜色包藏于明暗对照之中，也不让颜色溢出人物形体轮廓。

巴洛克绘画里，物体的光是外烁的，有明暗区块，卡拉瓦乔（Caravaggio）或乔治·德·拉·突尔（Georges de la Tour）作品里的光即是例子。中世纪的泥金手抄本里，光似乎从物体散发而出，物体本身含光。

不仅佛兰德斯与勃艮第极盛期的泥金手抄本明显如此，《贝里公爵的富贵》（*Les Très riches heures du Duc de Berry*）可为凿例，中世纪晚期亦然，莫札勒布（Mozarabic）的泥金手抄本喜用黄、红、蓝色强烈对比，是为例子，奥托时代（Ottonian）的泥金手抄本以冷而明晰的色调如淡紫、蓝绿、沙黄或掺蓝的白，带出金色的光辉，亦复同然。

中世纪晚期，阿奎那重述在他之前已广泛流行的观念，说美需要三件事：比例、完整及**清明**，亦即明与亮。

林堡兄弟，
圣母访亲，
取自《贝里公爵的富贵》，
1410—1411，
尚蒂伊（法国），
孔代博物馆

乔治·德·拉·突尔，
忏悔的抹大拉，
1630—1635，
华盛顿，
美国国立美术馆

清明

阿奎那（13世纪）

《神学大全》，II-II, 145, 2

从戴奥尼索斯之言可知，美寓于光辉与适当的比例：事实上，他说，上帝作为“光辉之因与万物和谐之因”，是美的。因此，身体之美寓于比例良好的肢体，加上合宜颜色的明亮。

吹第五支号角的天使，
取自圣黎巴纳《启示录注释》，
费迪南德一世夫妇泥金抄本（Code B.N. 马德里），
8 世纪

2. 神是光

清晰审美观念的一个来源，当然是许多文化都把上帝等同于光：闪族的神“巴尔”(Baal)、埃及的神“拉”(Ra)，以及波斯神“阿忽拉·马兹达”(Ahura Mazda)，都是太阳或光的人格化。这些人格化进入柏拉图思想，自然而然就成为“善是理念的太阳”之说。这些形象又通过新柏拉图主义，进入基督教传统。

普罗提诺（Plotinus）从希腊传统继承“比例为美之第一要义”的观念(参见本书第三章)。希腊传统认为美不仅是**对称**(symmetría)，也是**颜色**（chróma)。普罗提诺寻思：我们今天界定属于“质”的美，一种能以单纯的色感显现的美，从何而来？在《九章集》(*Enneads*, I,6）里，普罗提诺思考，我们何以认为颜色、太阳光或星辉是美的，颜色、太阳光或星辉很单纯，其美并不来自其组成部分之对称。他得到的答案是："**一种颜色的单纯之美**，来自一种支配物质之黑暗的形式，以及一种不具形体的光，亦即理性与观念。”**火之美**亦同此理，火之发光，类如理念。但这项观察置于新柏拉图主义哲学架构内始有意义。依新柏拉图主义之见，至高之“一”散发，这散发逐级下降，物质是这下降的最终（退化）阶段。照在物质上的光只可能是这“一”的反射。在这里，上帝是一种弥满全宇宙的**光流**的光辉。

这些观念为来历不明，托名战神山信徒的戴奥尼索斯（Dionysius the Pseudo-Aeropagite）所取用。此人大概活跃于5世纪，中世纪传统认为他就是圣保罗在雅典的战神山所收信徒戴奥尼索斯。在其《天国阶级》(*The Heavenly Hierarchy*）与《神名论》(*On Divine Namcs*)中，他说**神是**“**光**”、“火”及“光之源泉”。中世纪新柏拉图主义最伟大的阐述者伊鲁格纳（John Scotus Eriugena）也使用这些意象。后来整个经院哲学都受阿拉伯的哲学与诗所影响，阿拉伯的诗与哲学认为物质为光所充满，成其辉耀之美，9世纪的哲人金帝（Al-Kindi）则引进一套以**星光**为基础的复杂宇宙论图式。

福音书金句选本装订，
局部，
7世纪，
蒙扎（意大利），
大教堂的宝物库

一种颜色的单纯之美

普罗提诺（3世纪）

《九章集》，I，6

一种颜色的单纯的美，来自一种支配物质之黑暗的形式，以及一种不具形体的光，亦即理性与观念。因此，在所有物体里，火是本身最美的，而且它在其他元素之间所占位置是观念。它的位置使它成为（元素中之）最高者，也是一切形体中最亮者，因为它几乎是没有形体的：它独一，并且不将其他元素接纳到它自己里，而其他元素接受它。它们会变热，而火不能变冷。首先拥有颜色的是火，其他万物从它获得颜色的形式。火是辉丽而灿烂的，就如观念。劣于火的东西，没有火光就失色，不再美丽，因为它们不具备完全的颜色观念。

火之美

托名战神山信徒的戴奥尼索斯

（5—6世纪）

《天国阶级》，XV

我相信火是天国智慧里最神圣的显现，因为写作的圣徒经常以火为象征，来描述那超物质的，没有形式的物质，因为火有神的许多层面，如果我们能够以可见的事物来描述神的话。其实，可以感觉到的火就在一切事物里，通过它们而不与它们相杂，超脱于它们，而且由于完全辉亮，而始终掩藏于它自身，不为人知。如果它赖以显现其行动的物质不在，它就不可掌握、不可见，但它能捕捉一切东西。

光流

托名战神山信徒的戴奥尼索斯

（5—6 世纪）

《神名论》，IV

太阳光本身，我们要怎么形容呢？光来自善，是善之像，因此，善以光为其受荣颂的名称，光即善之像的原型。正如高于一切的圣善从最高级、最高贵的物质往下渗透到最低的特质而仍然高于一切，最高的物质不能臻至其卓绝，最低的物质也不能逃脱其影响；又如圣善照亮、产生、包含一切适合接受它的事物，使之有生命、完美；又如它是一切存在的尺度、数目、秩序、包含者、原因及目的，这圣善之像——易言之，这伟大、完全灿烂，依照美的回响而永远光辉的太阳——照亮所有能分享它的事物，它的光散播于一切事物，它将它的光敷布于有形世界。如果有一件事物不分享这光，这不能归因于这光晦暗或分布不足，而当归因于这不接受它的东西本身不适合接受它。由于其光辉超卓伟大，它没有无法触及的有形事物。

神是“光”

伊鲁格纳（9 世纪）

《天国阶级注释》，I

这个世界的整个构造就是一种超卓伟大的光，由许多部分与许多光所形成，用以显露事物之纯质，使心灵之眼能直觉它们，就如神恩与理性在有智慧的信徒心中合作。神学家称上帝为众光之父，极有道理，因为万物来自他，他透过万物、在万物里显现自己，万物是在他的智慧之光里诞生的，在那光里统一。

星光

金帝（9 世纪）

《光芒》，II

每个星辰都向四面八方发出光芒，光芒多样，但融合为一。它会改变各个地方的内容，因为在每个不同的地方，这光（来自众星之全体和谐）会随之变化。此外，由于这和谐不断被行星与其他星星的持续运动所修饰，自然世界及其所有内容也不断进入一种不同的状况，随当时的和谐所需要的条件而生出不同的状况。虽然从人类的感官来说，世界的某些层面似乎永远不变。因此，明显可知，世界上不同的地方和不同的时间构成不同的个人，而且这是天界的和谐透过其所投射的光芒所致，因为这些光芒不断变化。所以，自然世界的事物在任何时刻所以多样，主要出于两个原因：特质之多样，与星光与时而异的行动。由于影响物质（之变化多端的形式）的这种差异可能非常大，不同的地方和时间就产生了不同的事物。有些东西属于不同类，有些属于不同种，有的则只有数目之异，道理在此。

3. 光、财富、贫穷

“清晰”说之基础并非只有哲学。中古社会由有财有势者及无财无势者构成。这不是中世纪社会独具的特征，不过，古代社会，尤其中世纪社会，贫富之别比现代西方的民主社会明显，而且，在一个资源稀少的社会，在贸易以物物交换为基础，疾疫与饥荒定期肆虐的体制里，权势主要以武器、甲胄及奢富的衣着为显现之具。

林堡兄弟，
5月，
取自《贝里公爵的富贵》，
1410—1411，
尚蒂伊（法国），
孔代博物馆

为了显露权势，中世纪贵族以黄金与珠宝自饰，**衣服**则染以最珍贵的颜色，例如**紫色**。取自矿物或植物的人工颜色于是代表财富，穷人则穿着颜色单调而寒素的衣料。农夫的日常衣料取自粗糙的天然素材，非灰即褐，没有加染，褴褴褛褛，成日脏污。绿色或红色外衣是难得而可羡之物，更无论金饰或**宝石**（往往是我们今天所说的硬石，如玛瑙或缟玛瑙）。**色彩**之富与**珠宝**之光是权势的标记，也是令人欲求且称奇之物。

经由浪漫主义与迪士尼式的改造，我们习惯看见中古城堡塔楼齐全，美轮美奂。其实中古城堡结构粗糙，有时甚至是木造，堡垒坐落中央，四周围上栅栏以防敌。诗人与旅人大作其大理石为墙、宝石为饰的辉煌城堡梦，他们虚构那些城堡，如圣布伦丹（St. Brendan）与曼德维尔（Mandeville）所为，有时他们如马可•波罗，或许真的看见城堡，却照样想当然尔，描写其过去必定曾经如何，以求其美。

要了解染料何其昂贵，只须想想，制造那些泥金抄本，那些鲜

衣服

米雍与洛里斯（13 世纪）

《玫瑰传奇》，I，vv. 1051-1087

财富衣紫披金。这套装束值抵万贯家财。我并非谄媚之徒，不会说夸大的故事，也不会说谎。其实，我碰到谎言就要揭露。然而我这辈子还不曾见过如此衣服。这套红衣全身荷叶滚边，缀以黄金与晶亮宝石景物：王公贵族的故事。领圈镶金，盛饰珐琅与黑金，使衣料出落得明闪耀目。啊，说不尽的美妙物事，我向你保证：宝石、珍珠、红宝石，琥珀、钻石。亮光与反光几乎令人目为之眩。一切出以精细、罕见的做工。腰身紧缠束带，这束带也绝丽而雅致，非常豪贵！我细看那带扣：一颗切磨功夫绝佳的宝石。此石非仅珍贵，应该是珍贵的且有其美德。我是说，其主人可以安详度日，不担心哪天被人下毒：他受到万全保护，无论他是王子还是皇帝。此石价值至高，对权贵的价值有过于罗马所有黄金。媒染石则是另一回事，因为它们能治牙疼，你注视它们片刻，你脱落的牙齿会长回去。那既大又重的领扣都是金制，每颗必定值一金币。一个标致的金丝环将头发稳稳挽住。

紫色

克雷提安（12 世纪）

《艾列克与伊妮德》

获得授勋者身穿那件披风与长袍，长袍以貂皮滚边，直至两袖；袖口与领口以数百金箔为饰，箔面尽以蓝紫与绿色宝石、绿松石与琥珀为缀。领扣合计有一盎司黄金；一边是一颗红风信子石，另一边是一颗灿亮无比的红玉。其滚边是白貂皮，你所见貂皮之精之美，无逾此者。那件紫袍有工巧至极的小十字纹样，众彩斑斓，蓝紫与朱红与绿松石争妍，白与绿相间，蓝紫与黄色斗胜。

林堡兄弟，
9月，
取自《贝里公爵的富贵》，
1410—1411，
尚蒂伊（法国），
孔代博物馆

活灿烂的色彩，何其费工，提奥菲勒斯（Theophilus）所著《百工图》（*Schedula diversarum atrium*），或中世纪佚名作者所写《泥金抄本之技术》（*De arti illuminandi*），可为佐证。

另一方面，无财无势者生活在当然比今天艰难、但也比今天健康的自然环境之中，只能享受自然景观、天空、阳光、月光及花草。他们出于本能的美感与大自然提供的多样颜色密切相连，亦甚自然。

宝石

佚名作者（14 世纪）

《艾斯特的宝石》

我们还要提到，他们的花瓶与乐器以宝石装饰，衣服亦然，它们在很多危急情况里帮它们主人的忙，因此有很多好处。

所以，贵族和富有的人百计搜求这些东西，为此目的而穿戴它们，虽然其功用并没有他们所想那么大。其所以如此，是因为他们没有思索就买下来，佩在身上。不过这些宝石虽非万用，还是有些用处，也因此缘故，这些人受到称赞，接待和看重。但有时候，这些（宝石）实在做不来人们认为它们能做的事，与他们打交道的人看得出来这些宝石何以没有那些妙用，却出于心肠邪恶而不告诉他们。对拥有这些宝石的人，信则灵吧。

色彩

薄伽丘（1313—1375）

《菲洛科洛》，IV, 74

那光来自他顶上，他仔细瞧进去，看到一个美丽优雅的女人，穿着那同样的光，双手拿着一个小金瓶，瓶里装满至奇至珍之水，他仿佛觉得她以那瓶水洗他的脸和他全身，之后，她立刻消失；她方消失，他即觉得他的目光非复从前，他比从前更知道人事和神事。就这样，他在满怀奇异之下，发现自己置身于三个他并不认识的女人之间，他心想，他瞥见了他心爱的碧安齐菲欧蕾，使他无比幸福：他看得见的这三位里面，一个衣服深红，红到仿佛浑身着火，一个身穿绿衣，其绿超过一切祖母绿，最后一位衣白胜雪。

珠宝

伦提尼（13 世纪）

《钻石，祖母绿，蓝宝石……》

钻石，祖母绿，蓝宝石，
或任何宝石；
黄玉，红风信子石或红宝石，
或的确价值甚高的血石，
紫玉，或那最灿烂的红榴石，
都不如我所爱之美。
以她充满喜悦的爱，
她的美德超过一切，
她的光辉如星星，
她比一切玫瑰或花朵更美丽。
愿主耶稣赐予她生命和欢悦，
愿她的尊荣与日俱增。

大汗之宫

马可・波罗（13 世纪）

《马可・波罗游记》，LXXI

这些环墙中间，耸立着大汗之宫，其建筑方式，我具陈如下。此乃人间所见最大宫殿，北至前述之墙最后一道，南侧一片辽阔，贵胄士兵行走其上。此宫并无上层，然其底高出周围环境十棵棕榈之上，宫顶绝高。廊庑与房间内壁皆遍覆金银，饰以仕女、武士、龙、鸟兽、花草种种图画。天花板亦无他物，图画与黄金而已。大厅极广，足供六千人飨宴其间。房间之多，难以置信。此宫至美至大，世人具此技术者尽其规画与建筑之能，亦无以凌驾。宫顶漆朱红、绿、蓝、黄诸色，漆工绝妙，望之熠耀如晶，四面八方遥遥可见。须知此顶极坚极固，无数年不坏。宫后皆大宅、巨厦与房间，为大汗家财所在：金、银、宝石、珍珠、金盘银碟。此处亦为嫔妃所居，一切唯供大汗方便，闲人莫进。两墙之间尽为异兽，人行之道为唯一例外。

泥金抄本

佚名作者（14 世纪）

《泥金抄本之技术》，I

我打算先描述以笔与画刷制作泥金抄本的一些技术。我毫无与人争议之意，而是以友善之情，并以简单形式为之。此事已有许多作者先我透露个中堂奥，不过，为了说明最方便、最理性的过程，一使专家得以印证其见解而精益求精，二令技术欠熟而有心此道者便于了解并付诸实际，我将扼要解释颜色及混合颜色的各种方法，并集中已有效验而公认精良之法。

据普林尼之说，主色有三种，即黑、白、红，其余所有颜色皆此三者之中间渐层色，所有饱学博士所著之书无不如此界定。泥金抄本自然而然必备之色有八，即黑、白、红、黄、淡蓝、蓝紫、粉红及绿色。其中有些为天然色，有些为人工色。天然色包括深蓝与波斯蓝。黑色是某种黑土或天然石色；红色为某种红土色，即有时通称“macra”者；绿或蓝绿是土色，黄即黄土，或称雌黄，纯金或番红花色亦属之。

其余所有颜色皆为人工色：黑色来自葡萄藤制成之碳，蜡烟，油蜡烛，或乌贼(墨)，以盆或釉碗收集。红色有取自硫磺与水银之朱红，以及俗称“stoppio”，以铅做成之铅丹；白色由铅中淬取，亦即白铅，或动物死后火化……将黄金固着于羊皮纸的黏着剂，有很多种做法，我只谈其中一种，是个已有效验的卓越方法。取烘过并净化的细质白垩，即画家用以使油彩固着于画布上之物，以及四分之一质地良好的亚美尼亚黏土，在斑岩板上和清水研磨成细，置于斑岩板上令之自干后，取所欲之量，其余收起，将所取之量与动物胶掺研，加蜜使甜，蜜量慎勿过多，亦不可过少，依细粉之量为度，取微量入口试尝，甜味似有若无即得。以画家所用瓶子为例，画刷柄尖所取，即为所需蜜量。精磨既毕，置釉瓶中，立即以清水覆之，宜轻覆，以免相混，干时自不起泡，亦不龟裂。稍待片时，使用时需去水，去水时不可使水与底下之物相混。将此黏着剂施于羊皮纸上所欲之定点，施用前，宜先以另张同类羊皮纸试用，确定已经搅匀。一俟其干，布微量之金其上，观其光泽。蜜过多，则取瓶注入清水，勿复掺拌。搁置适当时间，自见改善，然后去水，勿加摇晃。欲其更浓，可多加胶脂，即糖或蜜水，随你所需。此事实践贵于理论，我不再辞费：说与智者，一言已足。

自然之美

但丁(1265—1321)

《炼狱》，VII, vv. 70-78

山与平原之间有一条曲径
引我们走到小山谷边缘，
下降至小山谷一半有余之处
黄金与纯银，猩红与珍珠白，
印度榕辉煌而宁静，
剖开时鲜亮翠绿，
空容之内花草缤纷，
一切色彩都会相形无颜，
犹如下一等见绌于上一等。

白鹿

彼特拉克(1304—1374)

《歌集》，CXC

一只白鹿出现在我前面
在绿草上，长着金角，
在两个河岸之间，一棵月桂树荫里
当太阳照着春日上升。
她看来如此甜美高贵，
我尽忘劳顿跟随她：
一如守财奴寻宝乐极
一切辛苦为之减轻。
她美好的脖子环挂钻石与黄玉
“不要碰我，皇帝赐我自由”
太阳已渐近正午之顶，
我的眼睛凝视而疲累，却未厌足
当我落入水中，而她消失。

4. 装饰

以中世纪色彩意识为主题的文献之中，有一件是写于 7 世纪而显著影响后代文明之作，此即塞维尔的伊西多尔（Isidore of Seville）所撰《字源》（*Etymologies*）。据伊西多尔之见，**人体**有些部分，其目的在其功用，有些在其 decus，即装饰作用、美及快感。后世作者，如阿奎那，认为一物应合乎其功能则美，意思是残缺的身体——与过于细小的身体——或一物为某种功能而生，却不能履行其功能（如水晶锤），则即使以珍贵材料做成，亦应以丑视之。不过，我们不妨接受伊西多尔所做的功用与美之分：正如门面增加建筑之美、修辞增加议论之美，人体既可因其人工装饰（衣服与珠宝），亦可因其天生装饰（肚脐、齿龈、胸脯）而美。

圣卡明方舟，
11—12 世纪，
法国里永附近的莫扎克，
圣皮埃尔教堂

福音书金句选本装订，
封面，
cod.marc.Lat.I, 101，
9 世纪，
威尼斯，
国立马西亚娜图书馆

人体

伊西多尔（560—636）
《字源》，XI, 25

我们身体里，诸物皆有目的，例如肚肠，有些既有用处，又是美的，如脸、双脚、双手，有大用，又美观。其余只是装饰用，如男人的乳头、男女的肚脐。有些则富变化，如生殖器，飘逸的胡子，男人宽阔的胸膛，女人纤细的齿龈、小巧的胸脯、宽广适宜生孩子的臀部。

法布里亚诺，
贤士来朝，
1423，
佛罗伦萨，
乌菲齐美术馆

音乐与乐师，
取自波修斯《**数学与音乐**》，
安茹宫廷泥金抄本，
14 世纪，
那不勒斯，
国立图书馆

一般而言，基本的装饰以光与色为主：大理石以其白而美，金属以其反射之光而美。空气本身是美的，因为（伊西多尔根据他颇有商榷余地的字源论这么说）“aurum”，亦即黄金，需要“aes-aeris”，即空气，方见光辉。宝石因其色彩而美，色彩无非被捕捉到的太阳光与纯化的物质。

眼睛明亮即美，最美则为蓝绿色的眼睛。美丽的身体，首要特质之一是皮肤白里透红，而且，据字源学家伊西多尔之见，“venustas”（身体之美）一词来自“venis”（血液），“formasus”（美丽）一词来自“formo”，就是使血液流动的热力。由“sangue”这个字，又产生“sanus”，即面容不是苍白，而是健康的白里透红。此外，伊西多尔说，“delicatus”（纤美）一词用来描述人的容色时，其义源自“deliciae”，即配合美食上桌的精细餐点。伊西多尔甚至根据他牵强的字源论，大胆依照各民族的生活与饮食方式，将他们分类。于是，高卢人（the Gauls）由于其白肤而得此名，因为此字源于希腊字“gala”（乳白），而且他们由于其居住之地而天性凶悍。

5. 诗与神秘主义里的色彩

在诗中，灿烂颜色的感受处处皆是。草绿，血红，乳则纯白。每种颜色都有其最高级形容词（例如以 praerubicunda 形容玫瑰），一色复分许多层次。但丁有“**东方青玉**的甘美色彩”之句，吉尼塞里（Guinizzelli）写下“晕染深红的雪白容颜”，《罗兰之歌》（*Song of Roland*）里的宝剑杜兰达（Durandal）在日色里“清澄而白皙（clère et blanche）”。但丁的《天国》（*Paradiso*）写到**明澈之景**，如“星星之火始弱之际，可能乍现明灿之焰”，“然后，他们呐喊，辉亮继至，起初微弱，如薄暮时分之景”。

圣希德嘉德，
宇宙及宇宙人的创造，
约 1230，
卢卡（意大利），
政府图书馆

东方青玉

但丁（1265—1321）

《炼狱》I, vv, 13-24

东方青玉的甘美色彩
在澄净的长空
凝聚，直到第一圈，
使我原本忧伤的
眼睛与心胸再度愉悦。
那颗美丽的行星，爱的动力
使东方欢笑，
并且遮护她相随的双鱼座。
我往右转，凝神注目
另一极，看见四颗星
除了初民，无人看过的四颗星。

明澈之景

但丁（1265—1321）

《天国》，XIV, vv, 67-65

看！我们周围，亮度相等
升起一环光辉，
有如地平线逐渐明亮。
又如薄暮初降，星辰甫现，
入眼如真似幻，
我仿佛看见新的光辉
在那里逐渐现身，
在另外两个圈外围成一圈。
啊，圣灵发出的光彩
何其不速而至，何其辉丽。

耶稣世系图，
彩色玻璃窗，
12 世纪，
沙特尔（法国），
圣母教堂

宾根的圣希德嘉德（St. Hildegard of Bingen）善写神秘主义，作品中提及**闪耀的火焰**，描述从天国堕落以前的首席天使路济弗尔（Lucifer），说他佩戴的宝石熠耀如夜空繁星，浑身缀饰光芒焕烁，将世界铺天盖地洒满亮光（Liber divinorum operum）。

中世纪人使用的象喻技巧，的确最能表现单纯色彩的生动，兼呈光如何使色彩透亮：此即哥特式教堂的彩色玻璃。在哥特式教堂，光自窗透入，但先经以铅条连结的彩色玻璃过滤。此法已见罗马式教堂，但哥特式墙壁较高，拔立而上，汇聚于尖顶。

彩色玻璃与玫瑰窗的空间俱见增加，墙身多处镂空，多靠拱壁支撑。教堂如此设计，用意即在加强透过线纹窗饰洒入的光的效果。

苏格大主教（Archbishop Suger）为赞颂伟大的信仰与法国诸王而设计圣丹尼斯修道院（原作属罗马式）之时，他告诉我们，此一壮观令中世纪男男女女如何神迷。苏格兴奋于院内宝藏之美，及透窗而入的美妙光线，笔锋情感澎湃。

闪耀的火焰

圣希德嘉德（1098—1179）

《光明之道》，II，异象 2

然后我看见灿烂的光，光里一个人形，青玉色，全身亮着光泽温和的火。那灿烂的光围着那发光的火，灿烂与发亮的火倾满那整个人形，三者合一。

我再次听见那活生生的光对我说："这是上帝的神秘，由此神秘，可以清楚感觉上帝，并且了解那充盈，那充盈的来源没有人看过，而且那充盈是力量的来源，从未失灵。因为如果主没有了他自己的生命力，他的事迹会成为什么？因此，在这一切里面可以感觉到造物主是谁。所以，你看见灿烂的光，没有幻象、缺陷或欺骗，显示天父；在这光里，是一个青玉色的人形，没有冥顽、忌妒或不义，就是圣子，在时间开始以前生自天父，然后在时间里化身世界，化身于人；这人形燃着一种温和的火，周身光焰，这火不枯、不死、不暗，代表圣灵，圣灵使神的独子孕育于肉身，在时间内部生自圣母，将其真光倾入世界。灿烂的光抚浴那辉耀的火，辉耀的火倾注于整个人形上，三光合一，意思是，圣父，他是正义，没有圣子或圣灵，就不存在；圣灵，点燃信徒之心者，没有圣父和圣子，就不存在；三者有不能分开的神性。……

火焰有三种特质，所以神是三位一体。怎么说？火焰由灿烂的光、红色的力量和火热的心构成。灿烂的光用以发亮，红色的力量用以持久，火般的热用以燃烧。所以，灿烂的光要理解为圣父，他以父爱将他的灿烂展示给信徒；火焰里的红色力量要理解为圣子，他化身由圣母生出而有肉体，以此肉体显示他作为神的奇妙；火般的热要理解为圣灵，在信徒心中热切燃烧。见火焰，亦必见灿烂之光、红色的力量及火般的热；不见圣父、圣子或圣灵，则不算适当地崇拜上帝。因此，这三种特质见于一个火焰之中，三者理解于神的统一之中。

6. 色彩与日常生活

色彩品位亦见于艺术以外的领域，亦即日常生活与日常习惯、衣着、装饰及武器。在其《中世纪的衰落》（*The Waning of the Middle Ages*）里，赫伊津哈（Huizinga）精彩分析中世纪晚期的色彩品位，书中提到编年史作者富洛伊沙（Froissart）热爱“船上飘扬的大小旗帜，在阳光下闪耀的盾形纹徽，以及头盔、甲胄、矛尖、羽饰、行进武士军旗上辉闪的阳光”。《彩色纹徽》（*Blason des couleurs*）谈到颜色的取舍，作者赞美淡黄与碧蓝、橙色与白色、橙色与粉红、粉红与白色，以及黑色与白色结合；拉·马谢（La Marche）笔下，则出现一少女身着紫绸骑骡，骡衣为淡蓝丝绸，三名男子牵骡，俱着朱红丝绸衣裳和朱红丝绸披风。

林堡兄弟，
1月，
取自《贝里公爵的富贵》，
1410—1411，
尚蒂伊（法国），
孔代博物馆

林堡兄弟，
4月，
取自《贝里公爵的富贵》，
1410—1411，
尚蒂伊（法国），
孔代博物馆

7. 颜色的象征意义

中世纪人深信宇宙万物一一有其超自然意义，世界乃上帝手写之书。一切动物有其道德或神秘主义意义，每块石头、每株植物亦然（见于动物寓言、碑文及植物志）。因此，常见人为颜色赋予正面或负面意义，虽然某种颜色是何意义，学者所见时或各异。所以然者，原因有二：首先，在中世纪的象征系统里，一事一物可能有两种相反意思，视其出现之背景而定（狮子有时象征基督，有时象征撒旦）；第二，中世纪上下将近千年，对色彩意义的品位与看法自有变迁。论者说，中古初期轻视蓝与绿，原因可能是当时无法产生鲜明灿亮的蓝色层次变化，以至蓝衣望之单调而沉闷。

骑士与狮头喷火马，
取自圣黎巴纳《**启示录注释**》，
费迪南德一世夫妇泥金抄本
（Code B.N. 马德里），
8 世纪

伦巴德泥金抄本，
取自《**植物史**》，
14 世纪，
罗马，
卡萨纳特图书馆

大妓女揽镜，
取自启示录织锦之 17，
14 世纪，
昂热（法国），
勒内王的城堡

野人、熊，或农夫，
取自《**亚历山大传奇**》，
14 世纪，
牛津，
博德莱安图书馆

12 世纪起，蓝色称尊，教堂彩色玻璃以蓝色管领诸色，过滤光线使成“天国”之光，其神秘主义价值与审美地位可见一斑。某些时期与地方，则黑为御用之色；易时易地，黑又是神秘骑士掩饰身份之色。也有人指出，在亚瑟王的传奇里，红发骑士是心术残忍、背信弃义之辈，而早亚瑟王传奇数世纪，塞维尔的伊西多尔认为，遍数发色，金与红最美。

红色外衣与马衣代表勇气与高贵，虽然红也是刽子手与妓女的颜色。黄是懦夫之色，并与贱民、亡命之徒、疯子及犹太人相连；然而，黄也是金子之色而受颂赞，黄金正是金属之最亮且最贵者。

8. 神学家与哲学家

阿尔波，
武装天使行列，
约 1360，
帕多瓦（意大利），
市立博物馆

我们在前面先谈过中世纪人的品位，现在才能了解，**色彩作为美的肇因**，在理论上的内涵如何。不先记住这些品位，读到阿奎那以色彩明亮为美的说法（《神学大全》，I，39，8），可能有嫌其肤浅之虞。实则理论家这些说法正是他们受到常人感性影响之处。圣维克多的修伊（Hugh of Saint Victor）之说就是如此，他在其《三天》（*De tribus diebus*）中以**绿色**为众色之最美者、春之象征、未来重生之象（其神秘主义之指涉并未排斥感官之满足）。奥维尼的威廉（William of Auvergne）有明显的同好，也是当时一般感性之影响使然，他还提出心理根据来支持他的论点，说绿色介于白与黑之间：白扩大瞳孔，黑收缩瞳孔。同一世纪，罗杰·培根（Roger Bacon）宣称光学是注定解决一切问题的新科学。光学理论经由《透视法》（*De aspectibus*, 又名 *Perspectiva*）一书传到中世纪，此作由阿拉伯人写于 10 至 11 世纪之间，至 12 世纪复由维特里欧尼（Vitellione）写入其《透视法》（*De perspectiva*）。在经院哲学最进步的寓言总集《玫瑰传奇》（*Roman de la rose*）里，让·德·米雍（Jean de Meung）透

色彩作为美的肇因

圣维克多的修伊（12 世纪）

《群学指要》，XII

关于事物的颜色，没有必要长篇累牍讨论，因为眼看即知，大自然有许多不同颜色装饰的时候，颜色为自然增添多少美。还有什么比光更美的东西，虽然它本身无色，照在东西上，却将一切东西的颜色带出来。有什么比天空更悦目，当它宁静，像蓝宝石那般闪闪发光，用它光辉最悦目的比例吸引眼睛？太阳发亮如黄金，月亮淡亮如琥珀，有些星星熠耀如火焰，有些跃动着玫瑰般的光，有的不时放出由粉红变绿，继而变白的明灿。

绿色

圣维克多的修伊（12 世纪）

《群学指要》，XII

绿色之美，超过其他一切颜色，令人一见销魂。清新的春日，花苞开出新生命，尖尖的叶子往上伸吐，几乎将死亡刺死，是未来复活的象征。一切向光升起。关于上帝的做工，还需要怎么说吗，连人类模仿那些做工的成品，即使虚假而欺骗眼睛，我们也加以赞叹。

过大自然之口，长篇阐述彩虹之奇妙与曲面**镜**之奇迹，镜中，侏儒与巨人大小相反，身体扭曲或上下颠倒。中世纪人知道，以事物之性质为根据的审美观念，与比例之美彼此枘凿。只要不带批判眼光欣赏悦目的颜色，只要是在神秘主义论述或模糊的宇宙论范围内使用譬喻，这类昭昭可见的矛盾就可能无人留意。不过，13 世纪的经院哲学还是会处理这个问题。

说到这一点，我们应该谈谈葛罗塞特斯特（Robert Grosseteste）提出的**光的宇宙论**。在他为《六日论》（*Hexaémeron*）所作之注解里，葛罗塞特斯特尝试解决“质”与“量”两种原则之间的矛盾，他界定光为比例的极致表达，因为光是恒定的。由于恒定是**最卓越的比例**，独一无二的造物者作为光源之美即有着落，因为上帝是至高的单纯，是最大的和谐和**自足的比例**。葛罗塞特斯特依其新柏拉图主义，认为宇宙由单一光能所形成，这光能同时是美与存在的来源。经由一个程度渐进的纯化与浓缩过程，天体与自然元素源于这单一的光。因此，世界的比例就是光在其具有创造力的散布之中依照物质的各种阻力而具体化的数学程序（参见本书第三章）。整个来看，创造之观念浮现为美的观念，以其比例、以光的瞬即效果而论，都是如此。

镜子

米雍与洛里斯（13 世纪）

《玫瑰传奇》，vv. 18123-18146

回头来谈镜子：有些镜子使大而近的东西看来细小而遥远，就算是法国和塞达纳之间那座山也一样。你举起镜子时，它忽然变得非常小，你用力凝视，也几乎看不见。其他镜子显出物体真正的大小。看一面平常的镜子，看到的是物体真实的样子。我还知道东西会在里面燃烧的镜子，不过，你得把它们摆在太阳光能全部反射之处，对准那一点。这时，一切都起火似的。有些镜子则照出非常不同的形状：单，双，有时一物四个，俯、仰、缩短、加长。一物百样。

光的宇宙论

葛罗塞特斯特（12—13 世纪）

《圣名注释》，VII

此善本身受到神学家赞扬，就像“美丽的”和“美”受赞扬。……美就是和谐与比例，是所有单独的局部对其自身、对彼此之间的比例，是一切事物之间的和谐，对一切事物都完全一样。神是至高的单纯，是最伟大的和谐与比例，没有任何不谐或差异的可能，不但与万物和谐，也是万物和谐之源。恶与善不和谐，是无。因此，神即是美，是美丽自身。

安吉利科，
圣母的加冕，
1435，
佛罗伦萨，
乌菲齐美术馆

自足的比例

葛罗塞特斯特（12—13世纪）

《六日论注释》

约翰·达马斯尼说："拿掉光，一切陷入阴影而不为人知，因为它们这就无法显变出它们的美。"因此，光是"一切可见的造物的美与秩序"。巴塞尔说："大自然被创造的方式，没有任何事物比大自然更能使享受它的人如此愉快。神的第一句话从光创造自然，驱走黑暗与忧伤，当下使一切物种快乐欢悦。"

光本身就是美的，因为"它本性单纯，万物皆备于光"。因此，光是最和谐的统一与比例，而比例之和谐就是美。于是，即使它没有具体形式的和谐比例，光也是美，也是最悦目的。因此，光的金色之美因其闪耀焕然而美，星星看来最美，即使我们看不见美如何从局部之组合，或从比例产生，只能看见来自光的辉亮的美。如安布洛斯所言："光的美不像其他东西那样在于数学、长度或重量，而在于其面貌。使世界值得赞美的，是光的本身。"

巴诺雷吉欧的波纳文图（Bonaventure of Bagnoregio）借亚里士多德之说，提出一种**光的形而上学**。据他之见，光是物体的**实质形式**。究其意义，光是一切美的原理。光是最悦目的（maxime delectabilis），因为通过这个媒介，天上与地上才有如此范围与多样的色彩与亮度。光可以从三个观点来思考：作为**光**（lux），它本身纯粹创造力的发散，一切运动之源，它甚至透入地球内部，形成矿物与生命的种子，将**星辰之德**赋予石头与矿物。作为**传光体**（lumen），它具备**明亮的存在**，以透明的方式传过空间。作为**色彩**或**光辉**，它由它所照到的半透明物体映现。可见的色彩基本上是在两种光会合时产生，易言之，透过透明空间而放射的光，使半透明物体里的光复活。波纳文图谈光的美学，喜欢强调其宇宙层面。其实，他论美之作的精华，就是他描述至福灵见与天国之光的部分：在肉身复活而重生的个人身体里，光将会耀现其四个基本特质：**清明**（claritas），照亮事物；无懈可击，不受任何事物污腐；灵动；穿透力。

阿奎那主张把光还原于其主动特质，这特质来自太阳的实质形式，由透明的物体接受并传送。这种发光传光的作用（affectus lucis in diaphano）称为传光体（lumen）。也就是说，对波纳文图，光基本上是一种形而上的现实，对阿奎那则是一种物理现实，只要思考这些哲学之思，就能了解但丁《天国》（*Paradiso*）里的光的意义。

林堡兄弟，
基督受洗，
取自《**贝里公爵的富贵**》，
1410—1411，
尚蒂伊（法国），
孔代博物馆

光的形而上学

波纳文图（13世纪）
《布道》，VI

永恒的太阳以它的光照亮灵魂而荣耀灵魂的时候，那将是何等光辉。享受天国的人欢喜歌唱的时候，那种非比寻常的喜悦是掩不住的。

实质形式

波纳文图（13世纪）
《名言集四篇注释》，II, 12, 1；II, 13, 2

光是一切形体的共通本质，无论其为天上的或这世界的。……光是物体的实质形式，它们只要沾到光，就存在。

但丁与光

但丁（1265—1321）
《天国》，XXX, vv. 97-120

啊上帝的光华！借这光华我看见
真理之境的崇高胜利。
请赐我力量来述说我所见！
上面有光辉，使每个生灵
都看见造物主，
他们仰望他，方得安宁。
光华以圆形扩伸
扩伸到它的圆周
做太阳的束带也太大。
它全是光辉
从原动之顶回映下来，
从那里而有生命和力量。
就如山长满繁花绿草时，
山倒映于山麓的水中，
仿佛顾影欣赏它自己的美，
眼前情景就是如此，
我看见超过千重行列
高高圜围着光，映之如镜，
都是从我们凡尘升天者。
如果最低的光层
也能包纳这么大的光，
那么这朵玫瑰最外面的花瓣
将是何等广浩！

第五章

怪物之美

1. 丑的美丽表现

所有文化皆有其美的观念，亦有其丑的观念，不过，以考古出土物来说，其中所画之物在当时是不是真的被视为丑，难以判定：在西方人眼中，其他文化的拜物与面具是可怖、畸形之物，当地人则可能认为其中刻画着正面价值。

博斯，
尘世乐园之地狱，
局部，
约 1506，
马德里，
普拉多博物馆

蛇发女怪瓦檐饰，
公元前 4 世纪，
那不勒斯，
国家考古博物馆

恶龙、母子、天使长米迦勒及他的天使，
取自圣黎巴纳《启示录注释》，
费迪南德一世夫妇泥金抄本
（Code B.N. 马德里），
8 世纪

苏格拉底

柏拉图（公元前 5—前 4 世纪）

《会饮》，215-222

我说，他和席林纳斯的那些胸像一模一样，雕塑匠店里可以看到的，嘴里咬着笛子，肚子打开来，里面还藏着小神像。我还说，他也像半人兽马斯亚斯。你自己也不会否认吧，苏格拉底，你的脸像个半人兽。……你们有没有看见苏格拉底多么喜欢美男子？他经常和他们为伍，为他们着迷，又经常一副什么情况都不知道，什么事情都无知的样子。这是他装出来的样子。这一点，他不也挺像个席林纳斯吗？当然像，他的面孔就是席林纳斯头像。但是，酒友们，打开他的肚子，那里面藏着多少节制和清醒！

希腊神话即富于半人半羊的牧神、独眼巨人、狮头羊身蛇尾之吐火怪兽、人身牛头怪，或普里阿普斯（Priapus，希腊男性生殖神）之类神怪，凡此皆属荒怪之物，不合波里克利特斯或普拉克西勒斯所雕作品表现的美。不过，对这些怪物的态度并非尽属憎恶。柏拉图在其《对话录》中频频讨论美与丑，只是，面对**苏格拉底**在道德上的伟大，他莞尔以对苏格拉底的难看长相。自古代以至中世纪，各派美学理论以比例为身体或道德之美的基础（参见本书第三章），视丑为美之反面，视丑为破坏比例规则的一种不和谐，或者，视之为一种**欠缺**，欠缺一个生物天然应该具备的某种东西。不过，也有一点是公认的：世上虽有丑物，艺术却能以美丽的方式刻画之，以这种美使丑为人接受。从亚里士多德到康德，不乏此说之例。进一步来看，问题实甚简单：自然中的丑令我们退避，但是，在“美丽地”表现丑的艺术里，丑变成可以接受，甚至可悦。不过，**表现丑**（或怪），到底哪一点能令人着迷呢？中世纪人已提出魔鬼之美丽再现的问题。这问题在浪漫主义时代强烈重现。

古典时代晚期，尤其基督教时代初期，丑的问题所以转趋复杂，并非偶然。黑格尔说之甚当，基督教感性及传达这种感性的艺术降临，进据核心位置的是痛苦、苦难、死亡、酷刑、地狱，以及受害者与施刑者身体的畸形，主题涉及基督教及迫害基督教者之处尤然。

欠缺

奥维尼的威廉（13 世纪）

《善恶论》

我们要说，三只眼睛的人，或只有一只眼睛的人，是不悦目的，因为前者不适宜，后者则是缺少适宜。

魔鬼之美

波纳文图（13 世纪）

《名言集四篇注释》，I，31，2

形象或绘画之美，其指涉模型的方式本身是不值得尊敬的，例如，不能如圣尼古拉之像那样受尊敬。但是，“美”指涉模型的方式，本身有一种美，不是只有它所表现的主体才有美可言。所以，主体只有一个，美的模式却有两种：画法得当，是一种美，如实表现一个主体，是另一种美。因此，一幅画如实表现撒旦之邪恶，虽然可憎，画的本身却可说是美的。

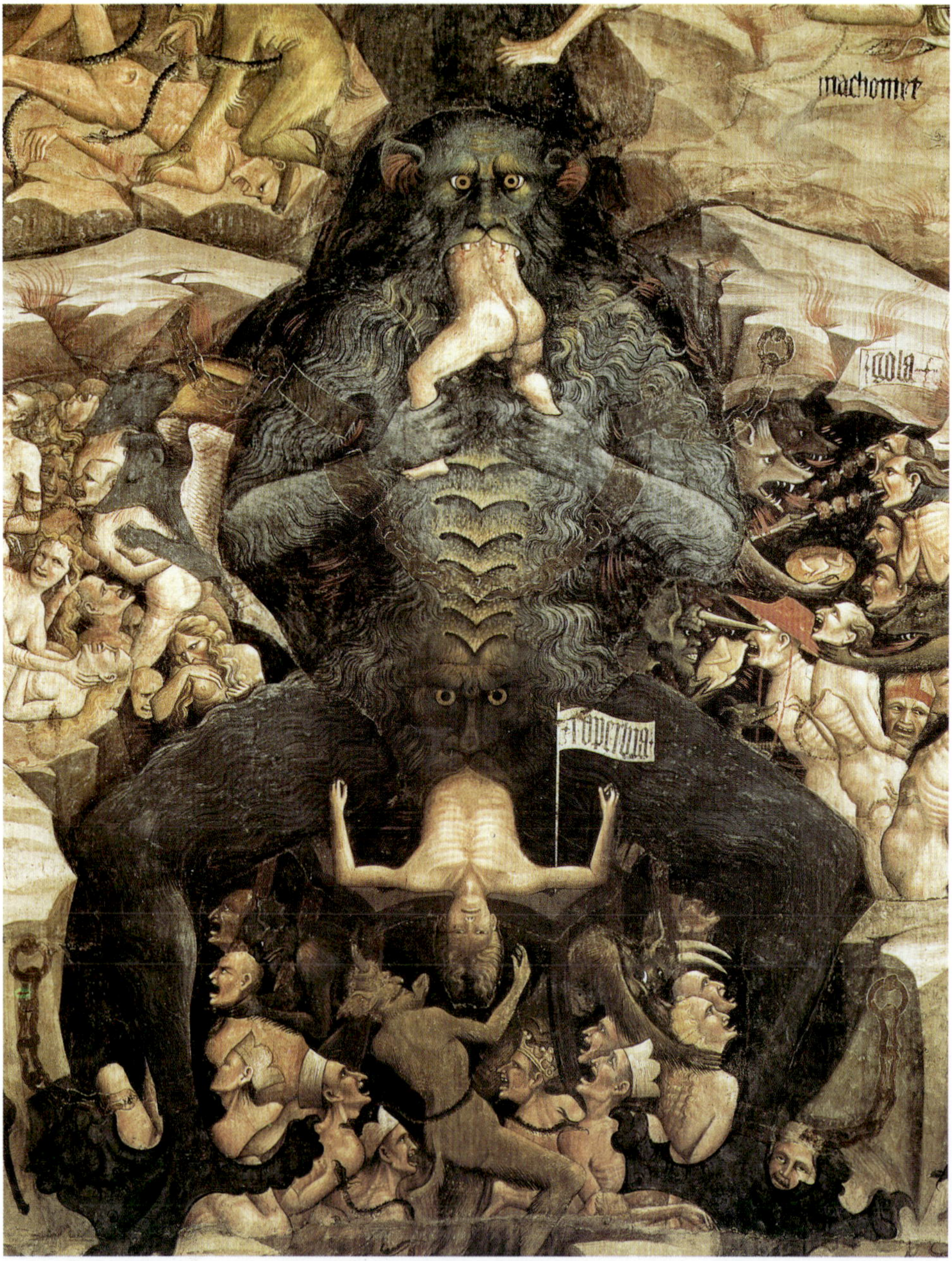
machomet
gola

达摩迪纳，
地狱壁画，
约 1410，
博洛尼亚（意大利），
圣彼得教堂

表现丑

康德

《判断力批判》，I，2，48. 1790

一种自然美是美的东西；艺术美则是将一件东西作美丽的呈现。为了将一种自然美当作自然美，我不必预先对此对象应当是怎么样的事物具备一个概念；也就是说，我不需要知道材料的目的是什么，因为使我们产生快感的是其形式本身，而不是我知道它的目的是什么才有快感。不过，如果这对象是被呈现为一件艺术品，而且应该被界定为美丽的，那么，由于艺术的目的每每寓于其原因（与因果性）之中，我们必须先有一个这东西是什么的概念。而由于一件东西的完美来自其内在的多重性与其内在定义一致，因此，对艺术美的任何鉴赏都必须将此物的完美也纳入考虑。对自然美本身的鉴赏则完全不用考虑这个层面。在鉴赏有生命的自然对象时，例如人，或一匹马，固然通常也考虑其客观的目的，以便判断其美，但这种判断已经不是纯粹的审美判断，亦即不再只是品位判断。自然不再因为它看来是艺术而受判断，而是以它真的是艺术（虽然是超人类的那种）而受判断。目的论的判断成为审美（判断）必须考虑的基础和条件。在这样的情况下，当我们说“有个美丽的女人”，我们实际想到的是，大自然塑造她的方式，使她的形式卓越地表现了女人形体应有的目的。因为我们如果要以合乎逻辑条件的审美判断来设想一个对象，就必须越过区区形式，抵达一个概念。

美的艺术，其优越性在于，它美丽地描写在自然里丑或令人不悦的东西。复仇女神、疾病、战争的蹂躏等等，虽是恶事，也能描述得非常美，甚至以图画表现。只有一种丑能依照自然的样子来表现而不破坏一切审美快感，因而也不破坏艺术美：亦即，那些令人恶心的东西。这种特殊的感觉纯粹倚赖想象，对象被呈现成仿佛我们有义务去享受它，但我们又在猛烈拒斥它：于是，就我们的感觉而论，这对象的呈现和这对象本身的自然不再有所区分，因而不可能被视为美的。

表现痛苦

黑格尔

《美学》，III，1，c. 1798—1800

上帝生命的真正关键点，是他放弃他作为“这个”人的个体存在之时，受难，在十字架上受苦，精神的髑髅地，死亡的折磨。其内容本身隐示，肉体、表象、个体的存在是否定的，因此精神通过感官与主观特殊性之牺牲，来臻至它自身的真理与天国。就此而论，这个表现领域比古典造型理想都更超脱。

一方面，尘世的肉体与人性的脆弱，事实上由于上帝化身于他们而获得提升；另一方面，这人性与肉体性又是否定的，并且通过受难而显现，在古典理想里，则它与精神、实质之间的和谐并未丝毫减损。希腊之美的形式不能用来刻画基督头戴荆冠遭受鞭打，拖着十字架前往酷刑折磨之地，钉上十字架，在漫长殉难的痛苦里死去。

但这些情况的神圣性，其深邃性，受难作为精神永恒一刻的无限性，以及神圣的镇定与认命，使这些情况有了优越性。

这个人物周围站着朋友和敌人。甚至这些朋友也不是理想，而是特殊的个人，是被精神的冲动引向基督的平凡人；但那些敌人，他们由于与上帝对立，谴责、嘲笑、牺牲他，将他钉上十字架，因此被表现为内心邪恶，内心邪恶、敌视上帝，表现于外在就是丑恶、粗糙、野蛮、暴戾，身形是畸形的。在这方面，非美被表现为一个必要阶段，古典的审美观就不是如此。

审美地狱

罗森克兰

《丑的美学》，导论。1852

研究人心的名家曾投身可怖的恶之深渊，描述他们在那黑暗里遇到的可怕人物。大诗人，如但丁，写这些人物尤其精彩；画家如欧卡纳、米开朗基罗、鲁本斯与柯奈流斯，将他们摆在我们眼前，音乐家，如史佛尔，则让我们听见那沉沦地狱的残忍声音，恶人在那里吼出他们精神上的所有不和谐。

不但伦理、宗教上有地狱，美学上也有。我们沉入邪恶、罪孽，也沉入丑恶。没有形状的与畸形的、粗俗的与残忍的恐怖，化身为无数人围着我们，从侏儒到那些巨大的畸形，带着地狱般的邪恶看着我们，咬牙切齿。我们希望下去看看的，就是这个审美地狱。下此地狱，则不可能不同时进入恶之地狱，真实的地狱，因为至丑之丑不是大自然里令我们憎恶的丑：沼泽、扭曲的树、蝾螈、蟾蜍、睁着鼓凸凸的眼睛瞪着我们的海中怪物、厚皮动物、老鼠、人猿，而是那以奸诡肤浅的行事，以阴沉的眼神、以罪行表现其愚蠢的自我主义。……

丑恶是一个相对观念，只能相对于另一个观念才能了解。此理不难明白。这另一个观念就是美：丑只因为美，才存在，美是其正面。无美即无丑，因为后者只因为是前者之否定，所以存在。

美是本初的神意，丑是一种否定，只有次级的存在。并不是说美的东西因为是美的，所以同时也可能丑，而是说，构成美之必然性的那些特质被转入其反面。

美与丑有亲切的关系，意思是，前者的自毁是后者也会自我否定的可能性的基础：因为，以丑是美的否定而存在这一层次而论，丑可能回复与美的统一而消解其矛盾。在此过程中，美显示它是一种制伏丑的反叛的力量。由此和解之中，生出无限安详，引得我们微笑和畅笑。丑在这里摆脱其混杂、自私的本性，认知自己的无力，而生喜剧感。喜剧内在往往含有一股朝向纯粹、单纯理想的负面冲动；在喜剧里，这负面化为乌有。喜剧有一个正面的理想，因为它的负面表现消失。……

但是，丑是相对的，因为它不能以自身为衡量尺度，只有美才是衡量它的尺度。日常生活里，人人自随其品位，一人认为美的事物，另一人可能认为丑，反之亦然。但是，如果我们想将这偶然的“审美／经验”判断提升以超越其缺乏确定性与清明性的层次，我们必须使之受批评，置之于至高原则之光底下。俗成之美的领域，时尚的领域，充满如果以美的理念来判断，只能界定为丑的现象，但这些现象一时却被视为美。并非因为它们自身即美，而是只因时代精神认为这些形式是其特殊性格的充分表达，并且因此而习惯它们。

时代精神最常与时尚彼此呼应：在这里，连丑也可能被视为适当的表现手段。过去的时尚，尤其是最近的，通常被视为丑或可笑，这是因为感性的转移只可能靠对立来发展。四裔宾服的罗马共和国，其公民习惯刮胡须。恺撒与奥古斯都都不留胡子，直到浪漫的哈德良时代，帝国日益屈服蛮族支配，长胡须始成时尚，仿佛罗马人意识到自己软弱，冀图以此让自己相信自己仍然雄武。

林堡兄弟，
地狱，
取自《**贝里公爵的富贵**》，
1410—1411，
尚蒂伊（法国），
孔代博物馆

2. 传说中的畸怪生物

丑另外有其吸引人的缘由。希腊化时代，异域殊方接触日增，有接触则有描述，那些描述有的用意明显在述异志奇，有的则自称科学。前者之例有10世纪风行西方的《亚历山大传奇》（*Romance of Alexander*），以想象之笔，记述亚历山大大帝之旅，但有人追溯此书起源，上及卡里斯提尼斯（Callisthenes）、亚里士多德、伊索，有人则坚称此作最早的文本出自基督教的第一个世纪。

世界地图，
（右侧为遥远国度以巨足遮荫之人），
取自比特斯作品，
欧斯玛的布尔戈的大教堂档案 Cod. 1，
8 世纪，
马德里，
西班牙国家图书馆

纽伦堡纪事，
局部，
15 世纪，
米兰，
私人收藏

后者之例，包括老普林尼（Pliny the Elder）那部有当代智能百科全书之誉的《自然史》（*Natural History*）。这类著作里，可以看见后来中世纪动物寓言所写形状怪异的人与动物。此类文字，由 2 至 5 世纪之间所写《自然史》（*Physiologus*）开其端，继而流布于中世纪各种百科全书，甚至出现于更后来的旅行家笔下。

于是，我们看见**半人半羊**；眼睛在肩膀，胸有二孔，一孔为鼻，一孔为嘴；**阴阳同体**：一个女性乳房，两种性器官；埃塞俄比亚有人行走如绵羊；有人嘴为一小孔，以稻管自喂；**无嘴人**，以气味为食；无头，眼、嘴在胸部；人首马身；独角兽；狮头、龙尾、羊身

半人半羊

佚名作者（8 世纪）

《怪物志》

世界初晓之时，半人半羊出自远古牧羊人，住在后来罗马建城之地。诗人尝咏其事。

今天，半人半羊生于树皮与树身之间的虫；他们爬到地上，长翅膀，又失翅膀。然后他们变成野人，诗人作有很多以他们为题材的诗篇。……

所以，半人半羊是森林居民，他们所以被称为 faun，是因为他们能 fantur，也就是有预言未来之能。他们自首至脐是人形，有双角，角弯曲至鼻而遮头面。四肢，下至足部，形如山羊。诗人鲁坎引述希腊传说，在其诗中说，半人半羊与其他无数野地动物都受奥菲斯的琴声吸引。

阴阳同体

佚名作者（8 世纪）

《怪物志》

这些令人难以置信的东西之间，有个族类是双性族，右乳是男乳，工作无碍，左乳是女乳，用以哺乳子女。有人说他们自己和自己性交而繁衍后代。

怪；独眼巨人；**狗头怪**；野猪牙、牛尾女；鹰首狮身怪；直腿、无膝、马蹄、阳具在胸；下唇巨大，睡眠时以此唇覆头；骡身、鹿尾、狮胸狮腿、马蹄、叉角、嘴自一耳开至另一耳、半人声、齿非排列而是单单一骨；三排牙齿、狮身、蝎尾、淡蓝眼睛、血色面孔、蛇声；耳垂过膝；长头、巨足、锯状双臂；长年与鹤战争、37 英寸高、至多只活七年、婚后六月生育的**小矮人**；人首、钩鼻、双角、羊身怪；高冠蛇，以足行走、嘴常半开、毒汁自喉间滴出；大如灰狗之鼠，捕之当用狗，因为猫无其奈何；以手行走之人；膝行、各足八趾之人；额前两眼、脑后两眼之人；睪丸巨大及膝之人；以及**巨足遮荫人**，奔跑极速，睡眠时举其巨足为篷。

凡此传说中之生物，都异常畸形，遍见泥金手抄本、廊柱雕刻及罗马式修道院柱头，以及更后来的作品与印刷物。

中世纪文化没有给自己提出这些怪物“美”不美的难题。中世纪人着迷于这些奇物，亦即接下来数世纪人说的异国风物。中世纪晚期，许多旅行家投身寻找新国度，部分即因他们着迷于这些奇物，寻之即使了无所获，也千方百计自称有得。例如《马可·波罗游记》（*Il Milione*）指欧洲人从未之见的犀牛就是传说中的**独角兽**（尽管独角兽据说色白而优雅，犀牛则望之笨重、巨大且色暗）。

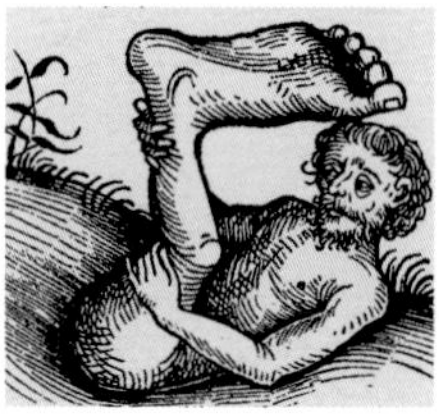

巨足遮荫人，
取自《纽伦堡纪事》，
15 世纪，
米兰，
私人收藏

无嘴人

佚名作者（8 世纪）

《怪物志》

希腊人记载，有一种人异于其他人类，无嘴，因此不能进食。另据其他说法，他们以鼻呼吸而维持不死。

狗头怪

佚名作者（8 世纪）

《怪物志》

印度有狗头怪，说话是狗吠声，吠声与说话混杂。他们吃肉，不像人类，而是如动物般生食。

怪物噬人，
圣皮埃尔教堂柱头，
12 世纪，
绍维尼（法国）

小矮人

佚名作者（8 世纪）

《怪物志》

有人提及一个阴暗的族类，住在山间的岩穴与峡谷里。他们直立只有数腕尺高，据说他们收成时必须死命与鹤作战，以防鹤劫掠作物。希腊文称他们为 pigmy，就是“腕尺”之意。

巨足遮荫人

佚名作者（8 世纪）

《怪物志》

还有人提到希腊人说的巨足遮荫族，因为他们躺下，举足遮避烈日。他们奔跑极快，只有一腿一足：膝盖关节僵固，不能弯伸。

波西考德马歇尔的工匠，
泥金抄本《寰宇志奇》，
马可·波罗的故事，
约1410，
巴黎，
法国国家图书馆

独角兽

马可·波罗（13世纪）

《马可·波罗游记》，CXLIII

离开此地，即至巴思马国境：亦为独立国，自有语言，居民生活如动物，奉大汗为宗主，以地处辽远，大汗难以遣人至此，而不纳贡，但仍不时委由经过之旅人向大汗贡献异物，尤其某种特殊的黑色苍鹰。国中多野象与独角兽，独角兽远小于象，毛似野牛，蹄类象，额头中央有一巨大黑角，唯伤人不以角，而以舌与膝。舌上有尖刺甚利，攻击时以膝践踏敌物，继以其舌伤之。头类野猪，常低垂向地。性喜嬉玩于泥淖之中。此兽貌绝丑，吾国盛传处女可以擒之，绝非实情。

3. 普遍象征系统如何处理“丑”

不过，当时的神秘主义神学思想也总须解释，为什么世界上有这些怪物。解法有二。一是将怪物纳入**普遍象征**的大传统之中。依照圣保罗的格言，我们以“in aenigmate”之道观看超自然事物，亦即观之以言近指远的、象征的形式。由此出发，就会认为一切世上之物，无论动物、植物或矿物，都有**道德意义**（因为它教我们美德与悖德之理），或者，凡物皆有其寓意，亦即透过它的形态或成分来象征超自然理念。因此，除了似乎偏爱奇妙异常之物的动物寓言，如《志怪搜奇录》（*Liber de monstrorum diversi generibus*）之类，我

普遍象征

圣维克多的修伊（12 世纪）

《圣经与文字》，Sac.，V

有人说，意义应依字面来解释，有人说当索之于寓意。根据历史，狮子意指一种动物，依据寓意，则狮子意指基督：因此，“狮”字意指基督。我这就请你证明狮子为何意指基督。你也许多像一般人，答说，因为这个明喻与此意义相适；因为狮子张眼睡觉；所以狮子意指基督，因为基督张眼睡觉。好，你说了，此词意指基督，因为他张眼睡觉。所以，你不是取消你这个句子，就是改变你提出的理由。要么你所说“狮子这词意指基督”的句子为伪，要么你所提理由——用以支持因为基督张眼睡觉，所以狮子意指基督——不恰当。张眼睡觉的可不是这个词，而是这个字所指的动物。所以，一个人说，狮子意指基督，他意思是，那动物本身，而非那个字眼，意指基督。所以，你不知文字，就不可自夸熟知圣经。不知文字，就不知道文字意何所指，及文字有何含义。……

是故，文字意指之事物是精神智慧之象征的时候，它们如何能是象征，如果你不曾看过这些事物？不想坠落危崖，就别乱跳。循直线行事之人，行事井然。……

我们如此说法，用意在警告读者不要排斥这些第一概念。读者也不应鄙视圣经通过文字的第一意义置于我们面前的事物的知识，因为这些与圣灵刻画为精神智慧之拟像的事物是相同的，以协助那些只能以现世有形事物来接近无形事物的人。圣灵通过这些拟象，清楚呈现必须以精神方式来了解的事物。因为，假如像这些人所说，我们从文字立刻进到精神智慧，那么，圣灵将事物拟象包含于圣经，以便精神通过圣经到精神事物，岂非白费工夫。至于上帝本身的智慧，如果不通过具体事物，永远没有任何心智可能领悟它。

们从上文提过的《自然史》开始就看见，**道德化的动物寓言**里，不但每种已知动物，连传说中的怪物也都有其神秘与道德教训。

以此视之，怪物纳入上帝的神意计划之中，如里尔的艾兰（Alain de Lille）所言，世上万物无一而非生命与死亡的镜子，是我们当下与未来命运的镜子。然而如果上帝将怪物纳入其计划之中，怪物如何可能是“怪”，并且潜入宇宙的和谐之中，成为混乱与畸形之源？圣奥古斯丁的《上帝之城》（*City of God*）有一段处理这个问题：怪物亦属神圣，也是神意所造的自然秩序的一部分。

教堂浮雕，
12 世纪，
格罗皮纳（意大利），
圣彼得教堂

道德意义

佚名作者（12 世纪）
《剑桥动物寓言》

鳄鱼起源于尼罗河，其名称其泛黄之色 crocean，是两栖四足动物，通常 20 腕尺长，利牙利爪，皮极硬，以任何石头击之，都不留刮痕，即使以猛力掷石亦然。日间蹲踞地面，夜间入水，生蛋于沙中，雌雄轮流遮护。有硬甲壳与锯齿状鳞片之鱼，能破其软腹而置之死地。满面皱纹的老妓女以鳄鱼粪敷脸，能暂时改善容色，至粪为汗水洗去为止。鳄鱼乃伪善之象征，放肆且贪婪，内心深染骄傲，为欲所污，为贪所腐，但人前步态严肃，俨然诚实守法之良民。鳄鱼性喜潜伏于陆地，潜行于水下，正犹伪君子生活堕落放荡，却喜模仿圣人，作诚实状。伪君子自知软弱，却拍胸叫道“是我不对”，然后故习不改，继续邪恶。此外，鳄鱼能摆动其口鼻部，也令人想到伪君子之浮夸，人前装模作样，满口圣经，实则完全有口无心。

道德化的动物寓言

佚名作者（2—5 世纪）
《自然史》

《圣经》说，“我的号角你将高举如独角兽之角”（诗篇，91. 11）。《自然史》说独角兽即如此：这是一种小动物，如儿童，而极凶猛。其力量异常之大，猎人不可近，其独角生于头中间。如何猎捕此物？示之以纯洁处女，此兽跃至处女胸上，她抚慰之，领之前往王宫。独角兽是救主的象征，“在他仆人大卫家中，举起拯救之角”（路加福音，1. 69）。天使与有权者不能统治他，他住在真理的、纯洁的圣母玛丽亚子宫里，“道成肉身，住在我们中间”（约翰福音，1. 14）。

克里维利，
天使长米迦勒，
阿斯科利皮切诺（意大利），
圣多米尼克多联屏风，
1476，
伦敦，
英国国家美术馆

启示录：七头龙被投入地狱，
约 1230，
剑桥，
三一学院

中世纪许多神秘主义者、神学家、哲学家致力解释，在宇宙和谐的伟大交响乐里，怪物如何助成整体之美，虽然它们纯粹是以反衬之道为之（有如图画中的颜色层次与明暗法）。毛鲁斯（Rabanus Maurus）主张，怪物起源神意，因此不违自然，只是不合我们所习惯的自然。“Portenta”意指事物自我超越的跃变，有别于“portentuosa”，后者是小而偶然的突变，例如人生而六指，这些突变来自一种物质上的缺陷，并非秉承神意而来。

4. 将"丑"视为美的一个条件

据传为哈尔斯的亚历山大（Alexander of Hales）所著《总论》（*Summa*）说，宇宙是一个整体，看宇宙须观其整体，阴影的贡献是使光更明亮，是故，置于宇宙大秩序的架构之中，即本身可以视为丑之物亦显其美。美是这一秩序的整体，然则由此观点视之，丑怪亦以有助此一秩序之平衡而得救。奥维尼的威廉（William of Auvergne）说，变化增益宇宙之美，故令人不悦之物，包括怪物，亦为宇宙秩序所需。

另一方面，大多数持论从严者指责艺术家喜欢刻画怪物，但他们自己也无法抗拒怪物的吸引力。圣伯纳一篇著名文字可以为证。圣伯纳力斥教堂装饰过度，深非教堂装饰耽溺于刻画怪物，但他却以谴责之语，抒醉心之情。于是，怪物兼受爱恨与迎拒，在文学与绘画上占有日益重要的位置，从但丁写地狱，到博斯（Bosch）的晚期画作，皆是。下逮数世纪后的颓废浪漫主义时期，笔端毫末才明白承认恐怖事物之魅力与魔鬼之美，不再伪善。

天使缚魔鬼于深渊，
取自圣黎巴纳《**启示录注释**》，
费迪南德一世夫妇泥金抄本
（Code B.N. 马德里），
8 世纪

小布鲁盖尔，
叛逆天使之覆灭，
1562，
布鲁塞尔，
布鲁塞尔美术馆

教会里的怪物

圣伯纳（12 世纪）

《为威廉院长辩护》

在修道士读圣经的修道院，那可笑的怪诞，那畸形，有何容身之地？那些污秽的猿猴在那里做什么？或凶猛的狮子，丑怪的人首马身怪，半人兽，毛色斑驳的老虎，战场的士兵，吹号角的猎人？一个头，许多身体，一个身体，许多头。这边，你看到一只马首羊身兽，那里，一只长角的马身怪。总之，到处尽是这些千形万状的奇怪东西，端详这些大理石，比念圣经抄本更见乐趣，竟日一个个欣赏，比沉思上帝的清规戒律还惬意。

怪乱得救

哈尔斯的亚历山大（13 世纪）

《总论》，I

恶是畸形的。……不过，由于恶来自善，因此，说恶对善有贡献，是有道理的。也因此，恶摆在万物秩序内部，有人说是美丽的。它不是绝对意义上的美，而是置于秩序内部而美；其实，说“秩序本身是美的”，比较得当。

博斯，
尘世乐园之天国，
约 1506，
马德里，
普拉多博物馆

博斯，
尘世乐园之地狱，
约 1506，
马德里，
普拉多博物馆

5. 丑：天然的好奇心

自中世纪至近代，对怪物的态度有了改变。16至17世纪间，医师如巴雷（Ambroise Paré），物理学家如阿多洛凡迪（Ulisse Aldrovandi）与约翰斯顿（John Johnston），奇物与古董收藏家如基尔克（Athanasius Kircher）与肖特（Caspar Schott），都着迷于某些传统物事，其文章除了列举畸形事物，也罗列女妖、龙等怪物。

不过，此时怪物已失去象征力量，变成自然界令人好奇之物。问题不再是人应该以美或丑视之，而是要去研究其形态，有时还须兼及其解剖学构造。观察标准仍有玄想成分，但已具科学性，不再是神秘主义式的兴趣，而是自然主义式的兴趣。当时的收藏，我们今天以幻想怪念目之，但当代人为之着迷，因为自然世界尚待充分探索，而它们透露了那个世界的种种神秘。

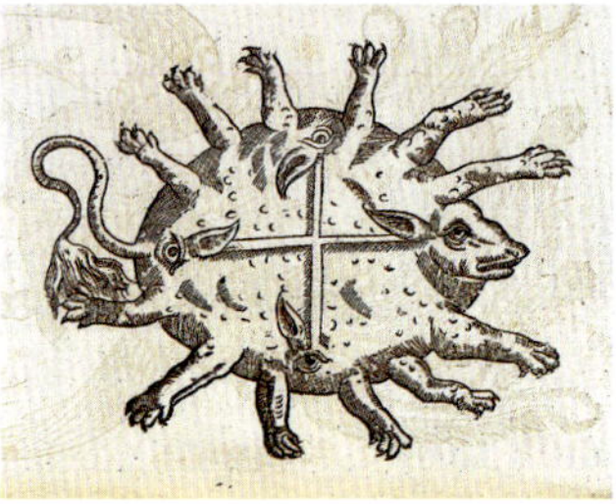

阿多洛凡迪，
非洲畸形动物，
取自《**怪物志**》，
1642，
博洛尼亚（意大利）

基尔克，
龙，
取自《**地下世界**》，
1665，
阿姆斯特丹

乌切洛，
圣乔治屠龙，
1456，
伦敦，
英国国家美术馆

里格奇，
带角毒蛇与阿维西纳毒蛇，
1590，
佛罗伦萨，
乌菲齐美术馆，
绘画与印刷品藏室

第六章

从田园到天使般的女性

1. 神圣与世俗之爱

中世纪哲学家、神学家及神秘主义者谈美，甚少触及女性美，他们都是教会中人，加上中世纪的道德主义，因而他们不信任肉体之乐。他们不能不承认圣经文字，遂以寓言象征诠释《雅歌》（*Song of Songs*）。以字面言之，《雅歌》是配偶歌颂他眼见其所爱之美。

因此，教条文章中，也可以看出一种并未完全为说教文字所掩的感性。佛洛伊的修伊（Hugh of Fouilloy）一段文章足证此点，他在以“雅歌”为题的布道中告诉我们，女性的胸部之美是何模样：“胸部挺突，小而微丰……收敛而非挤促，微束而不乱荡，斯之谓美。”此处所言之美，观念与骑士传奇故事插画中之淑女，乃至许多抱子圣母雕像，皆可并看，圣母马甲收束，端庄掩抑胸脯，一如当时许多淑女之衣着规矩。

围巾游戏，
金丝银线绣亚麻布钱包，
局部，
织于巴黎，
约 1340，
汉堡，
工艺美术博物馆

梅姆林，
大卫与拔示巴，
约 1485—1490，
斯图加特（德国），
州立美术馆

离开教条，我们在流浪学者的诗篇（goliardic verse）里看到乐趣洋溢的女性美描述，《布兰诗歌》（*Carmina burana*）即是一例。田园诗亦然，其中多写学生或骑士邂逅牧羊女而后诱之，成其好事。

但这是**中世纪**，一个公开赞扬温顺复公开表现残狠的世界，一个富于道德极严之作，兼富于**情欲**直露之篇的世界，而且不独薄伽丘（Boccaccio）那些中篇小说为然。

取自《**曼尼西抄本**》，
泥金插画，
14 世纪，
海德堡，
海德堡大学图书馆

中世纪的情欲

佚名作者（12—13 世纪）

《布兰诗歌》

爱不畏霜雪，爱是内心温暖之源，能令昏眠冬天中变麻木的东西复活。我受苦痛心，为我引以为荣的创伤而死。啊，但愿以甘美的箭伤透我心的她以一吻疗我。

她喜悦而可爱的笑容吸引所有目光。她的双唇，温柔，肉感又纯真，使我满怀狂喜，当她的吻注我以蜜的甜美；那些时刻，我飘飘欲仙！她的眉头安详，洁白似雪，她的眼睛闪亮，秀发金黄，双手白逾百合，令我叹息。……

少女准许我看她，和她说话，爱抚她，最后，吻她；只缺爱情最终最甜美的目标。不达此目标，她已经赏给我的，只有更加为我熊熊燃烧的欲望再煽欲焰。我靠近了目标一点，我的女孩的甜美眼泪撩拨得我更加难捺，她迟迟疑疑，不打开她童贞之门。我啜饮她甜美的泪，我愈是酣饮，情焰愈炽。

含泪的亲吻，滋味更甜，激起我更亲密爱抚的念头。我激情罩顶，欲焰愈烈。柯罗妮德胸脯起伏啜泣，我百般央求，她不听。我求了再求，她泪上加泪。她说大道理，她呵骂我，看我的眼神有时敌视，有时近于哀求，我求她，抚弄她，她更不听我请求。

我胆子大起来，用强，她用指甲抠我，扯我头发，使尽全身力量推我。她紧夹双膝，不开她童贞之门。我愈来愈用力，直到胜利。我抱紧她，撑开她双脚，握住她两腕，热情吻她，维纳斯之国于是开了门。

我们两个都畅快。我的爱不再推拒我。平静之后，她连连给我甜如蜜糖的吻。

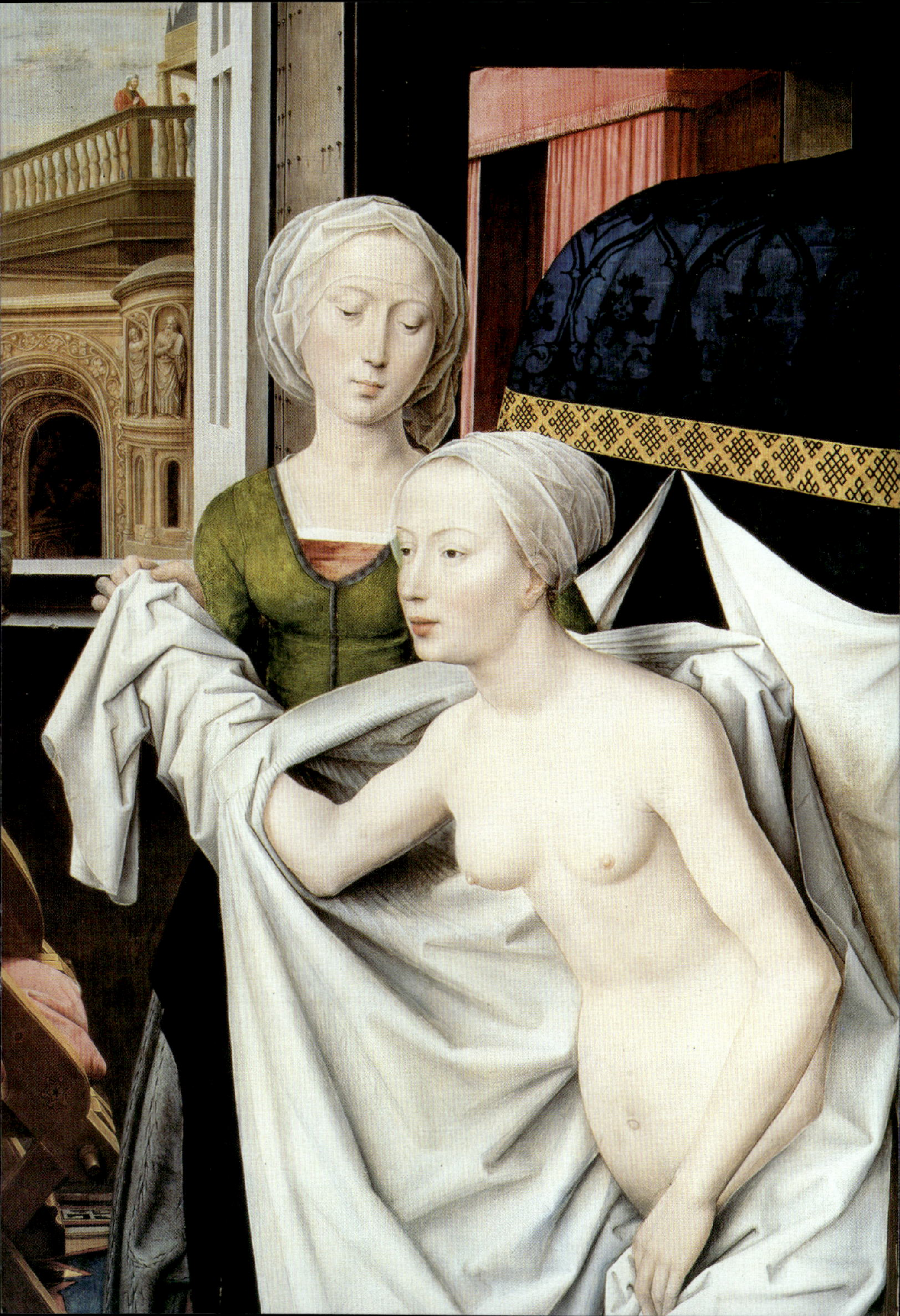

你真美丽

所罗门（公元前10世纪）

《雅歌》

我的佳偶，你甚美丽，你甚美丽！
你的眼在帕子内好像鸽子眼。
你的头发如同山羊群
卧在基列山旁。
你的牙齿如新剪毛的一群母羊，
洗净上来，个个都有双生，
没有一只不育的。
你的唇好像一条朱红线；
你的嘴也秀美。
你的两太阳在帕子内，
如同一块石榴。
你的颈项好像大卫建造
收藏军器的高台，
其上悬挂一千盾牌，
都是勇士的藤牌。
你的两乳好像百合花中
吃草的一对小鹿，
就是母鹿双生的。
我要往没药山和乳香冈去，
直等到天起凉风、
日影飞去的时候回来。
我的佳偶，你全然美丽，
毫无瑕疵！
我的新妇，求你与我
一同离开黎巴嫩，
与我一同离开黎巴嫩。
从亚玛拿顶，
从示尼珥与黑门顶，
从有狮子的洞，
从有豹子的山往下观看。
我妹子，我新妇，
你夺了我的心。
你用眼一看，
用你项上的一条金链，
夺了我的心！
我妹子，我新妇，
你的爱情何其美，
你的爱情比酒更美！
你膏油的香气胜过一切香品！
我新妇，你的嘴唇滴蜜，
好像蜂房滴蜜，
你的舌下有蜜，有奶。
你衣服的香气如黎巴嫩的香气。
我妹子，我新妇，
乃是关锁的园，
禁闭的井，封闭的泉源。
你园内所种的结了石榴，
有佳美的果子，
并凤仙花与哪哒树。
有哪哒和番红花，
菖蒲和桂树，
并各样乳香木、没药、沉香，
与一切上等的果品。
你是园中的泉，活水的井，
从黎巴嫩流下来的溪水（4，1-15）。
我的佳偶啊，你美丽如得撒，
秀美如耶路撒冷，
威武如展开旌旗的军队。
求你掉转眼目不看我，
因你的眼目使我惊乱。
你的头发如同山羊群
卧在基列山旁。
你的牙齿如一群母羊
洗净上来，个个都有双生，
没有一只不育的。
你的两太阳在帕子内，
如同一块石榴。
有六十王后八十妃嫔，
并有无数的童女。
我的鸽子，我的完全人，
只有这一个是她母亲独生的，
是生养她者所宝爱的。
众女子见了她就称她有福；
王后妃嫔见了也赞美她。
那向外观看、如晨光发现、
美丽如月亮、皎洁如日头、
威武如展开旌旗军队的是谁呢？（6，4-10）
王女啊，你的脚在鞋中何其美好！
你的大腿圆润，好像美玉，
是巧匠的手做成的。
你的肚脐如圆杯，
不缺调和的酒；
你的腰如一堆麦子，
周围有百合花。
你的两乳好像一对小鹿，
就是母鹿双生的。
你的颈项如象牙台；
你的眼目像希实本、巴特、拉并门旁的水池；
你的鼻子仿佛大马士革的黎巴嫩塔。
你的头在你身上好像迦密山；
你头上的发是紫黑色；
王的心因这下垂的发绺系住了。
我所爱的，你何其美好！
何其可悦，使人欢畅喜乐！
你的身量好像棕树；
你的两乳如同其上的果子，累累下垂。
我说：我要上这棕树，抓住枝子。
愿你的两乳好像葡萄累累下垂，
你鼻子的气味香如苹果；
你的口如上好的酒。
（新娘）
为我的良人下咽舒畅，流入睡觉人的嘴中。

（译文引自联合圣经公会译《圣经：新标点和合本》）

圣母携子，
13世纪，
巴黎，
中世纪博物馆

英俊的马斯特

薄伽丘（1313—1375）

《十日谈》，第三天第一个故事

女住持完全不晓得这些勾当，最后，有个热天，她凑巧走过菜园，看见马斯特。到如今，他夜夜猛骑，白天稍微工作就疲累不堪，在一棵杏树底下仰天睡成个大字，风吹衣开，那话儿露了个十之八九。女住持瞄个清楚，四下无人，她于是也同她底下那些修女一般，随自己的淫念摆布：她叫醒马斯特，将他带到她房里，一用数日，尝了又尝她往常骂得最厉害的那种甜畅，任修女们咕哝园丁怎么不到园里上工。最后，她放他回他房里，但一而再，再而三召他，而且需索超过寻常，马斯特眼看势头不对，心想要是装哑下去，下场不堪设想。于是，有个夜里，在女住持房里，他松了舌头，说："夫人，一只公鸡对十只母鸡，也轻轻松松，这我知道，不过，十个男人就是满足一个女人，也挺吃力，现在我得服侍九个女人，已经超过我的本事，再说，我做了那么多，如今真把力气给用光了，所以呢，要么放我走，要么想个法子解决问题吧。"女人听得此言，呆了一呆，叫道："怎么回事？我以为你是哑巴呢。""其实也没错，夫人，只是我并非生来就哑，是生了病不会说话，今晚才恢复过来，我对上帝有说不完的感谢。"夫人信了他，这就问他方才说服侍九个女人是何意思。马斯特一五一十说了，她才明白她所有修女没有一个不是比她聪明的；要打发马斯特，又怕他坏了修道院名声，于是拿定心意，和众修女安排一个把他留下来的办法。大家背着彼此干的勾当既已一清二楚，又正巧管理员几天前死了，女住持集合众女商量妥当，征得马斯特同意，让左邻右舍相信，托祈祷和她们守护神之福，长年不会说话的马斯特又会说话了，院里就让他做了管家。她们自行另外安排，好教他把她们服侍得个个欢喜。从此以后，他生出成群小修士、小修女，却半点风声也不曾走漏，直到女住持过世。这时节，马斯特也上了年纪，有心带着这些年挣得的钱财回老家去。他表明心意，马上如愿。当初他带把斧头出门，归来却是人父兼富翁，因为他聪明善用青春，养儿育女从来分文不费。常言说，修女是基督的新娘，马斯特证明，基督就是这样报答把他变乌龟的人。

美丽女人

薄伽丘（1313—1375）

《诗》

雪白如东方珍珠
在鲜亮朱红的宝石之间
一丝天使般的笑容
在两道深色睫毛之间闪烁
如维纳斯与朱夫（Jove）同在
当深红玫瑰与白色百合
遍撒它们的颜色
而光焰分毫不减：
她金黄的秀发与鬈发
在她额头酝酿一种氛围
爱神一见，惊奇目眩；
她全身如此，比例匀称，
她可比真正的天使。

2. 淑女与游吟诗人

普罗旺斯（Provence）游吟诗人之诗于 11 世纪开其端，布雷顿（Breton）传奇及意大利**新风格**（stilnovo）派诗人延其绪。凡此篇什，女性美形象皆贞洁、升华，**求之不得**，而且每每唯其不可得，故愈求之。关于此一态度，第一种诠释（特别适用于游吟诗人之作）是，此乃封建式尊敬之表示：十字军东征，领主远行，游吟诗人（往往是骑士）将其对领主之敬顺转移于领主之夫人，爱慕但尊敬，成为她的**仆从和家臣**，并以柏拉图精神恋爱的方式，诱之以诗。夫人扮演领主的角色，使其以效忠领主之姿，不许亲她芳泽。

求之不得

拉德尔（12 世纪）

《不会谱曲者，不会歌唱》

不会谱曲的人无法歌唱，
不精文字又不懂韵律的人
不能作诗：
这样的人凡事难为。
我这样开始我的歌，
你愈听，会愈喜欢。

我爱上从来没见过的她，
除了我永远见不到的她
没有别的爱情能令我心欢喜：
没有其他的喜悦能快我心，
可是我不知道
我会落到何种地步。

我的好运折磨我，令我丧命，
这俘虏一切人的爱之痛楚。
我的肉体将会憔悴，
没有人给过我这样的创伤，
我的身体也不曾为什么打击如此受苦。
这样既不美，也不好。
我一进入黑甜乡
我的灵魂就直飞那儿。
我的痛楚一来，
我就直飞那儿。
当我醒向新的一天，
一切乐趣飞逸无踪。

我很清楚我永远不会拥有她，
她永远不会拥有我，
永远不会对我盟誓，
也不会如朋友般和我说话：
她不曾对我说真话或假话，
我也说不来她什么时候会。

曲子甜美，就此结束，
的确作得很美；
所以，知道此曲者
慎勿窜改：
我要奎尔西的柏特兰德
以及图卢兹伯爵听到。

维纳斯受六个传奇情人崇拜，
佛罗伦萨盘子，
传为圣马丁工匠作品，
约 1360，
巴黎，
卢浮宫

取自《曼尼西抄本》，
泥金插画，
14 世纪，
海德堡，
海德堡大学图书馆

另一种诠释是，游吟诗人受清洁派（the Catharist）异端影响，鄙弃肉体；另一派则认为他们受阿拉伯神秘主义影响，又有一派认为宫廷恋爱（courtly love）是骑士与封建阶级由斗狠与暴力转向文雅之征。20 世纪则多心理分析理论，探讨宫廷恋爱的内在冲突，男主角对女人既欲又斥，因为她是母性形象的体现，或从另一角度认为，骑士爱上夫人，实为自恋，因为她是他自我形象的反映。

仆从和家臣

凡塔多恩（12 世纪）

《难怪我歌唱》

难怪，关于
什么将我的心
吸向爱情，我
比别的诗人更善于吟咏。
心中感受不到爱情浓味的人，
的确是死人一个。
没有爱情的心，
除了痛苦，还有什么代价？
我以善良无伪的信心
爱上最美最好的女人。
我心急跳，眼睛淌泪，
因为我爱她，爱得心痛。
我能怎么办，如果爱情捕捉了我，
把我扔进这牢里，
打开牢门的钥匙是可怜，
而没有人愿意给我这把钥匙？
全世界的金银，如果我能给，
我会尽舍，
只要我的女人终于知道
我多么爱她！
看见她，我一见她
她的眼睛，她的脸，她的容色，
我欢喜又害怕得周身颤抖，
如风中树叶。
啊，我的好女郎，我别无他求，
只求你收我为仆从，
我将以高贵的精神服侍你，
不问你给我什么赏赐。
看这坦直有礼，谦卑又欢喜的人
任你差遣吧。

3. 淑女与骑士

我们不必涉入历史的辩论，我们有兴趣的是女性美及宫廷恋爱的观念的发展。宫廷恋爱里，欲望因被禁而转炽：淑女使骑士终日头疼而无奈，但他心甘于此。这状态引生幻想，幻想一种永远延后的拥有，伊人愈不可得，骑士的欲望愈强烈，并将她的美升华。对此宫廷恋爱的诠释未能考虑的一点是，**游吟诗人**每每并未止步于门坎，骑士也不尽然自制不私通。崔斯坦（Tristan）为依索德（Isolde）神魂颠倒，背叛马克王（King Mark）。不过，这些激情故事都含有一个观念，说爱除了感官上的销魂，还带来**不幸与后悔**。依照随后数世纪宫廷恋爱的诠释，道德软弱（与情色上的顺遂）位居次要，挫折之无限拖长，与欲望之不获满足，较为重要。在这拖延里，女人对其恋人的主宰透露了故事作者的一些受虐狂层面，即激情愈受羞辱，愈益炽烈。

游吟诗人

佚名作者（13世纪）

《拉姆包特》

你已经听说过拉姆包特，他如何青云直上，以及拜谁之赐。现在我要说的是，曼菲拉托子爵封他为骑士时，他爱上女郎瑟雅特丽绮，就是子爵之妹，阿拉瑟丝之姊。

他非常爱她，想要她，可是小心不让她或别人知道。他逢人称赞她，为她找到许多朋友，男男女女，远远近近。她欢迎他，使他备感殊荣。他对她既欲又怕，不敢求她爱他，也不敢表白。

有一天，他来到她面前，像个被爱情折磨的人，告诉她说，他爱上一位极为可敬的贵妇，与她十分亲近，却不敢表明心意，不敢对她示爱，也不敢求她爱他，因为他慑于她的巨富，以及一切人对她的尊仰。他请求她以上帝与同情之名指点他：他应该打开心胸，表露对她的欲求，还是既怕又爱，沉默至死？

高贵的瑟雅特丽绮听得拉姆包特此言，而且知道他的爱情欲求（她早已晓得他爱她爱得情思恹恹），她满腔同情与爱意，对他说："每个忠心的朋友，如果他爱一位贵妇，都应该向她表白对她的爱；趁他未死，我劝他让她知道他对她的爱和欲望，请她接受他当她的仆从兼朋友。我向你保证，这个女人如果明智又知礼，就不会拒人千里，也不会觉得被辱没。相反，她会更欣赏他，更尊重他。

"我劝你对这位女子打开心胸，让她看见你对她的欲望，求她收你做她的仆从兼朋友。我看过阿拉札丝夫人，也就是沙鲁佐公爵夫人，接受维达尔的追求，柏拉兹公爵夫人接受马洛伊追求，玛丽亚女士接受菲迪特，马赛夫人接受佛尔格特。所以，我劝你，也授权你，从我说的这番话，以及我的保证，得到力量，请求她的爱。"

拉姆包特听了她的忠告和保证，他告诉她，她就是他所爱的女人，她就是他拿来请教她高见的女人。瑟雅特丽绮说，欢迎他，她说，他应该行事高贵，谨言，显示他配，她愿意接受他为她的骑士仆从，

献心和情人向女郎献银，
取自《亚历山大传奇》，
布鲁日的葛利斯画室创作，
1344，
牛津，
博德莱安图书馆

他应该尽忠此职。拉姆包特于是努力在言行上证明他值得她接受，尽量提高她的尊荣。然后，他作了以下这首歌：

爱情要我唯它是从。

不幸与后悔

卡瓦坎提（约 1250—1300）

《我从未想到心会如此受苦》

我从未想到
心会这么太息受苦，
也没想到我灵魂里泉涌的泪
会在我凝视中成为死亡的镜子。
自从找到爱我的女郎，
我就不再有片刻安宁，
爱神说："你活不了了，
这个女人太高贵了。"
我的理智丢下我的心
弃我孤愁无助，
让这颗心为我的女郎纷乱交战：
她，以她的眼神伤我，
爱情击溃了我的精神，
令我的精神飞奔而逃。
我不敢说起这个女子，
因为她的美
没有任何人的理智受得了，
我们的心智也无法想象她。
她无比高贵，只要想到她，
我的灵魂就在我心中发抖
仿佛承受不了她的伟大力量。
人们看见我，就说：
"瞧这人真可怜，
他半死不活，
在那里求饶。"
我的女郎不曾留意我已成这样！
我灵感来时，想以诗
吟唱那颗高贵的心的美德，
却不知所云，不敢竟篇。
爱神看过她的美，
爱神令我丧气，每当感觉她来到
我的心承受不了她的身影，
爱神叹息说："你没希望了，
因为她的笑容射了一枝利箭
射穿了你的心，也击退了我的心。
我同你说了，只要看她一次，
你就要生不如死。"
歌呀，你知道，我初见我的女郎时
我涉读爱情之书而谱了你：
现在，我就信靠你
到她那儿去，好让她听见你；
我谦卑央求你
将飞出我心的灵魂引向她，
由于她无比高贵，
我的灵魂如果不飞向她
就只有面临毁灭；
它们独自去，无伴同行，
它们充满恐惧。
所以，领它们走安全的路，
当你到了她面前，要说：
"这些灵魂来了，代表那个
不堪爱情摧残而死的人。"

4. 诗人与难圆的爱

我们可以说，这种难圆的爱的观念是浪漫主义就中世纪所作的解释，而非尽属中世纪本身的产物。有人说，爱情（永远不获满足的激情、甜美的不幸）“发明”于中世纪，由中世纪进入近代艺术，由诗进入小说，由小说进入抒情歌剧。

看看**乔夫雷·拉德尔**（Jaufré Rudel）的故事。在12世纪，他是布雷伊郡（Blaye）领主，参加过第二次十字军。他是不是在那次东征遇见他思慕之对象，已不可考。他思慕之对象可能是叙利亚的黎波里（Tripoli, 今天在黎巴嫩）的奥迪尔娜（Odierna）女爵，也可能是她女儿梅莉森妲（Melisenda）。反正，拉德尔爱上了他从未谋面的这位“**远方的女爵**”，不能自拔，遂启程寻人，途中病倒，将死，该女闻有此人，疾赴床前，予他一吻，此人一吻之后气绝。这件传奇显然取材于拉德尔真实生活某些层面，但也汲源他的歌曲。那些歌曲咏唱他如何热恋一个他从未识面，只尝梦见的美人。

小死：拉德尔死于的黎波里女爵怀中，
采自意大利北方歌集，
13世纪，
巴黎，
法国国家图书馆

乔夫雷·拉德尔

佚名作者（13世纪）

《布雷伊堡的乔夫雷·拉德尔》

布雷伊堡的乔夫雷·拉德尔是极为高贵的人，有朝圣者从安提奥克回来，他从他们那里听说的黎波里女爵的美谈，虽然不曾见过她，却爱上了她。他以她为题，写了许多歌，曲调甚美，而歌词平庸。为了看她，他参加十字军，走海路，在船上生病，被带到的黎波里，众人以为他死了，都绝了望。事情传到女爵耳里，她来到他床边，将他拥入怀里。他明白那是女爵，突然又能说话，能嗅气味，他开始赞美上帝让他活着见到她；他就这样死在她怀中。她为他举哀，将他安葬于圣殿；就在那天，她为他的死忧伤，当了修女。

遥远的女爵

拉德尔（12世纪）

《歌》

五月里，白日渐长，
鸟鸣甜美，
如果我远行
我的思绪就飘向我远方的爱。
欲望令我忧伤孤愁
鸟啭与开花的山楂
不比冰冷的冬天更令我愉快。

爱神将永远于我无益
如果我不能享有这远方的爱。
我不知道还有哪个女人更美更好
无论远近。
她的才德这么真，这么高贵
在那里，在萨拉森的国度
我将为她身陷桎梏

新的事物，喜悦与哀伤，我愿一尝
只为了看见这位遥远的爱。
可我不知道何时能见到她
因为我们相隔如此遥远！
这么多路，这么间关万里！
路途遥遥，我无法知道我的命运：
愿上帝成全。
喜悦啊，如果我鼓起勇气请她
在那遥远的国度收留我；
如果她首肯，我就有托身之所，
在她身边，虽然我来自远方。
我将得到慰藉
当我靠近我遥远的爱人
做高贵的交谈。

我知道上帝之言是真的，
我将会看到我远方的爱；
我等待这一天如等待圣日，
可是我有两个不幸，她好遥远。
啊，但愿我到那里朝圣
我的扶杖和我粗陋的衣着
能被她美丽的眼睛亲吻。

创造世界，并且
打造这遥远的爱的上帝：
准许我的心，我这家世良好的心
能很快见到这遥远的爱：
在真实生活里，在某个幽静的庭园或
一个使我觉得是
一座新王宫的壮丽花园里。

我的心真的未曾稍憩，
我渴望这远方的爱。
我被那喜悦扶持
我想望遥远之爱的快乐。
可是我的葡萄园酿不出酒来
因为我继父对我降了咒
令我爱而不得回报。

遥远国度之爱

拉德尔（12世纪）

《歌》

泉源清澈奔流
林中玫瑰翠绿
枝上夜莺清啭
她甜美的歌
我也加入，谁曰不宜。

远方的爱，
我的心为你而疼
我如果不倾听你的呼唤
我将无可救药：
啊，爱情的温暖与羊毛的柔软
在花间，或在枕席之间
我的心企求伴侣。
可我永远无法有她在身边，
爱之火烧尽了我，
我，从来没有一个基督徒、犹太人
或撒拉逊人比我更高贵。

赢得她的爱的人，
等同以崇高的吗哪为食
我日夜渴望她
可是夺去了我的太阳
只有喜悦能医治的这个痛苦
比任何荆棘都锐利。

我没有纸，只有
请菲洛尔用高明的传奇音调
唱给雨果先生，
波瓦托、贝里和土圭亚纳的人，
以及布列顿人。

罗曼采罗

海涅

《最后诗作》，1851

布雷伊堡的墙上
挂着织锦幛
的黎波里女爵
巧手所织。

她将她的心织进去
带着爱的眼泪
把织锦降咒，
锦上出现这一幕：

上了岸的拉德尔
海边临终
得识女爵一面
他每个苦梦里的脸。

第一也是最后一次
看见女爵的拉德尔
他真正看见
梦里拥有他的女郎。

女爵俯身向他
怀着爱拥抱他
吻那已无血色的嘴
那张光荣赞美她的嘴。

可是，啊，那一吻
竟成永别之吻
她饮尽那哀伤兼喜悦之杯。

在布雷伊堡，夜里
织锦上的人
颤抖，窸窣作声，细语
他们蓦然复生。

女郎与游吟诗人
举起他们幽灵的四肢
自墙上而下
在夜廊漫步。

甜蜜的玩笑，轻声低语，贴心话，以
及游吟诗人
喜欢着墨的
殷勤礼数。

拉德尔之事，就是歌颂不可能之爱的凿例。此爱不可能，亦正合他意，此所以他令后世浪漫主义者神驰，远过于其他任何诗人。取其作品与**海涅**（Heinrich Heine）、**卡杜奇**（Giosuè Carducci）、**罗斯坦德**（Edmond Rostand）之作并观，饶富趣味，三人在19世纪采撷拉德尔之作，几乎逐字援用，将拉德尔变成一则浪漫主义传奇。

当然也是游吟诗人影响所致，意大利**新风格**（stilnovo）派诗人将此主题重新经营，将压抑肉欲的经验转化成一种神秘主义心态。

"哦，乔夫雷！
这颗死去的心听你说话就暖和，
在早已熄灭的灰烬
我感觉火在迸发。"

"梅丽桑妲！喜悦和花！
在你眼里我复活
死去的只是我的忧伤
和我的肉体之痛。"

"啊，乔夫雷！我们曾爱
如在梦中，如今在死亡里
我们相爱：爱神
判定要发生这奇迹。"

"梅丽桑妲！什么是梦，
什么是死亡？都是空话
真理只在爱情里，
而我爱你，啊永远美丽的！"

"啊，乔夫雷！那
柔情的月光多甜美！
我宁愿
不要回到五月晴和的太阳下。"

"梅丽桑妲！甜蜜的，可喜的，
你就是太阳和光
你经过之处就是春天
五月和爱的化身。"

两个温文的鬼
上下漫步说话
月光透过拱门
倾耳而听。

直到黎明来到
温文的幽灵
惊魂不定
赶回织锦里。

乔夫雷·拉德尔

卡杜奇

《乔夫雷·拉德尔》，1888

从黎巴嫩，新晨
在海上玫瑰红波动
当十字军的船
从塞浦路斯扬帆。
在船尾发高烧喘气
躺着布雷伊堡的拉德尔
他想看一眼
的黎波里高耸的城堡。

亚洲海岸映入眼帘
歌声扬起
"来自一个远方的爱，
我的心为你而疼。"
一只灰色鱼狗飞过
带走这甜美的哀叹，
白帆上方
云蔽日。
樯帆卷起，船
在平静的港里下锚
柏特伦取道上山
他着布雷伊盾牌
以丧布包着
他快步前往城堡
寻找梅丽桑妲
的黎波里女爵。

我是爱情的使者
我是死神的使者
我来自布雷伊堡
拉德尔
他听闻你的消息
他爱你，歌咏你
他来在此地，行将终命
女士，那位忠心的诗人向你问安。

女郎目注这位随侍良久
以忧伤的目光。
她起身，以黑纱蒙上
那张有星亮眼睛的脸；
"年轻人，"她说，"我们走吧，
乔夫雷在何处行将终命？"
前句话是真心应命
后句是爱的语言。

精致的凉亭底下
乔夫雷躺在岸上。
在他所作的柔情诗歌里
升起他的至高愿望：
"主啊，你判给我
这远方的爱，
愿你让我在她温柔一触之下
咽下我最后一口气！"

跟着可靠的柏特伦
及时来了他祈求的女人，
听见这绝命之音，
感动不已，她站在门坎上；
但很快地，以颤抖的手
她拉开面纱露出
她的脸；对委顿无状的爱人，
“乔夫雷，”她说，“我来了。”

转头，撑起身子
在厚毯子上，乔夫雷
定定目注那张绝美的脸，
边看，边太息。
“这就是在我遥想里
答应给我爱的眼睛吗？
这就是我的美梦飞去
寻找的面庞吗？”

就这样，在一个五月之夜
月亮以其银光洒遍
生命跳动的世界；
那宁静的美
似乎像一种
神圣的甜蜜
注入这濒死者的心中。

女爵，生命是什么？
一个稍纵即逝的梦影。
短短的故事结束了，
真正不死的是爱情。
向这位受苦的人
展开双臂吧。
以一吻
赞美这濒死的精神。

女郎俯向苍白的爱人
弯身拥他入怀
三次向那颤抖的双唇
她印上爱之吻。
从那无云的天空，太阳
含笑照在她飘垂的
金色发波上
将死去的诗人罩在亮光里。

遥远的女爵

罗斯坦德

《遥远的女爵》，1895

叹望一个已订婚的人
无论金发、栗发或褐发，
如果无论金发或褐发
都开口便有，
这并不是什么鸿福大运。
可是我爱一个远方的女爵！

当你可以
吻她的秀发，握住
一只大方伸出的手，
这时，继续爱
有什么值得称赞？
而我，我爱那远方的女爵！

爱一个不爱你的人
爱一个名声脆弱的美女，
而不带
赌博的恐惧
这是多崇高的故事。
而我爱一个远方的女爵！

去爱，去虚构一位女王，
无论何其虚幻，
是一件神圣的事。
我们只关心这梦，
没有这个梦，一切停止。
而我爱那位远方的女爵！

天使般的女性

吉亚尼（13世纪）

《天使般的身影》

天使般的身影
再度从天国降临
来施予你福分，
至高的爱神
将你充满他所有英德。
你的心放出情感，
透过你的眼睛
给我创伤，
当我看见你充满爱的脸；
进入我的眼睛
以如此敏捷的速度
以至我的心与灵魂
急急奔逃，心惊异，
灵魂带着恐惧；
当它们感觉到这情感
大步接近，并且
感觉到这突然震动的力量，
它们担心，那一刻
死神就要来了。
等到我的灵魂恢复力量，它
呼唤我的心，
呐喊道：“你死了吗，
也许，
因为我听不见你跳动。”
我的心，我奄奄一息的心
（孤独、凄怆，没有安慰
剧烈颤抖，欲语无力）回答：
“啊，灵魂，救救我，
带我回去理智之塔。”
于是，两个一道
回去心被逐出之处。
那一刹那，我的心
变成石头，
我好像不复活生生，
当我感觉我的心正在痛苦而死；
每次跳动，它都一再说：
“啊，可爱的爱情
我从没想到
你会对我如此无情！
你对我何其残忍，何其罪过，
而我是你如此的忠仆！
你如果再折磨我，
什么样的回报对我都将无用了。”

比阿特丽斯

但丁（1265—1321）

《新生》，II

我第一次看见我心中这位荣耀的女人时，明亮的天体从我出生后第九度返回原地，许多人知道她是比阿特丽斯，虽然他们并不知道这名字的意义。在这世界上，她已活了缀满众星的天宇东移二十分之一度的时间，所以，她首次出现在我面前，而我看见她时，她刚满九岁。她一身朱红，最

但丁与比阿特丽斯在天国，
Cod.marc.It.IX.276，
14 世纪，
威尼斯，
国立马西亚娜图书馆

这方面，**新风格诗人**（stilnovisti）笔下理想的**天使般的女性**（*donna angelicata*）产生无数诠释，有说他们属于异端的**爱情信徒**（Fedeli d'Amore），以及他们所持的女性理想实为以寓言掩饰其复杂的哲学与神秘主义观念。不过，我们不必追随这些诠释，也能了解，但丁所写**天使般的女性**确非压抑之欲或无限延后满足之欲的对象，而是救赎之路，升向上帝之途；不再代表一个犯错、罪孽或背叛的机会，而是一条走向更高性灵之道。

后页：
罗塞蒂，
但丁的梦，
1871，
利物浦，
沃克美术馆

高贵的颜色，谦虚而富于美德；束带和装饰与她的年纪两相和谐。那一刹那，说真的，我内心最隐密之处的生命火花开始颤抖，颤抖那么剧烈，连我的心最轻微的搏动也猛烈得可怕，它颤声吐出这句话："看，一个比我强大的神，将会来统治我了。"

那一刻，我的动物精神，它这么说："你的至福出现了。"那时，自然精神，也就是处理我们的养分的部分，开始啜泣，呜咽着说："啊，我要糟了，从今以后，我将烦恼经常。"从那时起，爱神主宰我的灵魂。……他多次命我这个最青春的天使，凝视她；因此，我在童年时代许多次寻找她，见她举止如此高贵可佩，真的可以用荷马的话来形容她："她仿佛不是凡人之女，而是神的女儿。"她无时不在我念中的形象，虽然是爱神用来主宰我的巧计，但这形象的美德如此高贵，爱神主宰我，都加上理智的忠实意见。不过，老是提我早年的情感和形式，可能耽于幻想，因此我省掉许多事，那些铭刻于我记忆中比较重要的事。

如此优雅

但丁（1265—1321）

《新生》，XXVI

我的女郎和别人打招呼时
如此优雅，如此美德洋溢
所有舌头都颤抖噤声，
没有眼睛敢看她。
她经过，听见他们的赞美，
那么温良谦卑；
仿佛是天国派她
来人间显示一个奇迹。

Quomodo
sedet
sola
Civitas

我们必须依此理路，追踪但丁笔下**比阿特丽斯**（Beatrice）的转变。在《新生》（*Vita nuova*）里，她仍是欲爱激情的对象，属于贞洁一类，她之亡故令诗人哀伤不能自拔。到了《神曲》（*Divine Comedy*），她已是唯一能令但丁上达而静观上帝的女性。但丁当然并未停止赞扬她的美，但这美到此已经整个精神化，渐染天国风调，与天使之美融合为一。

不过，新风格诗人天使般的女性理想，在颓废运动（the Decadent movement，参见本书第八章）前夕，重现于**拉斐尔前派**（Pre-Raphaelite school）充满暧昧的宗教性，神秘的肉欲与肉欲的神秘的气氛之中。拉斐尔前派想象（并刻画）的但丁式女性透明、精神化，却浑身病态欲感；现在她们变得更加秀色可欲，因为天国的荣光或死亡已使她们摆脱其情人那种阴郁闷骚的情色冲动。

对看见她的人
她无比悦目，
透过眼睛
她的甜美进入人心，
你感觉到了，就会相信：
从她双唇，似乎
有个甜美的精神发出，
充满了爱，
对灵魂说：叹息吧。

精神化的美

但丁（1265—1321）

《天国》，XXIII，vv. 1-34

就像一只鸟，在所爱的枝叶间
静顾她巢里温馨的幼雏，
幽栖竟夜，掩藏一切。
为了长睹幼雏的模样，
寻觅滋养它们的食物，
那是她爱怜以赴的劳苦，
她期待枝叶透光的时分
热切等待太阳，
望眼欲穿旦兮破晓。
我的女郎就是如此
伫立而警醒，面向那一方，
底下，太阳从容而行。
眼望着她，我心忧而遐想，
像一个人渴望一件事物，
希望渴思获得满足。
但是，由此想到彼想，片刻而已。
我期待之际，只见
天际愈来愈光彩辉亮。
比阿特丽斯呼道："看哪
基督胜利大军的行进，
诸天旋转而收成的全部果实！"
我只觉她满面火般的红光，
满目洋溢着狂喜，那神情
我无以名状，藏拙不表。
就如安详的满月之夜，
特丽维雅微笑于
布满天宇的永恒仙女之间，
我看见千灯万灯之上
一个太阳将它们全部点亮，
正如我们的太阳点亮众星之象。
穿过那活生生的光，
那明澈的本质如此强烈澄照
我的眼睛，我承受不住。
啊，比阿特丽斯，你是我珍爱的向导！

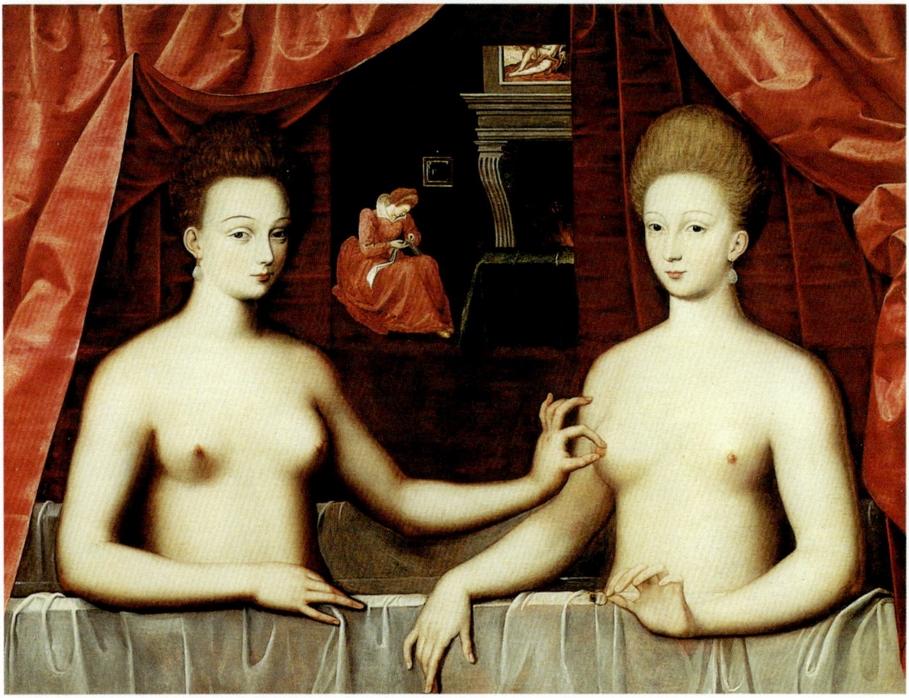

枫丹白露画派，
嘉布里叶及其姊妹，
约 1595，
巴黎，
卢浮宫

拉斐尔前派

罗塞蒂

《持橄榄枝的女先知》，约 1860

在生命的拱门底下，爱与死、
恐怖与神秘看守她的神殿，我看见
美坐在王位上；虽然她目光含着震慑，
我吸入，顺利如呼吸。
她的眼睛，就是天空和海洋
上下四方投予你的眼睛。
这就是美神，
你以颤抖的声音和手歌颂的：
她以飘逸的长发和飘扬的裙摆
早已为你所知，
你的心跳和脚步天天跟随她，
跟得何其热烈，何其无可挽回，
多么逸兴飞扬，多少路径和朝夕！

第七章

15 至 16 世纪间的美

1. 发明与模仿自然之间

15 世纪，意大利发现透视法，佛兰德斯（Flanders）的新绘画技法传播，新柏拉图主义对文艺发挥影响，萨伏纳罗拉（Savonarola）的神秘主义达于高潮，种种因素各有特色，但也络绎奔会，影响所及，美的思考出现双重取向，今人视为矛盾，时人认为连贯。

波提切利，
圣母，
约 1482，
佛罗伦萨，
乌菲齐美术馆

维尼托，
花神，
约 1507—1510，
法兰克福，
施特德尔美术馆

梅尔奇，
花神，
1493—1570，
圣彼得堡，
艾尔米塔什博物馆

当代人认为，美既是依照科学规则对自然所做的模仿，也是对一种超自然的完美所做的静观，这完美无法以肉眼察识，因为这完美并未充分实现于尘世。有形世界的知识是一条路，供我们识知一个由逻辑连贯的规则统理的感官现实。因此，艺术家是新事物的**创造者**，兼为自然的**模仿者**，两者并不矛盾。达·芬奇说之甚明，模仿是一种忠于自然的研究与发明，因为它重新创造各个单一物象与自然的统一，另一方面，模仿又是一种需要技术创新的活动（就如达·芬奇以其闻名的晕涂法（sfumato）赋予女性面庞之美一种谜样的气氛），而不是被动的重复。

画家的力量

达·芬奇

《论绘画》，VI. 1498

画家是人心能想到的一切事物的主宰，如果他想看见他可能迷恋的美女，他就有力量创造她们，如果他想看可能把他吓坏的怪物，或小丑式的，可笑的事物，真正可悲的事物，那他也是他们的造物主。他要人迹不到之地，或热天凉荫之处，也刻画即得，寒天暖地亦然。

山谷亦同此理：如果他想从高山顶上显示平畴广野，并且想看见平畴广野的海天一线，他也有此力量；他有力量从深谷看见高山，从高山看见深谷与海滩。的确，宇宙本质所有、现在目前或想象之物，他存乎心中，传之于手，他们造物，创造一个合乎比例的和谐，这和谐明显可见如大自然之和谐。

达·芬奇，
岩石圣母，
约 1482，
巴黎，
卢浮宫

2. 拟像

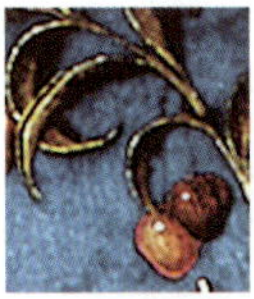

现实乃模仿自然而非纯属自然的镜子，以细部重现整体之美，如瓦萨里（Vasari）所说：ex ungue leonem（见爪而知其为狮子）。拟像（simulacrum）之地位如此提高，若非绘画与建筑技术出现决定性的进步，实无可能。这进步就是布鲁奈里奇（Brunelleschi）的透视法臻于完美，以及佛兰德斯油画之散播。

透视法使用于绘画，实为**发明与模仿**之合一：现实之再现既精准，兼又依照观察者之主观观点而来，就某层次而言，观察者可说是精确再现物体，又"加上"他静观所得之美。

吉尔兰达洛，
年轻女子，
约1485，
里斯本，
卡洛斯提·古尔班基安博物馆

发明与模仿

埃布尔提

《论绘画》，1435

我要年轻人……学画平面的轮廓，像他们学习绘画初步入门那样练习。然后，他们应该学习结合平面，然后学会每个器官的形式，熟记各个器官可能不同之处。器官有诸多差异，而且差异十分清楚。有人鼻孔朝天，有人鼻如圆丘，有人鼻孔外张如猿猴；有人嘴唇下垂，有人双唇小而薄。故画家宁宜细审各个器官，因为人脸总有些许差异。他并且应该注意，年轻人四肢浑圆而肤柔，年纪渐长而转粗糙，棱角分明。

画家如果勤学，可以从大自然习得此理，而且要孜孜探究，心智警醒，目光专注。他必须牢记坐者的膝腿，牢记一个人坐在椅上时腿的优雅放置。他应该注意，人站立时，全身各部分都晓得这个目的。此外，他应该使所有部分忠于所画对象，但也应该加上美；绘画上，优雅是要求，也是欣赏要件。从前，狄米特流斯未能赢得盛誉，因为他最大兴趣是使事物看来自然，而非使之美丽。所以，从所有最美丽的身体取用最受赞美的部分，是值得的。只有经由研习与勤奋，才能了解并表现美。这殊非易事，因为单单一个身体难以尽美，美分配给许多身体，是难得之物。因此，我们要不遗余力，发现并学习美。致力学习并思考困难事物的人，做简单的事不会有困难。只要勤学并应用，天下无难事。

凡·艾克，
圣母与罗林大臣，
约 1435，
巴黎，
卢浮宫

图拉，
春，
1463，
伦敦，
英国国家美术馆

据埃布尔提（Leon Battista Alberti）之见，一幅画就是一扇打开的窗，窗中的透视空间层次增加。空间不复按照经验安排秩序，而是一系列逐次后退但细心统合的层面，满溢光与色彩，造成景深。

同时，在佛兰德斯，油彩（中世纪显然已知此物）画法流传，至凡·艾克（Jan van Eyck）而达顶点。油彩赋予物象一种神奇效果，使物象看似浸入一种半超自然的明澈之中，如图拉（Cosmè Tura）的费拉拉（Ferrara）系列画作，虽然图拉这套作品的命意有别于凡·艾克。

3. 超感官之美

柏拉图谴责的，以美为模仿自然的观念，获得平反，在这平反过程里，费奇诺（Marsilio Ficino）在佛罗伦萨推广的新柏拉图主义运动扮演关键角色。那是一种隐约带着神秘主义的观念，视万物由许多彼此和谐而层次渐进的境域组成。在这观念架构内，费奇诺以三项任务自命：传播古代智慧，并将之现代化；在一个连贯而且可能的象征系统里，协调其中许多乍看不和谐的层面；彰明这个系统与基督教的象征系统是彼此和谐的。美由此生出很高的象征价值，不再只是比例与和谐。

这种美不是局部之美，而是在感官所感觉的美之中静观而致的**超感官的美**（虽然后一种美较为优越），这种美构成美的真实本质。神之美不只广被人类，也广被自然界。皮柯（Pico）、布鲁诺（Bruno）等哲学家的著作与费拉拉画派（Ferrara school）作品里的自然之美之所以充满神奇，道理在此。这些作者多多少少都将炼金术与面相学视为了解自然之钥，亦非偶然。

波提切利，
春的寓言，
局部，
约1478，
佛罗伦萨，
乌菲齐美术馆

超感官的美

普罗提诺（3世纪）

《九章集》，V，8

其实，没有一种美比我们在个体里发现的美更真。我们应该不顾面容，因为那张脸可能难看，我们也不应该注意外表，而应该寻找内在的美。如果那内在美无法感动你说一个人美，那你看自己内里也不会觉得自己美。这样寻找美是徒劳的，因为你是在丑而不是在纯粹的东西里寻找美。此话不是针对一切人，但你如果想视自己为美，就得记住上面这段话。

上帝的光华

费奇诺

《柏拉图神学》，XIV，1. 1482

上帝的光华往往自单一事物发出，在其最完美发光之处，它特别刺激看见那事物的人，撩动那静观的人，吸引走近的人，令他们全神贯注，使他们崇拜那种光辉超过一切，就像崇拜神，最后只愿接近上帝变成光辉的那些事物。最明显的一点是，一个人看见或接触所爱的人，永远不会满足，他每每会说："此人内里有个东西燃烧我，而我则不了解我自己欲求什么！"很明显，灵魂被神的光辉点燃了，这光辉从俊美的人身上发出，如同镜子，灵魂以莫名所以的方式被捕捉，上了钩，往上升，直到与上帝合一。不过，上帝如果推促我们去达到我们永远达不到的境地，他就是不公正的暴君，因此应该这么说：他以神的火花点燃人的欲望，他要我们在含有这火花的行事中寻找他。

柯萨，
4月，月份厅，
1469，
费拉拉（意大利），
斯基法诺亚宫

许多讨论爱情之作也取源于此，赋予美一种与善、智慧同等的尊严与自主性。这些作品进入许多画家的画室，画家受托之作日多，逐渐摆脱行会规定的严格规则，尤其是对自然应该非模仿的规则。违反这条规则，如今已获容忍。

文学上，这些文字流播，本博（Pietro Bembo）与卡斯提里欧尼（Castiglione）为力尤大。一般走向是自由运用古典象征系统，根本意趣则在将圣经训释应用于古代神话，作大致独立于古人权威之外的诠释（皮柯认为，师古宜师其大体风格，而非师其具体形式）。此即费奇诺的典型做法。当时文化的象征系统极为复杂，原因亦在此，其具体形式则或为官能性的意象，如满纸奇想的《波里菲勒斯梦中爱的纷争》（*Hypnerotomachia Poliphili*），或为提香、乔尔乔内（Giorgione）所画的维纳斯。后二人所画的维纳斯乃威尼斯画像学之典型。

克里斯特斯，
年轻女子画像，
1460—1470，
柏林，
画廊

神圣的形象

科隆纳

《波里菲勒斯梦中爱的纷争》，XII.1499

你神圣的形象印在这最高贵的人身上，朱西斯如果看见她（她被赞美为超越全世界所有少女），将会认为她是至高、绝对完美的适当、独一例子。这位至美、天仙似的山林女神带着极大的喜悦走近我，她绝伦的美，我前此已从远处细心观察，此时更是看得清清楚楚，我惊异又销魂。她可爱的面容与悦目的神情穿透我的眼睛和我的灵魂，我的回忆苏醒过来。我的心认出，她就是使我少年时代为热烈的初恋所苦多年的人。我感觉到我的心蹦起来，立刻开始像粗重的鼓般在我受伤的心胸里猛跳。最亲爱的波丽亚，为了对她的爱，我从来不曾片刻免于爱的火焰或爱的暴风雨。金发的波丽亚出现我面前，丰姿神妙，金色的鬈发无比悦目，飞舞的发丝如波浪似围住额头，她超绝的处女神采使我惊诧莫名，愁思不定。她雪白的左手拿着灿烂的火炬的柄，靠在她乳白的胸脯上。火炬以某种角度延伸到她金发发顶上。她伸出她空着的手，那只胳臂比培洛普的还要白皙许多，头静脉与贵要静脉突出如刮磨干净的羊皮纸上画出的泛红檀香木颜色。她用纤柔的右手牵起我的左手，用她宽阔超凡的眉头，她含笑而带着肉桂香的嘴，用温和悦耳的口气说：“哦，波里菲勒斯，不要犹豫……”

4. 维纳斯

新柏拉图主义的象征论特别强调维纳斯的形象。这形象的根本来源，则为费奇诺就神话所做的重新诠释。我们只要看看《飨宴》（*Convivio*）里的“双维纳斯”（Twin Venuses）。两个维纳斯表现两种爱，两种爱同等“尊贵并值得赞美”。在其《神圣与世俗之爱》（*Sacred and Profane Love*）里，提香特别指涉维纳斯，两者是一个理想美的两面（皮柯在两者之间的中心位置插入第二个天上的维纳斯）。

波提切利（Botticelli）精神上接近萨伏纳罗拉（Savonarola，他认为美并非来自比例，而是一种愈接近神圣之美，就会愈光明焕耀的东西），而将**维纳斯**（Venus Genitrix）置于双重寓言《春》（*Spring*）与《维纳斯的诞生》（*Birth of Venus*）的中心。

贝里尼，
梳妆的女子，
1478，
佛罗伦萨，
乌菲齐美术馆

乔尔乔内，
睡觉的维纳斯，
1509，
德累斯顿（德国），
艺术博物馆

提香，
乌尔比诺的维纳斯，
1538，
佛罗伦萨，
乌菲齐美术馆

提香，
神圣与世俗之爱，
1514，
罗马，
博盖塞陈列馆

第八章

淑女与英雄

画家刻画人体之美，必须照顾理论上的要求与实践上的要求。理论上的要求即“美”是什么。在什么条件下，美可得而臻至？实践上的要求则是，哪些正典、哪些品位、哪些社会习俗允许将一个人体形容为“美”？美的形象如何历时而变，男体与女体之美又如何因时而异？我们不妨比较一些形象，帮助解释。

1. 淑女

达·芬奇，
抱银鼠的女子，
1485—1490，
克拉科夫（波兰），
札托里斯基博物馆

我们比较各种维纳斯画像，就会注意到，以女性裸体为中心，有一套颇为复杂的论述。葛里恩（Baldung Grien）的维纳斯以背景之暗，衬显肉感之白，其中分明指涉一种肉体、物质之美，女子形体欠完美（以古典标准衡之），而此美出落得更近现实。死神潜蹑其后，但这位维纳斯标识了文艺复兴女性的降临，她深谙爱护并展露她身体之道，不为羞耻所拘。

达·芬奇的女子，脸孔特别难以捉摸，底细莫测：由《抱银鼠的女子》可以清楚看见这些特质。画中女子爱抚银鼠，手指过长，不自然，表现了刻意暧昧的象征。达·芬奇描绘银鼠，比例与写实都自由发挥，并非偶然；至于画中女子之不可捉摸，难以测度，通过“风致”（grace）观念表现，则点出风格主义绘画（Mannerist painting）典型（但并非独有）的理论难题，以及在一个空间内建构一个形象的理论难题。

葛里恩，
女人的三个年纪和死神，
1510，
维也纳，
艺术史博物馆

提香，
花神，
1515—1517，
佛罗伦萨，
乌菲齐美术馆

柯雷吉欧，
妲妮，
1530—1531，
罗马，
博盖塞陈列馆

乔尔乔内，
暴风雨，
1507，
威尼斯，
学院美术馆

文艺复兴女子使用化妆品，发上功夫尤其讲究（威尼斯尤工于此），染金，金泽以偏红为尚，身体借金匠手艺增其饰丽，金饰则依和谐、比例规则打造。文艺复兴是女性孜孜活动的时代，她们既管领宫廷时尚之风骚，也附从奢华炫耀的品位风气，同时不忘心灵修养，在艺术上扮演活跃角色，并且在论事、辩难与哲学上显露才华。

后来，女性面容增加了私密、激烈、半自我中心的神情，与公开示人的女体相互衬映，其心理不易解读，时或极为神秘，如提香的

多米尼奇诺，
黛安娜打猎，
局部，
1616—1617，
罗马，
博盖塞陈列馆

维拉斯奎兹，
维纳斯照镜子，
1650，
伦敦，
英国国家美术馆

《乌尔比诺的维纳斯》（*Venus of Urbino*），或乔尔乔内（Giorgione）的《暴风雨》（*The Tempest*）。

马奈，
草地上的午餐，
局部，
1863，
巴黎，
奥塞美术馆

维拉斯奎兹（Velásquez）的维纳斯背对观者，我们只能在画中镜子见其脸孔。空间刻意安排与女性美两方面的难以捉摸，在后来数世纪融合于弗拉戈纳德（Fragonard）笔下的女子。弗拉戈纳德作品中如梦似幻之美，又是近代绘画极端自由画风的先声：美的再现既然没有了客观规则，何妨画一个带着裸体美女的资产阶级草地午餐？

弗拉戈纳德，
脱衣，
1760，
巴黎，
卢浮宫

2. 英雄

弗朗西斯卡，
孟提费特洛画像，
1465，
佛罗伦萨，
乌菲齐美术馆

男性的身体也遇到这些问题，由画家如何再现男体，可知其概。文艺复兴的男子以世界中心自居，要他的画像洋溢着雄伟的力量，最好带点强硬难缠的味道。弗朗西斯卡（Piero della Francesca）为孟提费特洛（Federicoda da Montefeltro）画像，画出他觑定其人生目标的神情。画中身形也没有掩饰他的强健，以及其人生之乐何在：权势之人，纵非铜筋铁骨，也胖大魁梧。他还佩戴炫示他呼风唤雨的标志。莫罗（Lodovico il Moro）、波嘉（Alessandro Borgia，当时女性的梦中情人）、洛伦佐（Lorenzo il Magnifico），以及英国的亨利八世，身材当然也不单薄。法国国王弗朗西斯一世（Francis I）单薄不合时尚，克卢埃（Jean Clouet）以宽袍大袖为他掩饰。弗朗西斯一世情妇菲洛妮耶（Ferronière）出自达·芬奇的画像，则又是难以捉摸的女性神情。

小霍尔班，
亨利八世，
1540，
罗马，
国立古代艺术美术馆

布隆奇诺，
美第奇的洛伦佐，
佛罗伦萨，
乌菲齐美术馆

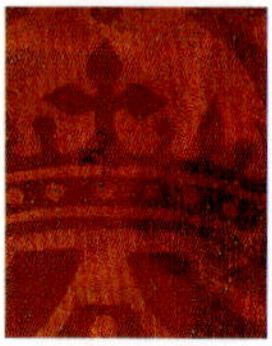

克卢埃，
弗朗西斯一世，
1525—1530，
巴黎，
卢浮宫

达·芬奇，
菲洛妮耶，
1490—1495，
巴黎，
卢浮宫

维罗奇欧，
科雷欧尼雕像，
1479—1488，
威尼斯，
圣乔瓦尼尔和保罗广场

卡拉瓦乔，
圣保罗的皈依，
1601，
罗马，
人民圣母教堂

小布鲁盖尔，
婚宴，
局部，
1568，
根特（比利时），
艺术博物馆

美学理论为比例与对称规则伤神之际，当代权贵却已活生生打破这些规则：男性的身体也协助艺术家摆脱古典主义的金科玉律。

看看维罗奇欧（Verrocchio）的科雷欧尼（Bartolomeo Colleoni）雕像：体格威风凛凛，神情冷酷自信，这位骑士稳跨骏马，整个造型正是古典画像学的典型，表现人是马、犬、鹰的主宰，或狮子的主宰，圣杰罗姆（St. Jerome）的许多画像必有狮子。女性画像里的动物，则有的喻示她们温驯，有的暗示她们令人看不透的暧昧，从提香《有兔子的圣母》（*Madonna del Coniglio*）里的兔子，到银鼠，从金翅雀到维拉斯奎兹《侍女》（*Las Meniñas*）里的宠物狗，含义多样。

但是，绘画不复谨遵古典风格与古典画像学规则之后，就能画人落马坠地，人的外表也趋于写实，甚至通俗，卡拉瓦乔（Caravaggio）的《圣保罗的皈依》（*The Conversion of St. Paul*）即为一例。最后，布鲁盖尔（Brueghel）善画贫穷农民的身体。物质生活之苦，窒息了他们体形之美。在布鲁盖尔笔下，动物也剥尽神秘，具现它们在佛兰德斯（Flemish）乡间俗谚里的面貌。

3. 实用之美

这场过渡，无疑是宗教改革与16至17世纪之间社会风俗变化的混合结果。女性形象逐渐改变：女人再度穿上衣服，成为家庭主妇、家庭教师、发号施令者。例如，从安妮·博林（Anne Boleyn）的感官美，我们转到亨利八世第三任妻子简·西摩（Jane Seymour）的僵硬矜谨：她的画像，双唇薄薄，神情是当行本色的家庭主妇，一如丢勒（Dürer）所画许多女性，不带丝毫激情。

维梅尔，
女子倒牛奶，
1658—1660，
阿姆斯特丹，
荷兰国立博物馆

小霍尔班，
简·西摩像，
1536，
海牙，
莫里斯皇家美术馆

斯汀，
孩子们的宴会，
约 1660，
柏林，
国家博物馆

不过，佛兰德斯一方面有加尔文主义那种道德上的严厉，另一方面又有获得解放的世俗资产阶级的风习，两相矛盾，在人像上产生了一种新典型。在新的典型里，美与有用、实用结合为一。

在卡兹（Jacob Cats）的象征画集（emblem-book），以及家居布置与旅店摆设无从区别的斯汀（Steen）画作里，我们清楚地看到一种文化，显出女性既性感诱人，同时又是讲求效率的主妇，男性衣着则朴素简约，摈弃不必要的繁缛褶边，以免一旦堤防决口，赶去修补，繁缛的衣饰碍手碍脚。

4. 官能之美

简言之，荷兰式的美自由实用，鲁本斯（Rubens）在太阳王宫廷中呈现的美，则纵意于官能之美。鲁本斯笔下的女人不为当代重大事件所扰，不为宗教改革的道德限制所拘，表现一种了无深奥意义的美，以生气活泼为乐，乐于表现自己。另一方面，鲁本斯的《自画像》（*Self-Portrait*）受提香的《年轻的英格兰人》（*The Young Englishman*）启发，另成典型，表情宁静，我自知我心，神色中全无伦勃朗（Rembrandt）笔下一些人物那种浓烈的精神性，或提香人物那种锐利穿透的眼神。

拉斐尔，
弗娜丽娜，
1540—1545，
罗马，
国立古代艺术美术馆

鲁本斯，
裹毛皮的海伦娜·弗尔曼扮阿芙罗狄特，
1630，
维也纳，
艺术史博物馆

鲁本斯
自画像，
与伊莎贝尔·布兰特，
局部，
1609—1610，
慕尼黑，
旧皮纳科特克美术馆

宫廷生活的世界正在消解，换成下一世纪的蹁跹舞姿；古典主义美之消释，在风格主义与巴洛克的形式，或卡拉瓦乔与佛兰德斯画派的写实里，都可以看见，美已经以其他形式出现：梦、奇幻、不安。

卡拉瓦乔，
狂喜的抹大拉，
1606，
罗马，
私人收藏

优雅与神圣的美

卡斯提里欧尼

《廷臣书》，IV, 59. 1513—1518

一如人不能用他的上颚来听，不能用耳朵来嗅美，以及它在我们内里撩起的欲望，只能通过视觉来满足。视觉的真正对象是美。因此，他应该不理会其他器官的盲目判断，以眼睛来享受他所爱的女人的光芒、风姿、热情、笑容、姿态，以及种种可喜的装饰。同理，他应该以他的听觉享受她声音的甜美，她言语的抑扬，以及她演奏的音乐，如果她是音乐家。这两种官能与肉体之事无甚关联，是理性的仆人，通过这两种官能，他就不会以美食来滋养他的灵魂，也不会让肉欲撩起他不纯洁的欲望。

超人类的美

塞万提斯

《堂吉诃德》，I，第 13 章。1605—1615

堂吉诃德听得此话，深深叹气，说："我那甜美的冤家高不高兴世人晓得我服侍她，我也说不上来。既然你这么礼貌问我，我只好这么回答吧，她芳名杜西尼亚，家乡在托波索，那是拉曼查地方的一个村子。她的身份一定至少是公主，因为她是我的王后，我的女主。她的美超越人间，因为诗人拿来形容他们的女郎的所有不可能的、梦想的赞美，全都应在她身上。她的秀发是黄金，她的额头是极乐仙境，她的眉毛是彩虹，她的眼睛是太阳，她的双颊是玫瑰，她的嘴唇是珊瑚，她的牙齿是珍珠，她的脖子是雪花石膏，她的胸脯是大理石，她的双手是象牙，她的白皙皮肤是雪，至于那娇羞掩饰不让人看见的部分，我想，理性的人只能极口称赞就是，没法比方。

第九章

从优雅到不安的美

1. 朝向一种主观、多重的美

文艺复兴时代，所谓“宏大理论”（Grand Theory）——依此理论，美寓于部分之间的比例——达到层次极高的完美。但是同时，文艺复兴的文化与心态里也出现一些离心力，走向一种令人不安的、模糊的、令人惊异的美。这是一股充满动能的运动，我们纯粹基于解释上的方便，将之区分成古典主义（Classicism）、风格主义（Mannerism）、巴洛克（Baroque）、洛可可（Rococo）之类的学术范畴。这里必须强调，一个弥漫艺术与风俗的文化过程是流动的，这么一个过程只可能短暂结晶于一些固定、清楚界定的人物身上，而且往往只是乍看似乎有此结晶。此所以文艺复兴的“风格”（manner）溢出而为风格主义；文艺复兴时代用来重新启动“宏大理论”的数学与相关学科不断进步，导致比所预见还更复杂的和声；对知识的

卡拉瓦乔，
美杜莎的头，
约1581，
佛罗伦萨，
乌菲齐美术馆

布隆奇诺，
潘绮亚蒂奇画像，
约1540，
佛罗伦萨，
乌菲齐美术馆

小霍尔班，
大使，
正下方是变形骷髅，
1533，
伦敦，
英国国家美术馆

专注不表现于灵魂的宁静，外显却沉黯忧郁；知识的进步把人挪出世界的中心，丢到宇宙边缘。

凡此种种，都应该无足为异。从社会观点看，文艺复兴时代达到的均衡难免是脆弱且短暂的；理想城市的意象——新雅典——从内在被一些因素腐蚀，这些因素导致意大利的政治灾难，与经济、财政上的毁灭。在这个过程的内部，艺术家或民众的社会构成都未改变，但两者都弥漫一片焦虑，在生活的所有物质与精神层面都引起回响。哲学与艺术也是如此。**优雅**（Grace）这个主题，与美密切相连，为主观主义与特殊主义的“美”观铺路。

看不见的优雅

本博

《诗》，V. 1522

波浪般的金发，
纯粹而明澈的黄色琥珀，
在雪上的风中
摇曳飘动；
温和的眼睛亮过太阳，
能将黑夜化成艳阳；
一丝笑容，是治好万苦的香膏；
珍珠般牙齿，红宝石嘴唇
吐词如此高贵
灵魂再无他求；
象牙般的手，能
捕捉任何人的心，使之销魂；
歌唱如天国仙音；
纯洁，世人从未见过的；
绝美与至高的尊严结合
点燃我的火，你的天赋
大方的上天也曾给人
只绝少给得如此丰富。

优雅

菲伦左拉（14 世纪）

《论女人之美》

如前文所说，我们每每看见一些脸孔，其细部虽然不合一般所说美的尺度，却散发一种优美的光辉（例如莫黛丝提娜，她身量不如上面所举例子那么高大，也没有那些合乎比例，却有一张人人倾慕的漂亮小脸）；反过来说，一个女人，五官比例匀称，人人说美，却难称悦目。因此我们必须说，这光辉来自某种内在比例，其尺度不见于书中，我们也全无所知，甚至无从想象，这无法表达的东西，就是“我不知道是什么”（je ne sais quoi）。我们可以说，这（潜藏的比例）是爱的光芒，或其他本质的光芒，但是，我们的语言文字无论多巧，都难穷其相。这就是风致，散发风致，流露这种内在比例者，令人珍视。此事我就讨论到此，不过，欲知风致何物，在散发这光辉者的眼睛里找找看吧。

真正的女性美

卡斯提里欧尼

《廷臣书》，I，40. 1513—1518

你没注意吗，一个女人化妆，略施脂粉，见者无法分辨她有无化妆，这样的女人是美丽得多的。有些女人浓妆厚涂，活像戴面具，也不敢笑，担心面具龟裂。这类女人只在早晨穿衣梳洗时变换神情，之后一整天不苟言笑，表情一成不变。她们只微微露一露脸，不然就如狡猾商人给人看布料，在光线不足之处示人。

一个女人，我是说，一个好看的女人，脸上脂粉不施，不敷白，亦不施朱，只有天然颜色，也许苍白，也许难为情而泛红，发丝稍乱，姿势简单而自然，不装俏作美，这有多好！纯净受到轻视，却为眼睛与灵魂所喜。眼睛与灵魂向来害怕人工的欺骗。

女人牙齿洁白是好看的。牙齿犹如脸孔，一望可见，但经常掩藏不见，令人心想她比较不花工夫使之洁白。不过，女人没有理由而发笑，只为了露齿，则是做作，即使她真有一口好牙齿，亦将为人所不喜。手也是。双手如果纤柔而美丽，为了需要用手而公开示人，不只是为了炫耀，那就是可爱，如果再戴上手套，尤其可喜，因为这表示一个女人不在意她的手是否外露，并且表示她双手是自然的美，而非人为之美。另外，你可曾看过，上教堂或其他场所，或看戏，一个女人提起裙子，露出一点小腿，而不自知？还有，那紧贴肌肤的淡蓝凉鞋和干净的长袜。不也是无比美丽，不也是女人本色毕露吗？我当然非常喜欢，我想你也乐见，因为男人都会认为，在这么隐私，这么难得一见的部位，干净和贴身是自然的，女人就该如此，并且表示她不是在追求赞美。

淡漠

卡斯提里欧尼

《廷臣书》，I，26. 1513—1518

有人认为优雅是天生禀赋，但我多次纳闷优雅来自何处之后，我发现一条普遍规则，这规则比其他任何道理都更适用于人的言行，这规则就是，要尽量避免做作，像避免浅滩暗礁一样，同时使用一些淡漠，淡漠可以掩饰人工，并且表示一个人所说所为之优游自如，几乎不假思索。

2. 风格主义

风格主义与古典主义之间的矛盾关系，背后也是这类动能：艺术家无法拒斥前一代的艺术遗产，又意识到自己和文艺复兴了无关涉，于是感到不安，他们因此将适才依照古典圭臬建立的形式淘空，终至古典主义解散，犹如一个高卷击岸的浪峰朝四面八方散裂。

乔尔乔内，
双重画像，
1508，
罗马，
威尼斯宫

丢勒，
穿毛皮的自画像，
1500，
慕尼黑，
旧皮纳科特克美术馆

1500
AD
Albertus Durerus Noricus
ipsum me proprijs sic effin.
gebam coloribus ætatis.
anno XXVIII.

帕米吉亚尼诺，
凸面镜上的自画像，
约 1522，
维也纳，
艺术史博物馆

一些当行本色的古典主义作家，他们某些违逆古典主义圭臬之作已有这种散裂的证据。例如拉斐尔。画家自画像里的烦恼神情也是明证，如丢勒与伦勃朗。风格主义乍看以古典美的模范为法式，实则消解古典规则。他们认为古典美空洞、没有灵魂，因此以一种精神性反其道而行，这精神性为了避免空洞，走上幻想一路：他们的人物进入非理性空间，并出现一种如梦似幻之境，以现代用语来说，即“超现实”（surreal）。

一些教条将美简化成比例，文艺复兴时代的新柏拉图主义已对这些教条提出批评，尤其米开朗基罗。他们批评之余，打破达•芬奇或弗朗西斯卡（Piero della Francesca）殚精竭虑计算所得的美的比例：风格主义者偏爱流动的人形，尤其S形，不是圆形或四边形，而是蛇形，令人想起火舌。对数学的态度有此一变，在系谱上必须溯源至丢勒的《忧郁》（*Melencolia I*）。

可以计算、可以测量，不再是判断客观性的标准，变成只是一种工具，一种用以创造再现空间的方式。再现空间的方式愈来愈复杂（透视上的变化、歪像），卒至完全搁置比例。风格主义的价值至近代始为人充分了解，颇非偶然：美既不复以测量、秩序、比例为判准，必然走向模糊、主观的判准。阿奇姆波尔多（Alcimboldo）是这个趋势的好例子。他被视为次要的、边缘性的艺术家，在哈布斯堡宫廷里功成名就。他令人惊奇的作品，那些脸由水果、蔬菜等物体构成的人像，令观者觉得乐趣横生，为之莞尔。阿奇姆波尔多之美尽脱古典主义，以出奇与机趣取胜。他显示红萝卜也可以美丽，然而他刻画之美所以为美，非缘客观规则，而是出于观者的共识，宫廷的“舆论”。

阿尔钦博尔多，
夏，
1573，
巴黎，
卢浮宫

比例与不合比例的区辨不复成立，形式与无形式、有形与无形的分别不复成立：没有形式、无形、模糊的呈现超越了美与丑、真与伪的对立。美的再现日趋复杂，艺术家诉诸想象多于智思，自创新规。

风格主义之美表现出欲盖弥彰的**灵魂之忧伤**：那是一种雅致的、有文化的、大同主义的美，就如那欣赏它并委托画家创作这类作品的贵族（巴洛克的特征则比较通俗，情绪也多些）。风格主义反对文艺复兴的严格规则，也拒斥巴洛克不受拘制的动能，望之肤浅，却经营这肤浅，研究解剖学，并加深与古人的关系而超越文艺复兴时期的类似趋势：简而言之，风格主义跨越并深化文艺复兴。

有很长一段时间，论者认为风格主义只是文艺复兴与巴洛克之间的简短插曲，今人始知文艺复兴时代相当大部分——自1520年拉斐尔过世以降——是风格主义。一个世纪后，拉法耶夫人（Madame de La Fayette）在其小说《克莱伍王妃》（*The Prince of Clèves*）里复活这段时期的情愫。

雷蒙迪，
驱魔者，
1518—1520，
佛罗伦萨，
乌菲齐美术馆，
绘画与印刷品藏室

灵魂之忧伤

拉法耶夫人

《克莱伍王妃》，I-IV. 1678

华丽与勇敢在法国从来不曾像亨利二世末年这般大放光彩。亨利二世英勇、英俊，又是爱情胚子：他对波瓦迪耶的黛安娜的激情始于20年前左右，至今未尝稍减，他的激情表现也不曾稍弱。他精通所有运动，他的主要作息里有一项就是运动：每天打猎、网球赛、舞会、赛跑，或其他消遣。瓦伦提诺娃无处不在，打扮如同她的未婚孙女拉马克小姐。不过，王后在，她就在。王后貌美，虽然已经不复青春年华；她喜爱奢华逸乐。国王还是奥良公爵之时娶她。死于杜蒙的太子，也就是他哥哥，由于是长子，资质又好，似乎足堪继承其父弗朗西斯一世。……

沙特尔小姐抵达之日，在一个意大利人那里挑选珠宝。此人与王后来自佛罗伦萨，积财甚富，住处有如王侯宅第，不似商贾之家。意大利人那儿，克莱伍王子也到了。他倾倒于她的美貌，难掩惊艳之情，沙特尔小姐不禁满面通红。但她恢复镇定，待他以他身份与礼法相宜之礼，没有逾越。克莱伍王子盯着她，不知如此美女究是何人，因为他不认识她，但是，从她的气度与随从，他当然看出她系出贵族。她的青春模样使他认为她还是闺女，不过，见她没有母亲陪同，那意大利人又呼她夫人，他也难知究里，于是继续满怀好奇，目不转睛看着她。他注意到自己的目光令她难为情，她和别的年轻女子不同，有人留意她们貌美，她们都芳心大悦。他甚至心想自己是她等不及要离去的原因，而且她真的很快离去。失去她踪影之后，克莱伍王子安慰自己，希望能够探知她是谁，但是，当他发现没有人知道她，他极为意外。他太为她的美和害羞模样心动了，可以说，

柯雷吉欧，
爱娥，
1530，
维也纳，
艺术史博物馆

自那一刻起，他对她孕育了非比寻常的激情。当天傍晚，他拜访公主，国王的妹妹。……

这位绅士十分适合这项任务，也细心执行。他跟随尼莫耶公爵，来到古隆米尔半里格开外的一个村子，公爵驻马，绅士马上推知他有意等待夜幕降临。他自忖不宜枯等，于是经过村子，朝向森林而去，来到他料想尼莫耶公爵可能经过之处。他所料没错。夜幕甫降，他听见脚步声，天色虽暗，他还是立刻认出尼莫耶公爵。

只见尼莫耶绕过公园，仿佛聆听四下有无别人，以便选定他要进去的地方。栅栏甚高，栅栏后面复是栅栏，防人进入。但尼莫耶公爵进去了。他一到花园里，不费工夫，就发现克莱伍夫人何在。他看见寝室里许多灯火，窗户尽开，他沿着栅栏，陷入我们很容易就能想象的那种情绪之中。他挤进一扇法国窗后一个空间，看见克莱伍夫人正在做什么。她独自一人在那儿，但她真美，他几乎按捺不住她在内里撩起的亢奋。天气湿热，她头上与胸上并无寸缕，除了头发，而她头发发散垂挂。她躺在沙发上，沙发旁边一张桌子，桌上几个满装彩带的篮子；她挑选数条，莫尼耶公爵看出正是他在比武大会所佩彩带的颜色。她为一根印度手杖编彩结，那根杖子也是他所有，他给了他妹妹。克莱伍夫人从她那里得到，不知它本来是尼莫耶公爵的。编完彩结，她风姿优雅，面带从她心底涌起的甜意，取一根蜡烛，走到一张大桌边，面对一幅梅兹围城画，莫尼耶公爵就在画里。她坐下来，端详莫尼耶，她的神色，是只可能来自激情的一种神色。此时尼莫耶公爵的感受，真是难以言喻。静夜时分，在世界上最美的地方，一个爱慕他的女人；看她不知他就在那里，看她全神贯注于他的事，看见她对他的秘密激情，这种事，从来不曾有另一个情人享受或想象过。公爵也神飞魂驰，一动不动静看克莱伍夫人，丝毫没想珍贵的时间正在飞逝。他稍稍回过神来的时候，心想——如果要她说话——他得等到她踏进花园。他寻思，这样会比较安全，因为她会离她的侍女们远一点。不过，见她留在房里，他决定进去。他拿定主意，却又担心惹她不高兴，十分激动。想到那张如此温柔的面庞发怒而变色，何等可怕！……

克莱伍夫人转过头，无论是因为她念念皆在公爵，还是因为他站立之处灯光足够她看见他，她心想她认出了他，她没有迟疑，也没有朝他的方向看，就回去房里，她的女侍们在那儿。她非常局促，为了掩饰局促，她说她觉得不舒服。说不舒服，一方面也是为了让她底下人有事可忙，给公爵空隙脱身。她再想了想，觉得这都是自欺，看见公爵全是想象。她知道他在桑波德；他不可能冒这么大风险来寻她。许多次，她差点儿忍不住要回到她寝室，朝花园里看看他有没有在那里。她希望发现尼莫耶公爵在那里，又担心发现他在那里。最后，审慎与理智强过她的心情，她觉得怀疑比找出真相好。她许久不动，以免公爵可能近在咫尺。几乎又过一天，她才返回城堡。……

公爵的一腔激情从未如此温柔又炽烈。他从数株柳树下离去，沿着一条小溪，小溪在他方才藏身的屋子后面。他走到没有人可能看见或听见他的远处。他抑制不住他的爱意，激动啜泣。那不只是痛苦的眼泪，其中也掺着某种甜蜜，以及只有爱情里才有的陶醉。

3. 知识危机

这股焦虑、骚动、对新奇的不断追求从何而来？看看当时的知识，可以在哥白尼革命及其后物理学与天文学的发展为人文主义自我带来的“自恋创伤”（narcissistic wound）里找到一个总解答。人发现自己丧失宇宙中心的地位，为之沮丧，人文主义与文艺复兴所怀和平、和谐世界的乌托邦憧憬亦趋式微。政治危机、经济革命、“铁的世纪”的战争、疾疫重返：诸事并发，使人更加惊觉宇宙并不是特别为人类量身打造的，人既非造物，亦非造物之主。

说来奇悖，造成这场知识危机的正是知识的巨大进步：对愈来愈复杂的美的追寻，与开普勒（Kepler）的发现相伴而生；开普勒发现天体定律并不依循单纯的古典和谐，而是愈来愈复杂。

塞拉里乌斯，
和谐的大宇宙，
1660，
阿姆斯特丹

4. 忧郁

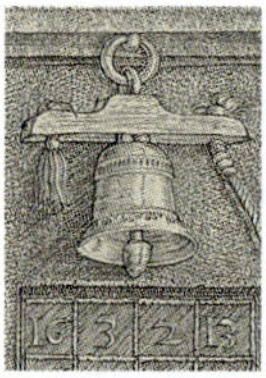

丢勒的《忧郁》（*Melencolia I*）将忧郁与几何相连，当然就是个象征。这样的表现，与《雅典学派》（*School of Athens*）以和谐、安详笔法刻画的欧几里德看来完全处于不同时代：文艺复兴时期之人以实用技术之工具研究宇宙，《忧郁》里的巴洛克式人物则进图书馆，研习典籍，深沉于忧郁之中，仪器遗落地面（或恹恹然握于手中）。

忧郁是用功之人的命运，本身并非新颖观念，费奇诺（Marsilio Ficino）与阿格里帕（Heinrich Cornelius Agrippa von Nettesheim）已经处理过这个主题，虽然处理方式有别。巴洛克出新之处是将**几何术**（ars geometrica）与**忧郁人**（homo melancolicus）融合为一，形成几何有灵魂而忧郁具备充分的思想内涵：这双重属性创造了忧郁之美，这种美有如漩涡，吸入前人种种特征，例如文艺复兴时期那种典型的灵魂不安，成为巴洛克典型。

拉斐尔，
雅典学派，
局部，
1510，
梵蒂冈，
拉斐尔画室

丢勒，
忧郁，
1514，
佛罗伦萨，
乌菲齐美术馆，
绘画与印刷品藏室

MELENCOLIA I
16 3 2 13
5 10 11 8
9 6 7 12
4 15 14 1

波洛米尼，
圣智教堂穹顶内部，
罗马，
1642—1662

瓜里尼，
圣尸衣礼拜堂穹顶内部，
都灵，
1666—1681

从风格主义到巴洛克的移转，不是画派之变，而是生命戏剧化的一种表现，与之密切相连者，是一种追寻，追寻以新方式表现美：令人惊奇、令人讶异、明显不合比例的事物。波洛米尼（Borromini）令他那时代的人惊诧。他设计一个巧妙隐藏于圣智教堂（the church of Sant'lvo alla Sapienza）内院的结构。惊奇的效果来自掩蔽内穹顶的凹凸结构充满对比变化，而一切总成于设计极为大胆的螺旋上升天窗。其后不久，瓜里尼（Guarini）设计令人啧啧称奇的都灵圣尸衣礼拜堂（the chapel of the Holy Shroud），穹顶以六角形相叠，开出一个十二道光芒的星星。

5. 尖锐、机锋、巧喻……

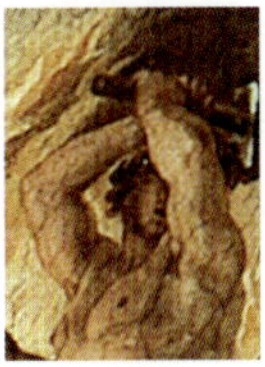

巴洛克，其心态特征是精确的想象与惊奇的效果结合。这结合名称不一，或称机趣，或曰马利诺主义（Marinism），将之发挥为最高贵表现者则为格拉西安（Gracián）其人。助长这新的雄辩形式者，则为耶稣会士在特伦会议（Council of Trent）后提出的经院课程：1586年的《教育总则》（*Ratio studiorum*，1599年更新）规定，大学预科五年结束，应修两年修辞学，确保学生彻底娴熟雄辩术，雄辩非仅以实用为要，也讲求表达之美。巧喻（conceit）并无成法定式，要在微妙**敏锐**，出奇而精辟，直透听者之灵魂。**机锋**则尚捷悟与创意，以其**智思**见事物关系于常人肉眼所不见。巧喻之美打开全新的知觉空间，感性之美则逐步接近一种重要但模糊的美。诗中的机锋——西班牙裔诗人贡戈拉（Luis de Góngora）而被称为贡戈拉主义，意大利则取诗人马利诺（Giambattista Marino）而称为马利诺主义——主要表现于炫技之作，诗风以出奇为尚，以辛辣、精确为工，凌掩内容。类此诗作，唯以敷演细节，联想女性之美为务，琐屑末节如微痣、发丝一一入诗，不厌繁细，令读者身陷其中，不胜夹缠。

机锋

格拉西安

《智慧书》，I, 2. 1642—1648

机锋之本质，我们可言其概，难详其细，可意会而难言传，一切描述皆属徒劳；巧喻之于人智，正犹美之于眼睛，和声之于耳朵。

智思

德绍洛

《亚里士多德望远镜》，1654—1670

天然的机趣是人智的一种奇妙力量，包含两种天赋：颖悟与多能。颖悟穿透任何题材最多样、最细微的层面，如本质、形式、意外、特性、因、果、目的、关系、相似、不相似、对等、优劣、征象、正确名称、误解：一切掩藏不见的层面。

敏锐

德绍洛

《亚里士多德望远镜》，1654—1670

智慧的至高产物，人但知其外表而不晓其来源，古今四海莫不欣慕，能够读到或者有人说出，皆是奇迹，闻之者喜悦，不解者击节。这就是机锋，一切巧喻之母；演说与辩论里最亮的光；书页上的文字是死的，有机锋便精神活泼；这是所有言谈里最美味的盐；人类智慧的极致目标，人类精神里的神的痕迹。

考特纳，
神意的胜利，
1633—1639，
罗马，
巴贝里尼宫

胸中之蛇

马利诺

《阿多尼斯》，VIII. 1623

一张床缘上，我看见
一个淫心大起的好色半兽人
紧紧环拥着
一个极为美貌的山林女神，
窃采淫乐之花。
她细白的腰窝他挤压，
一手抚弄那象牙身躯，
一手另外忙着
更甜美的隐密之处。
环锁于这强壮情人的臂膀内，
处女呻吟，慵懒害羞的眼神
闪烁着她的不屑。
他热切索吻
她扭开脸，不让他享受，
他愈是索求不得
欲焰愈燃；
她愈退缩不让吻
他吻之更急。
以故作的娇羞和狡猾的媚态
她假意挣脱他的掌握，
那粗糙而满是筋节的桎梏
愈收愈紧，紧过一切捆绑木头的栓锁。
我还不知哪个花神、泰绮思、
妓女，懂得如此堕落的丑态。
那青春美好的胸脯里
扭绞着无耻的纵欲之乐，
爱的力量，那个暴君兼诱惑者
必定制伏了一颗不坚的心；
欲心被那甜美的身体撩拨，
愈燃愈旺，再获煽助，
就冲决束缚了。
他的女神以爱的绳结
缚住了他的心，开始
以巧语浪态逗他，
以取笑刺激引诱他。
继续（我对自己说），享受
甜美呻吟的果实吧，
哦，快乐的一对。
声声呻吟，滴滴眼泪
成就幸福的爱，和更幸福的情人！

痣

马利诺

《七弦琴》，1608

痣，美丽的痣
金发底下
一个迷人的影子，
可爱的脸颊，
爱的小树林。
逃呀，不谨慎的心，
即使你要摘
百合或玫瑰！
残酷藏在那里
在那里撒网
陷捕灵魂。

鬈发

德拉·瓦尔（17 世纪）

《金色的鬈发》

啊金色的鬈发，啊宽广文静的眉头，
啊发亮的眼睛，不，双子星，
啊粉红的双颊，雪白清新的美，
啊害羞又迷人的风致，
啊红宝石嘴唇，满是珠宝，
啊笑容，甜美的声音，
啊乳色的手，既美又纤瘦，
啊美丽非凡的身材，
啊高贵无双的丰姿，
啊伶俐的举止，啊端庄的气度，
啊动作，天仙的步履，
啊天国合唱的新精神，
啊甜美的名字，啊我膜拜的女神，
我该对你说什么呢？安静，
我还是默默爱慕你吧。

胸脯

普奇（17 世纪）

《在她白皙的胸脯上，双乳之间》

她白皙的胸脯，双乳之间
我的女郎将她的手搁在她心上
她发亮双眼的光辉
转向那只手和双乳。
雪与火焰白闪闪
自她的美目与胸脯耀现，
火与冰融合，化成光与白，
如乳白天空里的星星。
她胸脯与双乳的白
如牛乳之白，与她辉亮的双眼并耀。
这闪烁与那白色
灿亮迸发，
眼睛与双乳
似乎融成一片眩目的光与白。

6. 追求绝对

一套关系与形式经过创造与再创造，取代了自然、客观的模型：易言之，**巴洛克之美超越善恶**，其模型借丑传美，以伪表真，通过死亡呈现生命。“死亡”尤为巴洛克心理念念常在的主题。这个主题也可见于莎士比亚等非巴洛克作家，而在后一世纪重见那不勒斯圣塞维洛教堂（the Chapel of San Severo）。

桑马提诺，
戴面纱的基督，
1753，
那不勒斯，
圣塞韦罗礼拜堂

巴洛克之美

莎士比亚
《罗密欧与朱丽叶》，III, 2.
1594—1597

朱丽叶：
啊蛇蝎般的心，藏在花也似的脸底下！
恶龙住过这么美的洞吗？
美丽的狠人！天使般的魔鬼！
披着鸽子羽毛的乌鸦！
狼吞般的羔羊！最神圣的外表而
可鄙的实质！与外表完全相反；
一个该下地狱的圣徒，一个体面的无赖！
啊大自然！你在地狱里干了什么好事
把个恶魔灵魂藏在这么甜美的凡躯天堂里？
曾有哪本书，内容如此卑劣
而装订如此漂亮吗？啊，欺骗竟然住在如
此辉煌的宫殿里。

瓦托，
西特拉岛之旅，
1718，
柏林，
夏洛滕堡

贝尔尼尼，
圣特雷莎的狂喜，
1652，
罗马，
胜利之后圣母堂

然而，这并不是说巴洛克式的美非道德或不道德，绝非如此。巴洛克式之美的深刻道德性质，不在于遵守巴洛克时期宗教或政治权威的僵硬典则，而在于其整体艺术创造。哥白尼与开普勒重新设计的苍穹里，天体之间的关系愈来愈复杂，巴洛克世界里每个细节内部都有一个浓缩、扩大的宇宙视境。没有一个线条不引导眼睛望向此时此地以外仍待探索之境，没有一个线条不满荷张力。充满戏剧张力的美取代了不动的、没有生命的古典模型之美。

我们可以比较两件看起来颇有距离的作品，贝尔尼尼（Bernini）的《圣特雷莎的狂喜》（*Ecstasy of St. Teresa*）与瓦托（Watteau）的《西特拉岛之旅》（*Pilgrimage to Cythera*）。前部作品中，张力线条从痛苦的脸延贯到她长袍褶纹边缘。后部作品中，对角线自最外侧的天使开始，由手臂至衣饰，从小腿至长杖，远至围成一圈唱游的小天使。前作是一种戏剧性的、受苦的美，后作是忧郁、梦幻的美。两件作品的布局都无视中心与边缘之主从，整体与细节相参互照，衣摆与面容、现实与梦境之美俱有十足尊严。

第十章

理性与美

1. 美的辩证法

18 世纪向有理性世纪之称，整体连贯，冷静超脱。然而如此形象，连同现代品位所得于当时绘画与音乐的感知，断然在误导人。斯坦利·库布里克（Stanley Kubrick）的电影《乱世儿女》（*Barry Lyndon*）里，启蒙运动时代僵冷而疏远的外表底下，奔流着一股不受羁制的、暴烈的骚乱激情伏流，那个世界的男女既残酷，亦文雅。库布里克以一座古典帕拉底欧式结构的谷仓背景，演出闻所未闻的父子决斗暴力。18 世纪是卢梭、康德与萨德侯爵（Marquis de Sade）的世纪，甜美人生（douceur de vivre）与断头台的世纪，活力爆发的巴洛克极盛期与洛可可、新古典主义美学蓬勃的世纪，思考并呈现这么一个世纪，自当如是，方近真实。

佐法尼，
查尔斯·汤利与朋友在汤利画廊，
局部，
1781—1783，
伯恩利，
兰开夏郡，
汤利画廊与博物馆

行动中的美

卢梭

《茱莉，或新爱洛漪丝》，1761

我向来相信，善无非行动中的美，两者紧连不可分，两者都源出秩序井然的自然。由此可以推知，品位臻于至善之道与智慧相同；一个受美德吸引的灵魂，必定也会感受其他种类的美。我们有素养，才会看，会感觉，或者应该说，一个精美的风景无非一个精细的情愫。因此，一位画家观看一个美景或一幅美丽的画而狂喜，令他狂喜的是一个粗俗的观者根本不会留意的事物。多少事物，一个人必须有此情愫才会感受，而且此事是无从言喻的。许多这种“我不知道是什么”（je ne sais quoi）的事物出现在我们眼前，这些事物品位能够判断。从某种意义来说，品位是判断力的显微镜，因为前者把细微之事启发给后者。那么，要如何来培养品位？我们是否必须像学习感觉一样学习观看？是否必须像我们通过情愫判断善那样，用检视来判断美？我认为，并不是所有的心都会在乍见茱莉时感动。

我们可以说，在18世纪，贵族品位耽好生活之甜美，是巴洛克之美持续风行之因，古典主义之严格则与新兴资产阶级的理性、纪律及计算彼此相适。不过，细加审视，不难发现一种较为年轻、更加生机勃勃的创业贵族，其品位在实质上已更趋资产阶级、现代主义与改革主义。只是，商人、公证人、作家、新闻业者、法官等社会阶级须俟又一世纪之后，才显出明显可以指为资产阶级的社会特征。

与此复杂的社会阶层及社会阶级辨证相应者，是同等复杂的品位辨证：与洛可可多彩多姿的美相对应的，不是一种古典主义，而是多种古典主义，这些古典主义响应各种不同的要求，有时还彼此矛盾。启蒙哲学家号召心智以挣脱蒙昧主义的迷雾，却又毫不犹豫支持专制君主与威权政府；启蒙的理性由康德的天才表现其**光明面**，而萨德侯爵则表现其**黑暗且令人不安的一面**；同理，新古典主义是对旧制品位的反动，令人神清气爽，但同时也在追求一种确定的、却又因为确定而流于僵硬束缚的规则。

弗拉戈纳德，
秋千，
1770，
伦敦，
华莱士收藏馆

拉图，
蓬巴杜夫人在查百科全书，
1755，
巴黎，
卢浮宫

夏丹，
束发的男孩，
1738，
巴黎，
卢浮宫

理性的光明面

康德

《论美与崇高感》，II. 1764

血气多的人，美感占优势：他的喜悦是欢欣的，充满生命力。他不愉快的时候，心有未惬，知道沉默之趣，但不多。他寻求自遣之乐，也在周遭寻找乐趣，他帮人打气，是天赐良伴。他有强烈的道德同情心：别人的幸福令他高兴，别人的痛苦，他感同身受。他的道德情操很美，但缺乏原则，直接随现实在他心中点燃的瞬间印象而转移。他是所有人的朋友，或者说（同样的道理），他其实谁的朋友都不是，虽然他永远亲切，与人为善。他没办法作假：他今天做你的朋友，礼数周到待你，明天，万一你得病或遭遇不幸，他由衷感同身受，但如果这情况继续，他会避不见人，直到事情好转。

理性的黑暗面

萨德侯爵

《尤丝蒂娜》，I. 1791

"有何不可，只要我满意？"他给我五鞭、六鞭，我幸运以手挡开。然后，他将我双手反绑；我只能以眼神和眼泪求饶；我被严禁开口说话。我尝试令他心软……结果徒劳：我裸露的胸脯又挨了几鞭，非常恐怖，我立刻血污斑斑；我痛极流泪，泪珠加鞭痕，这个狂乱的怪物说，鞭痕因此更迷人……他亲吻鞭痕，啃咬它们，不时转到我嘴上，转到我眼睛，淫荡地舔那些眼泪。轮到阿嫚德就位；她双手也绑着，胸脯浑圆高挺光滑；克雷门假意要吻她，却咬起她来。最后，他使用鞭杖，没多久，那细嫩的肌肤，白白柔柔的，变成一团瘀青，皮开肉绽。"慢着，"这个激情欲饱涨的修士说："这天下最嫩的屁股和天下最嫩的奶子，我得抽几鞭才行。"

2. 严格与解放

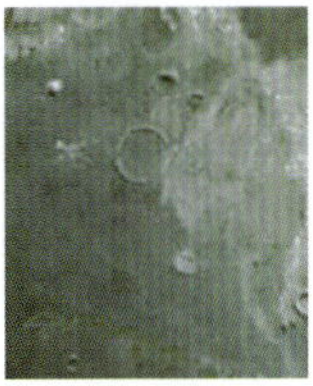

古典主义之创变，起于更严谨规则的需求。由此一隅，可以反三。在巴洛克时代，一个趋势已经明显可见，就是17世纪呼应古典悲剧，而走向古典悲剧的“时间、空间、情节”三一律：一个持续数年的剧情，要如何浓缩成数小时，两幕之间的暂停时间又该如何浓缩一个事件到下一事件之间经历的好几年？于是，为了达到更严谨的自然主义，时间浓缩，空间简化，场景错觉增加，剧情大幅缩减，使台上的时间和观众的时间两相凑合。七星剧院（Theater of the Pléiade）忠于现实的美，被一种风格化的美取代。这风格化的美被置于一种剧烈转换的现实之中，人成为一种不需要布景装饰的戏剧的中心。拉辛（Jean Racine）的作品在很大程度上表现出古典主义与反古典主义之同时并存。一种热情洋溢的美与一种风格化、浓缩、希腊**悲剧式的**美齐聚一台。

弗拉戈纳德，
科雷索斯与卡利罗埃，
1760，
巴黎，
卢浮宫

3. 王宫与花园

新古典主义（Neoclassicism）是对假古典主义（false Classicism）的反动，而以更严格的自然主义（Naturalism）之名行此反动，从新建筑风格可以看得更清楚，尤其英国。18 世纪英国建筑以清醒与良好品位为主要表示，断然离弃巴洛克的过度放肆。

柏林顿爵士，
奇西克宅邸，
1729，
奇西克，
英国

奇吉别墅，
森堤奈尔，
锡耶纳

英国绅贵不以夸耀财富为事，而以恪守古典建筑规则为要，尤其帕拉底欧版的古典律则。巴洛克建筑以放肆、肤浅、繁富线条令人惊异而成其美丽，在 18 世纪理性凝视之下，这种美荒谬而做作，即使巴洛克花园亦难免此咎：凡尔赛宫的花园被视为负面典型，英国花园则不以再造自然为工，而以反映自然之美为主，其魅力不在于恣意逾度，而在其设计布置之和谐。

4. 古典主义与新古典主义

新古典主义里，资产阶级两个泾渭分明的特征殊途同归：个人主义的严格要求与考古的热情。对隐私的关心，对家庭的关心，是近代人典型个人主义的表现，具体形式则为追寻极端严格的规范，并付诸实践：美国独立革命元勋兼第三任总统杰斐逊亲自设计的住宅即是一例。新的古典主义流行一时，成为“真”古典美的正典，即所谓新雅典，既代表那个**卓绝的**（par excellence）古典希腊城市，又是理性女神的化身。这个层面与所谓“考古的新古典主义”（archaeological Neoclassicism）联袂而至。后者说的，是18世纪对考古与日俱增的兴趣。

考古研究的确流行于18世纪下半叶——时人热心远游殊方，寻找欧洲以外的异域之美。不过，单看这研究、挖掘古物以及古迹废墟出土，仍无法解释此一现象。对于赫库兰尼姆（Herculaneum, 1738）的发掘，大众冷漠以对，十年后发掘庞贝（Pompeii, 1748），却成为狂嗜古物与真迹风气之始。

两场发掘之间，欧洲品位发生了深远的转变。决定此一转变的因素是，时人发现，文艺复兴呈现的古典世界形象其实是颓废时代的产物，他们因此而明白古典美其实是人文主义者造成的变形，他们于是拒斥这种变形，开始寻找“真正的”古代。

18世纪下半叶典型的美学理论也就由此产生：寻求古人之本真。寻求古人原貌，则须与传统风格决裂，在理论与内容上决裂。理论方面，百科全书派（Encyclopedists）提出折衷主义。内容上的决裂，则是拒斥传统的主题与姿态，选择更大的表现自由。

然而，脱离正典以求更大自由者，非独艺术家而已。休谟（Hume）主张，批评家唯有摆脱影响其判断的习俗与成见，始能决定**品位的标准**；并且在方法、素养、经验之外，应以良好的辨识力、免于偏见为基础。此一批判的先决条件是舆论，流通的观念在舆论

提希班，
歌德在罗马乡间，
1787，
法兰克福，
施泰德艺术馆

品位的标准

休谟

《论品位的标准》，XXIII，约1745

练习对审美极有益处，因此，我们判断任何重要作品之前，应该将此作品一再谛观，带着专注与熟虑，从不同角度观察。初视任何作品，或心思未定，或思绪忙乱，都不利真正的审美情绪：没有察觉局部之间的关系，未能分辨其风格的真正性质，尽善与缺陷之处仿佛彼此淆乱，呈现于想象之中无从区辨。更无论有一种美，多饰而肤浅，乍看悦目，实则于理智与激情之正确呈现两皆不合，未久即令品位生厌，终遭鄙弃，至少也要被列为等下之作。

静观任何一种美，久而久之，不可能不在好几种美与好几种程度的优异之间做个比较，并且评估它们之间的比例。一个没有机会比较各种美的人，的确没有资格就任何事物发表意见。只有经由比较，我们才能确定褒贬，学会各得其当的褒贬。

卡诺瓦，
三美神，
1812—1816，
圣彼得堡，
艾尔米塔什博物馆

中受到辩论，而且形成市场。同时，批评家的活动前提是，其品位明确已自古典规则解放：这解放运动至少源自风格主义，至休谟而成为美学上一种濒临怀疑论的**主观主义**（休谟以正面意义的怀疑论自称其哲学，并无迟疑）。在此脉络中，基本旨趣是，美并非事物本身所固有，而是形成于批评家心中（质言之，在免于外在影响的观者眼中）。这项发现，重要性相当于伽利略在 17 世纪发现物体特性（热、冷，等等）带有主观。“身体品位”的主观性——食物之甘苦，取决于尝食者之味觉器官，而非取决于食物本身特质——与“精神品位”之主观性两两相映：判断标准既然非属客观，既然不是内在于事物本身，则同一事物，一人可能以为美，一人可能以为丑。

帕尼尼，
古罗马景廊，
1758，
巴黎，
卢浮宫

主观主义

休谟

《论品位的标准》，XXIII. 约 1745

美并非事物自身之特质，而是只存在于静观事物者心中。各个心智，各见不同的美。一人以为畸形，另一人可能感觉到美；各人各有见地，不应管制他人之见。寻找真实的美，或真实的畸形，徒劳一如寻找真正的甘或真正的苦。根据器官之性，同一事物可能既甘且苦；语云“为品位争论，决无结果”，此说甚当。将此理引申于心智以及身体品位，非常自然，而且必要。常识经常与哲学，尤其怀疑论哲学，彼此冲突，但至少这一点所见相同。

À MARAT,
DAVID.
L'AN DEUX

5. 英雄、肉体与废墟

18 世纪下半叶发展出来的废墟美学，是新古典主义美的暧昧特质之一种表现。以历史废墟为美，是新颖的观念，其成因出于对传统事物之不耐烦，以及因此而在正典风格之外寻求新主题。

取狄德罗（Denis Diderot）与温克尔曼（Joachim Winckelmann）对古建筑所做理性又忧郁的沉思，将之与大卫（Jacques-Louis David）对马拉（Marat）遇刺尸体的见地比较，并不牵强。早一世代，不会有人起意刻画浴缸里的马拉。在大卫这件画作里，巨细靡遗尊重史实，意义不在于冷眼复制自然，而在于其中糅合了各种彼此矛盾的情愫：这位遇刺身亡的革命家，其坚忍的美德使他的肢体之美成为一种媒介，用以重新肯定对理性与大革命的信仰；然而那没有了生命的身体，也透露生命无常的沉哀，凡百事物一旦为时间与死亡吞噬，即永难挽回。

大卫，
马拉之死，
1793，
布鲁塞尔，
布鲁塞尔美术馆

哈克特，
歌德在罗马参观圆形剧场，
1786，
罗马，
歌德博物馆

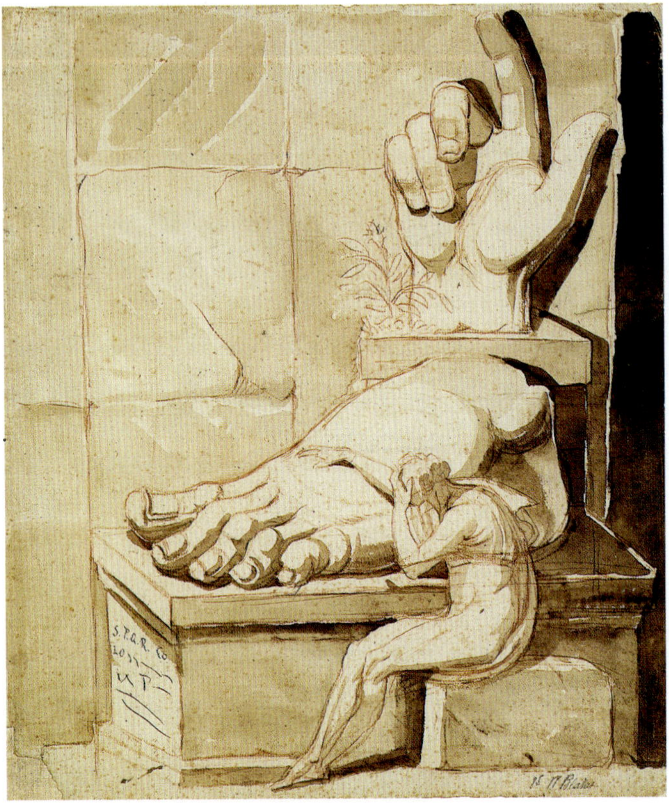

福斯里，
艺术家绝望于古代残片之宏伟，
1778—1780，
苏黎世美术馆

狄德罗与温克尔曼沉思废墟，与此异曲同工。**古迹之美**，一则警惕人勿忘时间之摧残，以及家国一灭，终古寂寥；二则使人更坚定相信，原迹曾被视为永失不返，并使人因此错误偏爱自然美，实则绝对忠实的原迹重建是可为的。温克尔曼企望一种清明质朴的**线性纯粹性**，这企望里有一股深远的怀古情思。卢梭认为自然人原本纯洁，情怀正同。但其中也含有对洛可可之虚华的反抗，认为洛可可最上不过造作，最下则纯是违反自然。

古迹之美

温克尔曼

《关于绘画与雕刻上模仿希腊艺术之思考》，1755

大师贝尔尼尼质疑希腊的自然美以及希腊雕刻的理想美，并且认为，自然赋予他所有部分的美。他喜欢说，他迷恋美第奇的维纳斯而产生成见，他已摆脱那些成见。他早先受这个偏见摆布，经过孜孜不倦研究自然，发现那偏见的内在矛盾，那偏见对他的影响很快消失了。

也就是说，那维纳斯教他在自然里发现美。他原先以为只有在她身上才可能发现美，而要不是她，他永远不会往自然里寻找美。这岂不是说，希腊雕像之美可以比自然之美更好找，希腊雕像之美更令我们感动，并且不仅不像自然美那般分散，而是更加集中？是故，对有心认知完美之美的人，研究自然比研究古人更费时、更辛苦。模仿自然美有两条路：一是跟从单单一个典范，一是观察古人各种典范后，将心得贯通集中于一件作品。前一做法的结果是因袭，荷兰画派属之。后一做法，是有普遍性的美、理想美之路，也就是希腊人所取之路。不过，希腊人和我们有个差别：希腊人创造了这些形象，虽然这些形象的灵感并非来自美丽的身体，而他们所以能够如此创造，是因为他们在日常生活里处处有机会观察自然之美，我们则不是天天有此机会，而且即使有此机会，这机会也很少以艺术家喜欢的方式出现。

线性纯粹性

温克尔曼

《未刊古代遗迹》，I. 1767

在他们以神命名的作品里，希腊工匠希望刻画人体美的极致。为此目的，他们给这些神镇定的面容，没有丝毫不耐烦或激动，也没有哲学家认为不适合这些神的姿势。注入了这种镇定之气的形体，表现出一种完美的泰然均衡感。只有如此，才能表现波格斯别墅保存的那具守护神的面容。不过，由于艺术并非以完全冷漠的精神做成，也由于艺术无法避免以人的感觉与情感来雕塑神祇，因此艺术必须满足于它所刻画的神所能表示的那种程度的美。其表情无论多明显，都不是它何以如此均衡的原因。美的主导地位，有如大键琴在乐团里领衔其余所有乐器，虽然这些乐器仿佛要将它淹没。这一点在梵蒂冈那具阿波罗雕像极为明显。此雕像要表现阿波罗对他所杀大蛇的鄙视，兼要表现他对此胜利的不屑。那位明察的雕刻家依照诗人所说的部位来暗示这不屑：也就是鼻子，鼻子是怒张的，鄙视则表现于往上顶的下唇和抬起的下巴。这两种表情难道于美无碍？无碍，因为这位阿波罗目光镇定，眉间也安详之至。

6. 新观念、新题材

相较于文艺复兴与17世纪，18世纪的美学辩论有其强烈革新的特征，其特殊性与内在的现代性就寓于这些特征之中：此即知识分子与大众的关系、女性沙龙之成功、女性的角色，以及新艺术题材的出现。

18世纪，知识分子与艺术家日益不必屈膝仰赖保护人与赞助人，复因出版业扩张，他们开始享有某种程度的经济独立。早先，笛福（Daniel Defoe）出售其《鲁宾逊漂流记》（*Robinson Crusoe*）之版权，仅得十英镑。休谟的《英国史》（*History of England*）则进账逾三千英镑。比较不得意的作家可以编书，综合并普及重大的哲学与政治主题；在法国，巡回市集出售这些书籍，因此，在这个半数以上人

利奥塔德，
漂亮的巧克力女孩，
1745，
德累斯顿（德国），
艺术博物馆

布歇，
早餐，
1739，
巴黎，
卢浮宫

口识字的国家，书籍甚至流传于外省偏远之地。这些变迁为大革命铺路，新古典主义之美成为大革命（以及其后拿破仑帝国）的象征，殊非巧合；洛可可之美则被视为与可恨、腐败的**专制相连**（ancien régime）。

哲学家的角色与批评家、提议者融合为一，一个大众亦告问世，这个大众比所谓的“文学界”或知识圈广泛得多。在这大众内部，散布知识的工具也日益重要。当时最知名的批评家是艾迪生（Addison）与狄德罗。前者重估想象力，以之为一种臻至艺术美与自然美的经验性理解；后者秉持其典型的折衷主义，视美为有感知力的人与自然，在种种**令人惊奇且多变的关系**中的互动，而且认为，对这关系的体会是一切审美判断的基础。这些观念的散播都十分倚赖出版业，艾迪生的刊物《观察者》（*Spectator*），狄德罗的《百科全书》（*Encyclopédie*），都善用出版业。

大卫，
拉瓦席耶夫妇画像，
1788，
纽约，
大都会艺术博物馆

狄德罗与达朗贝尔，《百科全书》卷首插图，1751

想象的快感

艾迪生

《观察家》，1726

我们在艺术与自然里发现第二种美，这种美在想象里的作用没有那么热烈和强力，但仍然在我们心里引起秘密的喜悦，以及对我们发现这种美的地方或物体的喜爱。这种美寓于颜色明丽或富于变化，寓于部分之间的对称与比例，身体的安排与布置，或以上一切的适当混合并现。这几种美里，最令眼睛愉悦者是色彩。大自然最光耀或最悦目的表现，无过乎日出与日落之际的天宇，这时的天空完全由不同的光配合不同变化的云构成。

令人惊奇且多变的关系

狄德罗

《论美》，1772

虽然判断上有此种种歧异的原因，但我们没有理由认为真正的美（出于对各种关系的体会）是幻象；这个原理的应用有无限的变化和偶然的增损，可能导致各持己见与冲突，但原理是不变的。同一事物，全世界可能没有两个人在其中察觉完全相同的关系，看见同样的美；一个人无法感知任何关系，他就是禽兽，如果他只在少数领域里没有感觉，他就是有所缺陷，但其余人类的一般情况仍然足以令我们远离怀疑论。美并不全来自一个有智慧的肇因。在一个孤立的存在，在彼此比较的各种存在里，运动每每决定令人惊奇的关系。自然史往往提供很多这类例子。关系因此是出自各种结合的结果，至少以我们来说是如此。在许许多多情况里，自然模仿艺术产品。一位艺术家被暴风雨刮到荒岛，看见一些几何图形，叫道："朋友们，打起精神来，这是人做的符号呢。"我现在不谈他这么说对不对，不过，对于事物，我们必须分辨许多关系，才能绝对确定它是艺术家之作，那些情况里，单单一个缺陷就压过其他所有关系的总和；关于偶然的原因与产生结果的关系之间的比例，是不是有些情况，关系的或然能弥补关系的数目（万能造物者的作品除外）。

荷加斯，
荷加斯的仆人们，
1750—1755，
伦敦，
泰特美术馆

出版市场当然也产生新的反应与挫折。荷加斯（Hogarth）是为一例。英国贵族偏爱外国艺术家，荷加斯因此见斥于市场，只得以画书籍插画维持生计。荷加斯的画作与美学理论，所表达的美与英国贵族爱好的古典主义明显相反。他喜欢繁复的构图，蜿蜒、飞动的线条（既适于机智的巧喻，也适合满头青丝），而摈弃僵硬的线条，他拒斥美与比例的古典关联，在某种层次上类如他的同胞柏克（Edmund Burke）。荷加斯的画表现一种发人深省的、叙事性的美，独具范例作用；植根于一个故事，但无法从故事（长篇小说或中篇小说）推得。美一旦置于叙事脉络之中，即失去所有唯心层面，而且由于不再系缚于任何完美的类型，遂可以通过新的题材来表现，例如仆人，这也是当时其他艺术家常用的题材。

莫扎特歌剧《唐璜》（*Don Giovanni*）是古典主义时代结束而现代开始的标志，剧中道德荡然的贵族追逐女人，寻找理想美，仆从雷波雷诺（Leporello）则详细开列其主人的花心目录。全剧以反讽的角度观察这名贵族，颇非偶然。

青丝

荷加斯

《美的分析》，V. 1753

头发是另一个非常明显的例子。头发生来是装饰用，其实也多多少少正是如此，或以其自然之形，或以人工为之造型。最可亲者是飘逸的卷发；天然互纠而波浪状的发丝令眼睛陶醉，随微风而轻扬时尤然。画家知道，诗人也知道，因此描写了风中飘扬如浪的鬈发。但是，同样一个头上的头发，乱成一团，则至为不宜，因为会使眼睛惑乱，无法分辨那无数牵缠不整的线丝，这是过度的复杂，应该避免。虽然如此，不过，当今仕女的风尚，部分头发在脑后编成交缠的蛇状，底部厚实，往前渐减，以簪固定，模样自然，则极为美观。发丝交织，疏密井然，既复杂，又美丽。

完美不是美的成因

柏克

《崇高与美的观念起源之哲学探讨》，III, 9. 1756

另外有个流行观念，与前面那个观念密切相连，说完美是美的构成原因，而且将此见解引申到远远超过感官对象。然而感官对象里，完美非但不是美的原因，而且以达到最高程度的美的女性来说，美几乎每每带有柔弱和不完美的观念。女性非常清楚这一点，因此她们学会像小孩子般，说话口齿不清，走路颤颤巍巍，装弱，甚至装病。受困之美，是最动人的美。脸红的力量也不多让，害羞形同默认不完美，本身就是一种可亲的特质，当然也因此提高其他可亲的特质。

只要是穿裙子的

达·朋提

《唐璜》，I, 5. 1787

夫人，这是
我主人的情场征服录，
我自己开列的：
看清楚，和我一块念：
意大利有 640 个，
德国 230 个，
法国 100 个，土耳其 91 个，
西班牙已经有 1003 个。
她们里面有村姑，
有婢女、城市妇女，
伯爵夫人、男爵夫人，
侯爵夫人和王妃，
各种阶级、体态和年纪。
对金发女郎，他赞她们有礼，
棕发女郎，他夸她们忠心，
对灰发的，他说她们甜美。
冬天，他要富态的女人，
夏天，他要瘦削的。
个子大的，他说她们气宇非凡，
娇小的，他称她们万人迷。
他追逐年纪大的，
只为名单更洋洋洒洒。
但他真正喜欢的，
是未经世故的小姑娘。
他不管女孩子有没有钱，
是不是难看或漂亮；
只要是穿裙子的，
他就要。

7. 女性与激情

《唐璜》交代诱惑者被步步紧逼的过程，呈现一幅新女性的画像。名画《马拉之死》纪录一桩由一位女性动手造成的历史事件，作用相同。在一个女性逐渐露面于公共场面的时代，对新女性面貌渐多刻画，实乃必然。

绘画上，巴洛克女性被另一种女性取代，新兴的女性的官能之美减少，但穿着已趋自由，不再屈抑于令她们透不过气来的胸衣与繁复费工的发型之下。18 世纪末的风尚是不再掩饰胸脯，乳房袒露，以一条带子支撑，并强调腰线。巴黎仕女组织沙龙，并以绝非次要的角色参与沙龙里的辩论，预示了各种革命俱乐部的兴起；那些革命俱乐部的先声在前一个世纪已经出现，只是其谈话大多以爱情为主题。瓦托的《西特拉岛之旅》已经可见一斑。此作灵感来源，是想象的爱情地图，而这爱情地图出于 17 世纪谈话里的一种**柔情地图**（Carte du Tendre）。其实，渐近 17 世纪末之际，这些谈论导出第一批以爱情为主题的小说，即拉法耶夫人（Madame de La Fayette）

考夫曼，
自画像，
约 1770，
佛罗伦萨，
乌菲齐美术馆

利奥塔德，
法国的玛丽·阿黛莱德，
土耳其装束，
1753，
佛罗伦萨，
乌菲齐美术馆

的《克莱伍王妃》(*The Princess of Clèves*),进入18世纪,则有笛福的《摩尔·法兰德斯》(*Moll Flanders*, 1722),理查森(Samuel Richardson)的《帕梅拉》(*Pamela*, 1741),以及卢梭的《茱莉》(*Julie*),或名《新爱洛漪丝》(*New Héloïse*, 1761)。18世纪爱情小说透过激情的内在眼睛看美,流行的形式则是私密的日记:早期浪漫主义的精义尽涵于此。但最重要的一点是,通过这些讨论,有个信念逐渐茁壮,而这个信念正是女性对现代哲学的贡献所在。这信念是,情操不是对心智心灵的搅扰,反而和理性、感性分庭抗礼,表现人类的第三种能力。

情操、品位与激情于是不复带有非理性的负面氛围,而且,它们于逐渐被理性重新征服之际,在反抗理性之专制的奋斗里扮演领导角色。情操有如一座水库,卢梭汲源于此水库,反叛矫揉且颓废的现代美,为眼睛与心灵赢回浸淫于原始的、未受污染的自然美之中的权利,憧憬"高贵的野蛮人"与天机自发的青春,这样的青春乃人性本有,但在卢梭的时代已经失落。

柔情地图，
情感与爱情地图，
17 世纪，
巴黎，
法国国家图书馆

柔情地图

史古德里夫人

《克雷莉，爱情故事》，1654

走任何道路都会遭遇障碍，都有偏离的危险，克雷莉于是判定，在“新友谊”这个地方朝右或朝左走太远的人，都会迷失。事实上，他们从“大智”来，将会走到“疏忽”，如果继续走这条歧路，会走到“不平等”，然后到“悔恨”、“粗心大意”和“失察”，结果非但到不了“温柔的尊重”，反而走到“冷漠之湖”，此湖就在地图上。湖面平静，坐实湖名。另一边，离开“新友谊”，稍微偏左，朝向“轻率”，会走上“背信”与“骄傲”之路，然后到“侮辱”，结果非但找不到“温柔的感激”，反而落入“敌意之海”，海里满是船骸。此处波浪激涌，就是往左偏离“新友谊”者的写照。克雷莉在图上显示，友情需要千百种好质量来促成。品行不良者只会得到她的憎恶，最好也是她的冷漠。此外，这位女郎有意以她这幅地图表明，她还没有爱过人，将来心中除了柔情，没有别的。倾向之河堕落成“危险”之海，因为很大的危险等着那些逾越友谊分际的女人。基于此故，在“危险”之海那边，她标出“未知之地”，因为我们不知道那边有什么，而且我们相信，没有人曾经航越赫丘力士之柱。

虚荣

笛福

《摩尔·法兰德斯》，1722

这样，我就享尽了我所受教育的所有好处，不下于我如果是那贵妇时所能具备的优点。在一些事情上，我还胜过那些夫人，虽然她们身份比我高贵。我的优点都是天生的，她们的财富再多也给不了她们优点。首先，我明显比她们哪个都漂亮；第二，我身材比她们好；第三，我唱得比她们好，我是说，我嗓门胜过她们。请容我说一句，我提这几点，并非自负，而是所有知道这家子的人的见解。在这些方面，我有我这个性别都有的虚荣心，也就是说，人家真的认为我漂亮，应该说，人家真的认为我是个大美人，我十分清楚，而且，无论人家对我的评价多高，我对自己的评价都更高。我特别爱听人夸我，而且有时的确有人这么夸我，我十分满意。……

不过，我吃亏也在虚荣心太大，应该说，我的虚荣心是我吃亏的原因。我家夫人有两个儿子，是很有才能的公子，行为非常，我不幸和他们两个都要好，但他们待我非常不同。……

从此以后，我脑袋里生出很多奇怪的念头，我真的可以说，我六神无主；一个绅士跟我说他爱上我，说我好迷人，我还真顶不住，我的虚荣心飘飘欲仙，无以复加。我脑子里固然满是骄傲，可是我到底丝毫不知世道险恶，不曾丝毫考虑自己的安全，也不曾顾虑我的贞洁，我那两个小主人要是开始起意，就可能对我乱来，但他没有看出他可以占的便宜，也是一时运气好。

后页：
大卫，
雷卡米尔夫人，
1800，
巴黎，
卢浮宫

8. 美的自由发挥

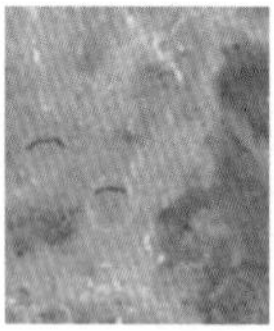

18 世纪美学，于品位特重其主观、不主一律的层面。这个趋势的高峰之作，是康德的《判断力批判》(*Critique of Judgement*)，书中主张，审美经验之基础在于从美的静观中获得的**不涉利害的快感**。美以客观方式使人产生快感，不源于、也不归于任何概念：所以，品位是通过快感与不快感，就事物作静观判断的能力；这快感的物体，我们界定为美。

但是，视一物体为美，我们的判断力必须有普遍价值，必须（或应该）让人人赞同我们的判断。但是，由于品位判断的普遍性不要求有概念依据，美的普遍性遂成主观的预期：这是表达判断者可以有的正当要求，但这判断不具备认知上的普遍价值。以智识来“感觉”瓦托所画爱情场面的形式是长方形，用理智来“感觉”绅士都有义务帮助遭遇困难的女士，有异于去感觉某画之美：上举二例，智识与理性都弃让其在认知与道德领域中的至高地位，依照想象力的规则，和想象力共同自由发挥。

在康德，就像在卢梭，以及在有关激情的讨论里，我们看见理性的一种脱离关系。不过，这脱离仍然是依循理性本身规则而行。启蒙运动这个内在的不和谐所造成的紧张，没有谁比康德更善于处理。但即使是康德，也承认体系内有些非理性现象。其中之一，是他提出“附属美”(adherent Beauty)，以及“自由美”(free Beauty)，也就是簇叶饰与抽象事物那种不可定义的性质，而将两种美赋予正

不涉利害的美的快感

康德

《判断力批判》，I,1,II. 1790

这个美的定义可以从前面那个美的定义导出来；就是，一个东西，我们对它的快感没有任何利害关系。一个使我们意识到我们的快感不带任何利害的东西，只能如此评判。它也必须包含使每个人都能产生快感的根据。因为，它既然不是建立在主体的任何爱好（或任何预设的利害）上，以及，既然下判断者在对此物的欣赏上完全自由，他就不能以任何属于他个人的爱好来解释他的快感。

洛姆尼，
扮女妖瑟西的汉密尔顿女士，
约 1782，
伦敦，
泰特美术馆

当性。浪漫主义者继而给予自由美无限空间，并索性说美即自由美。最重要的是，康德论崇高（参见本书第十一章），提出没有形式、没有限制的自然及其力量：崇峻、壮观的绝崖、电闪雷惊的乌云、火山、暴风雨、汪洋大海，以及其余所有显示自然无限的现象。大自然积极、正面，大自然有目的，大自然和谐之说，本无充分根据，但康德仍然相信。当世纪典型的“美学神义论”（aesthetic theodicy），亦见于哈奇森（Hutcheson）与沙夫茨伯里（Shaftesbury），他们认为，自然界存在恶与丑，并不抵触积极、实质上属于善的宇宙秩序。不过，如果自然不复是英国花园，而是莫可名状、足以窒息生命之巨大力量，则这种激荡震动与宇宙的和谐甚难调和。康德的崇高论则归结于理性至上。他说，人类理性独立于自然，因为精神能够超越一切感官经验。

约翰·罗素，
月亮，
约 1795，
伯明翰，
市议会

波雷，
牛顿纪念碑，
局部，
1784，
巴黎，
法国国家图书馆

自由美

里奥帕第

《回忆：诗篇》，1824

甜蜜的大熊诸星，我从未想到我会回来，像过去那样，看你们在我父亲的花园上空闪闪发光，从我度过童年并且看着我的幸福结束的这栋大宅窗口和你们说话。你们和你们的姊妹星的闪烁和眨眼，从前勾起我多少幻想和恣肆的心念。那时候，我经常独自寂寂坐在草地上度过漫长的夜晚，观望天宇，听田野过去远远那边传来的蛙鸣。

萤火虫在围篱边的花上，在芬芳的小径上轻飞，树林里的柏树和微风轻声细语；佣人在屋里安详工作，人语断续。那遥远的海唤起多少可爱的梦想。

从这儿可以看见的蔚蓝群山，我曾遐想有一天翻越过去，想象着种种神秘的世界，神秘的喜悦在那里等着我，没有想到命运其实会给我什么，也没有想到我会与其苟延这乏味可悲的人生，宁可一死了之。

美的欲求

哈奇森

《美和美德的观念起源之探讨》，I, 15. 1725

明显可见，有些事物马上引起美的快感，而且我们拥有能够感觉到美的感官，而且这快感有别于任何利益的喜悦。为了美而不顾方便与功用，只为了美的快感而别无所求，不是常见的现象吗？这显示，我们无论多么出于自私而寻找美丽的东西，如我们在建筑、园艺及其他许多事情所为，都一定有一种美的意识先于这些而存在，没有这美的意识，这些事物不会这么好看，也不会在我们内心引起快感。这快感使它们好看。

我们意识到事物是美的，从而称这些事物是好的，这意识截然有别于我们对这些事物的欲望。我们对美的欲望可能被酬赏或威胁抵消，但我们的美感判断不会，正如我们可能怕死惜生而选择或欲求苦口之药，或不理可口的食物，但吃苦药的好处，或者对受伤的害怕，都不可能使苦药变可口，也不可能使可口食物变不可口。美感也是此理：我们对这类事物的追求，经常由于看到好处、不喜辛苦，或其他任何自私的理由，而放弃，其中证明的不是说我们有美感，只是证明这股欲求可能会被一个更强烈的欲求抵消。金比银重要，但从来没有人以此证明银不重要。

El sueño
de la razon
produce
monstruos

9. 残酷与郁黯的美

但康德的结论里也铭刻着理性的黑暗面：理性独立于自然，以及人需要相信自然是善的，虽然自然之善并无根据。人的理性能将任何认知对象化为它随意左右的观念，也就是说，使它自己独立。然则有什么能防止非但事物，连人也被简化成被操纵、剥削、修理的对象？谁能防止**邪恶的理性计划**毁灭他人心灵？

德·拉克洛（Choderlos de Laclos）的《危险关系》（*Les Liaisons dangereuses*），即写此事。文雅教养之美只是面具，人类的黑暗面潜蹑于面具背后，尤其是一名女子的复仇渴望，她决心以残忍与邪恶为武器，报复古今女性所受的压迫。

理性可作为残忍无情之用，令人疑心自然本身不善亦不美。若然，则我们如何能不随萨德侯爵，视自然为吃人怪物？自然是如此怪物，人类历史岂无充裕证据？于是，残忍与人性相符，痛苦乃获致快感之方，快感则是一个由**不受拘制的理性**所散发暴力之光照明世界的唯一目的。人体美不复有任何精神意涵，只用以表现施刑者的残忍快感或受刑者的所受折磨，剥尽道德装饰。这是恶之王国在这个世界上的胜利。

戈雅，
理性沉睡，怪物生焉，
1797—1798，
汉堡市立美术馆

后页：
隆吉，
化妆舞会，
1750，
威尼斯，
雷佐尼科宫博物馆

邪恶的理性计划

拉克洛

《危险关系》，1782

现在得靠你想办法，使弗朗格夫人不会被我们这位年轻人在信里述说的胡为惊倒。最重要的是，要说服她不再要求把年轻女子的信退回，因为她说什么也不可以拿到那些信，而我也不怪他：这回，理性与爱完全一致。我读过这些出名的信，是为了消磨无聊而读的，我想，那些信有一天会派上用场。容我解释一下。虽然我们小心预防，但一场丑闻还是可能爆发，这样，婚事就完了，我们为格寇特做的所有计划也完了。为了我自己的理由，我要对那个母亲报一箭之仇，因此我也要保留使那个女儿蒙污的机会。从这些书信里好好挑选，并且只发表挑选出来的几封信的某些段落，我们很容易就能使大家相信，当初主动走出一步的女方，如果使大家相信是她自己硬着对他投怀送抱，那就更好。有几封信甚至会把她母亲拖下水，至少，她会被视为犯下不可原谅的疏忽，受尽骂名。

不受拘制的理性

玛丽·雪莱

《科学怪人》，1818

我不眠不休做我的事，这些念头支撑我的精神。我孜孜研读而面颊苍白，足不出户而身形憔悴。有时候，就在即将成功的边缘，我又失败了，可我还是抱紧下一天或下一小时可能实现的希望。一个只有我拥有的秘密，就是我专心一致追求的希望；月亮注视我夤夜苦作，我带着毫不松懈和上气不接下气的急切，直捣大自然藏身之处。我在坟墓的阴湿里来去，或折磨活生生的动物来复活没有生命的躯体，我这秘密工作的恐怖，谁能想象？想到凡此种种，我四肢发抖，两眼昏晕，但是一股难以抵抗、近乎疯狂的行动驱使我继续下去。除了这件事，我仿佛没有灵魂，也没有了感觉。

只有在一阵短暂的出神里，也就是那不自然的刺激物暂停作用时，我才重拾我的旧有习惯，但我随即又恢复敏锐的感觉。我从停尸间收集骨骼，以渎神的手指探索人类骨架的巨大秘密。一个以一道走廊与楼梯从其他所有居室分隔开来的独间，或者应该说斗室，就是我的作坊，我在这里从事我污秽的创造；我的眼珠从眼眶暴突出来，端详种种细节。解剖间与屠宰房提供我许多材料；经常，我的人性使我厌恶自己做的这件事；但是，在不断增强的渴望催促之下，我把这工作做到将近完成的地步。

戈雅，
萨图恩，
1821—1823，
马德里，
普拉多博物馆

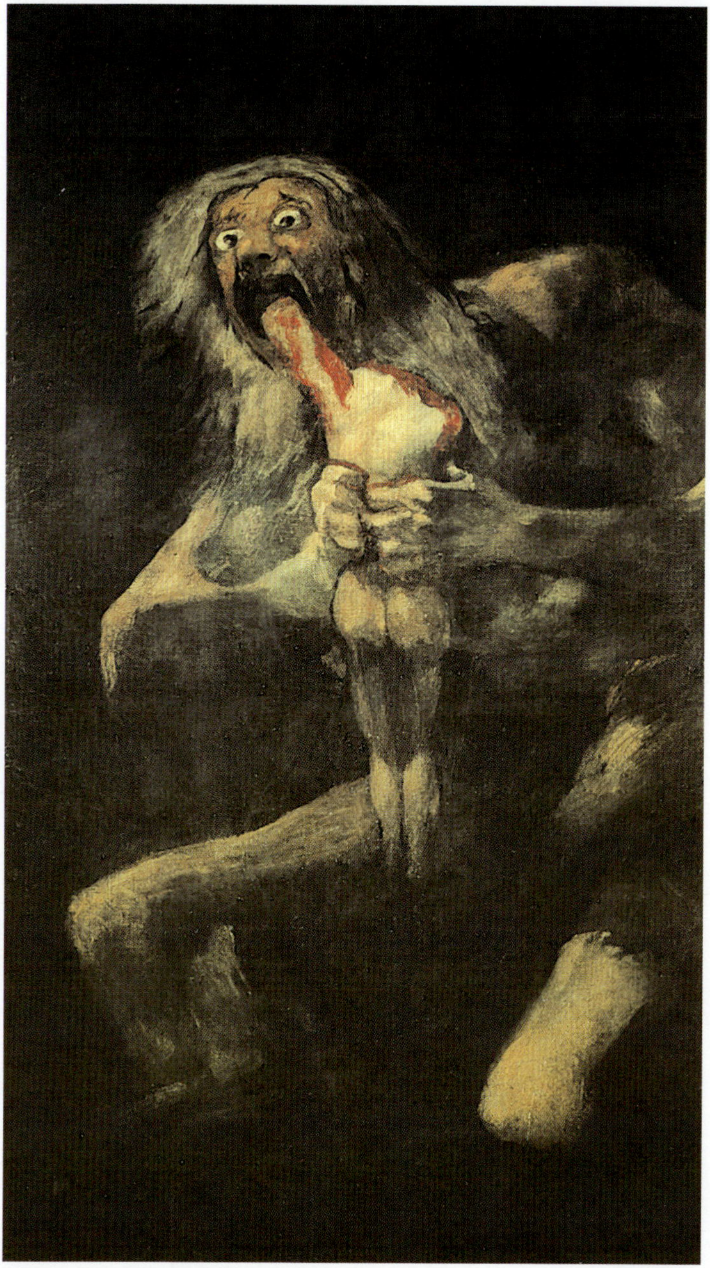

第十一章

崇高

1. 新的审美观

弗里德里希，
鲁根的白垩断崖，
1818，
温特图尔（瑞士），
赖因哈特收藏馆

如同其他时代，新古典主义认为美是我们感觉为美的事物本身的特质，因此，新古典主义回归于“变化中有统一”、“比例”、“和谐”等古典主义定义。荷加斯就认为有“美的线条”、“优美的线条”。这是美的条件寓于事物形式之中的另一说法。

18世纪则流行其他用语：“天才”、“品位”、“想象”和“情怀”，可以看出一个新的审美观正在诞生。“天才”、“想象”，当然指的是发明或产生美丽事物者的特质，“品位”则为有能力欣赏美物者的特质。凡此用语所关，明显并非事物之特征，而是主体（美的生产者与判断者）的特质、特征或性情。历代不乏指涉主体能力的用语，诸如“别出心裁”、“机趣”、“尖锐”、“气质”，但主体的权利在美的经验里扮演主角，始自18世纪。

一物之美，由我们理解一个物体的方式，由发出品位判断者的反应，来界定。美的辩论，重点从寻找其生产之规则，转为思考其所产生的效果，虽然在其《论品位的标准》（*Of the Standard of Taste*）里，休谟想在**品位判断的主观性**，与被认为美的事物的一些**客观特征**之间寻求调和。美出于主体对客体的感觉、美与感官密不可分，是各种哲学圈共通的主导观念。同时，在各种哲学圈里，崇高论也地位渐显。

夏丹，
肥皂泡，
约 1739，
纽约，
大都会艺术博物馆

品位判断的主观性

休谟

《论品位的标准》，XXIII. 约 1745

许多人没有美感情操，一个明显的原因是缺乏想象力的细致。要传达精微的情绪感觉，想象力细致是必备条件。这细致，人人自称拥有，人人都谈，将每种品位或情绪简化至其标准。

弗拉戈纳德，
阅读的少女，
1776，
华盛顿，
美国国立美术馆

客观特征

休谟

《论品位的标准》，XXIII，约1745

美与畸形，比甘与苦更不是物体本身的特质，而是完全在于人的内在或外在情绪。这是可以确言的。不过，也必须承认，有些特质天然即适合产生那些感觉。这些特质，成分可能较少，也可能彼此混糅，品位往往不能感受到如此微量，或者无法一一分解所有味道。感官如果极为细腻，一切难逃其感觉，同时极为精确而能区辨每一种成分：我们管这叫品味细致，无论取“品味”的字面意思或作为比喻，皆然。美的通则在这里派上用场。这些通则取自既有的模范，来自对产生快感或不快感之特性的观察。如果这些特质数量微少，感官因而没有愉悦或不安，我们就可以说，此人全无细致可言。

2. 崇高是伟大灵魂的回响

首先讨论**崇高**者，是大概生卒于1世纪托名朗吉努斯的人（Pseudo-Longinus），其崇高论在17世纪有霍尔（John Hall）的英文译本，以及布瓦洛（Boileau）的法文译本，读者甚众，但崇高这个观念直到18世纪中叶才有人特别措意。

依朗吉努斯之见，崇高乃宏伟、高贵的热情（如荷马史诗或伟大古典悲剧中所见）的表现，使艺术品的创作者与体会者**情动神驰**。艺术创作过程中，朗吉努斯认为热情遄飞的刹那最重要：崇高从内在使诗思灵动，卒能引领听者或读者心跃神驰。朗吉努斯注重修辞与风格，结论就是崇高须赖艺术之功。

因此，朗吉努斯之意，**崇高是艺术的效果**（而非自然现象），其实现取决于某些规则之汇合，其目的则在快感。17世纪初，由朗吉努斯启发而作的思考，仍有“崇高风格”之论，运用适合英雄题材的修辞程序，出以撩动高贵激情之语言，谓之崇高风格。

崇高

朗吉努斯（1世纪）

《论崇高》，I

……崇高不是说服观众，而是使他们心动神驰。产生神奇感的事物无不使我们如中咒语，永远优于只是可信或可悦的事物。

情动神驰

朗吉努斯（1世纪）

《论崇高》，VIII

……几乎出于天性，我们面对真正崇高的事物时，灵魂上扬，被一股强大的兴奋高昂攫住，充满高亢的喜悦，仿佛这崇高是出自我手似的。一个有素养的熟练的人，阅读或聆听某件事物多次，内心没有伟大之感，也不生出比字面感觉更丰富的省思，反而——一读再读之后——注意到作品给人的感受渐褪，那么他面对的就不是真正的崇高，而只是在阅读或聆听时有趣的东西。真正的伟大，能丰富思想，是很难，会留下久长而无法抹灭的记忆。总之，真正的崇高美是永远使人人都产生快感的东西。

贝尔尼尼，
阿波罗与达芙妮，
局部，
1625，
罗马，
博盖塞别墅

崇高是艺术的效果

朗吉努斯（1 世纪）

《论崇高》，VII

我们可以说，文学上的崇高，真正来源有五，其共同基础则是天然的表达能力，无此能力，一切难说。第一，也是力量最大的来源，是能够驱使宏伟的观念——我在讨论色诺芬的那本书里已有定义；第二是强烈的情绪灵感。崇高的这两个要素大致出于天生，但其他三项要素，则部分要靠艺术手法来产生，也就是恰当的语言营造，这方面大致有两种，即思想之喻与语言上的比喻，以及，最重要的，高贵的语词，这方面又可以区分成遣词用字、比喻之选择及繁富的词句。第五项要素包含以上诸项，是全面的尊严与提升效果。

3. 自然里的崇高

18 世纪，崇高观念基本上与艺术而非与自然相连，其中含有对不成形状之物、痛苦、恐惧的偏见。美丽、令人惬意之物，可怖、可惊、痛苦的事物或现象，历史不乏论者；艺术以美丽方式刻画或模仿丑、漫无形式之物、怪物或恶魔、死亡、暴风雨，亦每受赞赏。在《诗学》（*Poetics*）中，亚里士多德说明，悲剧以呈现可怖事物，引起观众的**恐惧与怜悯**。但其说之重点在**清涤**作用（catharsis），观众通过清涤的过程，自那些激情解放，那些激情本身并不带来快感。17 世纪有画家刻画丑、恶、残、跛、乌云暴雨之天空，而获欣赏，却没有谁说，暴风雨、惊涛骇浪的海，种种充满威胁而没有明确形状之物，本身即美。

这时期，审美快感的世界分裂为二：美与崇高，虽然两者并未截然分开（如美与真、美与用、美与丑之截然二分），因为崇高的经验带有许多先前归于美的特征。

沃尔夫，
魔鬼桥，
1777，
阿劳（瑞士），
阿尔高美术馆

恐惧与怜悯

亚里士多德（公元前 4 世纪）

《诗学》，XIV

恐惧与怜悯是看戏造成的结果，有时候来自戏里情节事件的安排，巧于安排情节，是诗人高明之处。情节之安排，应该使人即使不看演出，只听说那些事件，也为之悚然而惧，并且怜悯油生，一如任何人听过俄狄浦斯的故事就会有的感受。靠眼睛所见的布景来产生这效果，艺术性较低，而且需要与戏无关的方法帮助。那些靠这类手段产生效果，而产生的效果不是可畏，而是怪诞者，不可与言悲剧。我们所求于悲剧的，不应是一切种类的快感，而是悲剧独有的快感。而由于诗人应该以“再现”来产生怜悯与恐惧的快感，很显然，这个特质必须由情节来体现。

清涤

亚里士多德（公元前 4 世纪）

《诗学》，VI

因此，悲剧是再现一个行动，这行动是英雄式、完整、有一定规模的，其媒介则是经过各种装饰的语言，在剧中不同部分各尽其用：表现人的行动，而不是用叙述，并通过恐惧与怜悯，使这些情感获得解脱净化。

弗里德里希，
船难，
1824，
汉堡市立美术馆

弗里德里希，
流浪者在云海上，
1818，
汉堡市立美术馆

18 世纪是旅行家急切见识新风景、新风俗的时代，非如前人般出于征服欲，而是为了玩味新的快感，新的情绪，并且由此发展出一种对异域、对有趣、怪奇及**惊异**之事的品位。这可以说是“山岳诗学”（poetics of mountains）诞生的时代：鼓起勇气横越阿尔卑斯山的旅人，见其不可攀跻的绝崖，一望无尽的冰河，下临无地的深谷，**举目无垠的大地**，为之惊迷。

甚至 17 世纪结束前，在其《神圣的地球理论》（*Telluris theoria sacra*）里，伯内特（Thomas Burnet）已经说过，**高山的体验**使人的灵魂向上帝提升，暗示着无限，以及撩动大思想与大热情。18 世纪，在其《道德论文》（*Moral Essays*）中，沙夫茨伯里说，怪石嶙峋的危崖，苍苔满布的洞窟、地穴，以及瀑布，在种种荒野之美点缀之下，令人沉醉有加，因为它们更真实代表自然，壮观远胜王侯花园之“可笑赝伪”。

惊异

爱伦·坡

《阿瑟·戈登·皮姆的故事》，1838

一片阴沉的黑气在我们头顶上盘旋，不过，从海洋的乳色深处，一道亮光升起，缘船舷而上。我们几乎被下在我们身上和独木舟上的白灰色细雨惊倒，但雨入海即化入波中。模糊加上距离，瀑布之顶完全消失不见，但我们明显正在以恐怖要命的速度接近它。瀑布间歇可以看见张得大大但随开随阖的裂隙，裂隙内里满是飞纵而浑糊不清的影子，强大而无声的风从里面冲出来，一路撕碎着火的海。

举目无垠的大地

佛斯科洛

《雅各坡·欧尔提斯最后的信》，1798

5月13日

假使我是画家！多丰富的材料供我笔下挥洒！艺术家沉浸于欢悦的美的观念之中，使其他所有激情入睡，至少舒缓了它们。然而，假使我是画家呢？在画家与诗人的作品里，我看过美丽的，有时写实的大自然；可我不曾在任何画作里看过崇高、浩大、无伦的大自然。荷马、但丁、莎士比亚，这三位有超人创造力的大师，如暴风雨般激起我的想象，点燃我的心：我曾带着热烫的泪，沐浴于他们的诗篇之中，我曾将他们当神崇拜，仿佛看见他们坐在凌驾宇宙、支配永恒的崇高穹窿里。甚至我在眼前看到的那些独创之作，也充满我的灵魂，洛伦佐，我不敢，即使将米开朗基罗附我体内，我也不敢着手这样的作品。万能的神！你欣赏一个春天黄昏的时候，你也许满意你的创造吧？为了安慰我，你倾出无穷的快感泉源，我经常漠然以对，在被落日的平和的光镀亮的山顶，我被麦浪起伏的山丘包围，橄榄树和榆树满挂摇曳的蔓藤：远处的峭壁与山脊不断上升，仿佛层层相迭而上。在我下方，山腹是一条条犁沟般的不毛峡谷，薄暮的阴影渐上渐浓，背景沉黯可怖，望之如深渊之口。南坡一片树林高悬山谷之上，将山谷遮蔽，绵羊在空地吃草，山羊零散分布于陡崖危石。鸟鸣声啁啾，似哀一日将尽，小牛呜呜，风噍噍作声于草木之间，颇以为乐。南向，群山分开，一片无垠的平原在眼前披展：近旁的田野，牛群归家，一位劳苦农夫扶杖同行；妻子、母亲为疲倦的一家准备晚餐，远处的别墅闪着白光，炊烟上升，乡间木屋点点。牧人挤奶，羊圈门边编织的老妪放下活儿，抚慰小牛，以及在母亲周围咩咩奔忙的小羊。同时，景物渐褪，长长一连串与田野后面，一切在天地交会之处消泯为一。落日射出最后的余晖，仿佛是它与大自然的最后一声道别；云霞酡红，逐渐转淡，终而入暗：平原消失，阴影笼罩大地，我仿佛站在汪洋之中，举目唯见天空。

高山的体验

伯内特

《神圣的地球理论》，IX. 1681

我想，大自然里最伟大的东西是最悦目的；浩渺的天宇及众星所在的无边之境以次，我最大的乐趣是看浩瀚大海与地上的崇山峻岭。大海与高山有高贵庄严的气度，鼓舞人心思远大，热情澎湃。在这些场合，我们自然而然想到上帝，一切大到我们无法想象的事物，都仿佛无限，充满并震摄心智，将之投入一种愉悦的恍惚与崇慕。

4. 废墟诗学

18 世纪下半叶是哥特式建筑兴盛之季。相形于新古典主义之比例，哥特式建筑望之不成比例、不规则。也正是对不规则、无定形的爱好，导至欣赏废墟的新品位。文艺复兴时代热爱古希腊废墟，因为通过**废墟**，可以远窥昔日原物之全貌；新古典主义运动尝试重现那些全貌，如卡诺瓦（Canova）与温克尔曼，18 世纪欣赏的则正是其不完整，无情的时间遗留其上的标记，覆盖其上的植物，其裂痕，以及苔藓。

辛克尔，
河边的中世纪城镇，
1815，
柏林，
国立美术馆

后页：
弗里德里希，
橡林里的修道院，
1809—1810，
柏林，
国立美术馆

废墟

雪莱

《阿多尼斯》，XLIX. 1821

去罗马吧——那里是天国，
坟墓、城市兼荒野；
断垣颓壁
高积如残山碎峦，
开花的杂草与芬芳的树丛
点缀着荒凉赤裸的骸骨
走过去，地灵会引领
你的脚步，到一处翠绿的墓场
那儿，在死人之上
繁花遍放
如婴孩的笑颜。

5. 文学上的“哥特”风格

好尚废墟与哥特式风格，不只是视觉世界的特征，也扩及文学；其实，18 世纪见证了“哥特”小说的兴起，以倾圮的古堡、修道院与魅影幢幢的地窖为背景，写夜间异象、阴森的罪行和鬼魂。

同一时期，与此并驾者是**坟场诗**与丧葬挽歌，一种**停尸间的情色主义**，后者在 17 世纪的诗作里已经出现，就是塔索（Tasso）的**《科洛琳妲之死》**（*Death of Clorinda*）。凡此种种，至 19 世纪末的颓废主义而达于病态高潮。于是，当一些人呈现阴郁的风景、幽灵及可怖景象时，有人好奇**恐怖**何以能给人快感，因为至此为止，快感、喜悦一直只与善相连。

坟场诗

雪莱

《知性美颂》，V. 1815—1816

童年时代我寻找鬼魂，冲过
许多会听声音的房间、洞穴和废墟
和星光下的树林，以恐惧的脚步追逐
与死人说话的希望。
我呼唤被灌输到我们少年心中的
有毒名字；
当我深思人生的命运，
我没有被听见——我看不见它们，
那是甜美的时光，
风在追求一切有生命的东西，
它们醒来，带来鸟和花开的消息——
突然，你的影子笼罩我；
我嘶声尖叫，在狂喜中紧握双手！

停尸间的情色主义

雪莱

《渐亏的月》，1820

像一个濒死的女郎，瘦削，苍白，
裹着薄纱，从她房间蹒跚而前，
由她疯狂而虚弱失神的脑子领着，
月出于昏黑的东方
白而不成形状的一团——

科洛琳妲之死

塔索

《耶路撒冷得救》，XII. 1593

如蓝色紫罗兰丢在白色百合之间，
苍白在她天生的白里开始；
她投眼向天，天与日都怜悯下望，
她将赤手伸给骑士，以示
爱与和平，她讲完了话
这位处女沉入无尽的睡眠，——
爱、美、美德，为你们的宝贝哭泣吧！
可是当他看见她灵魂已去，
他男性的勇气开始动怜，
哀、忧、痛、不满
主宰了这个人，
将他内心的生命锁起，
死亡传遍他的感官和面容：
有如他死去的女郎，
唐克雷德觉得死是好事，
苍白、寂静、创伤
和汩汩而流的血泊里。

福斯里，
梦魇，
1781，
底特律美术馆

恐怖

席勒

《论悲剧艺术》，1792

伤心、可怕，甚至恐怖的事物，对我们有难以抵挡的吸引力；苦难与恐怖的场面，我们既排斥，又受吸引，看见有人讲谋杀之事，就围拢过去；我们渴切猛读鬼故事，故事愈令我们寒毛直竖，我们愈手不释卷。

人的精神的这股冲动，在现实里更加明显。从岸上望去，暴风雨刮沉的船队，其令我们的想象力快意的程度，一如令我们心情激动。流克里修斯（Lucretius）说，这种天然的快感来自我们自身安全与危险景物的比较，但其说难信。罪犯赴刑，多少人拥上前去看他毙命！正义得伸的快意，与不高贵的报复欲，都无法解释这现象。观者可能原谅这狼狈无状之人，最真心同情他的人可能希望他得救，但观众都多少有一股欲望，想看他受苦之容，听他受苦之言。受过教育者如果是例外，那也并非因为他没有这股本能，而是因为这本能被怜悯克服，或者因为这本能被礼法抑制。质性较粗的人，则不受这些细致情绪阻碍，追从这股强大的冲动而不以为耻。这现象因此必定根源于人这种动物的本性，必须解释为人类普遍的心理律则。

6. 柏克

崇高这个主题的传播，贡献最大之作，当推柏克（Edmund Burke）的《崇高与美的观念起源之哲学探讨》（*A Philosophical Inquiry into the Origin of Our Ideas of the Sublime and Beautiful*）。此作初版于1756年，再版于1759年。"以任何方式激起痛苦与危险之念，亦即，任何恐怖、富于恐怖之事物，或以类似恐怖的方式运作的事物，都是崇高之源，亦即，能产生人类所能感觉的最强烈情绪。"

柏克将美与崇高对立。他认为，美基本上是物体的一种客观特质，这特质使人产生对此物之爱，通过**感官**对人的心理发生作用。柏克反对"美寓于比例与和谐"之说（就此点而言，他歧异于数世纪以来的美学文化），主张美的典型层面是变化、**小**、**光滑**，以及**渐进的变化**、纤细、纯粹、**颜色明亮**，以及——在某种程度上——**优雅**与端庄。

柏克所举这些层面，与他的崇高论相反，他认为崇高在于巨大、粗野、坚实，甚至魁梧，以及沉暗。崇高产生于恐惧之类激情，作用不见形迹，令人兴起强大力量的观念，以及空虚、**孤独与寂静**等情境。崇高的主要层面是无限的事物、困难，以及对**愈来愈大**事物的希冀。

如此一连串特征里，很难找到一个统一的观念，所以然者，另一原因是柏克深受他个人品位影响（鸟是美的，但不合比例，因为其颈长于身体其余部分，尾极短，他所举辉煌壮观之例，则星空与烟火等量齐观）。有趣的是，18至19世纪之间，但凡有人界定或刻画崇高，柏克所列这些彼此并不搭调的特征例必出现，虽然未必照单搬用。于是，又见论者唤起黑暗阴郁的建筑，偏爱乌云密布的天空甚于阳光普照，厚黑夜而薄白天，甚至偏嗜苦涩或恶臭。

柏克处理音响上的崇高，提起"巨瀑、狂风暴雨、惊雷或大炮的喧噪"，或动物的怒吼。或谓凡此皆粗豪之例，但他也谈及强烈的

皮拉尼西，
吊台上的狱囚，
取自《**想象的监狱**》图版，
1745

声音引人情感陡生，“令人注意力集中……官能警醒”，“单单一声，虽然简短，若气势壮阔，间歇而作，则效果宏伟”，我们很难不想起贝多芬《第五交响曲》。

崇高与美的效果，其真正的起因，柏克自言无法解释，实则他提给自己的问题是：恐怖如何产生快感？他的答案是：恐怖事物如果不逼我们过甚，则成快感。细看此说，里面蕴含一种**对恐惧肇因的超脱**，以及对恐惧的漠然。痛苦与恐惧只要其实无害，即成崇高之因。这种漠然，就是前此数世纪与美的观念密切相连的那种态度。美产生一种快感，这快感并不必然使人生出要拥有或消耗此物的欲望。同理，与崇高相连的恐怖，是对不能为我们所拥有，但也无法伤害我们之物的恐怖。美与崇高的深远关系，就在这里。

感官

柏克

《崇高与美的观念起源之哲学探讨》

I,10. 1756

这成分混杂激情——我们称之为爱，其对象是女性之美。男人一般受女性吸引，这是自然律的通例。但他们特别受身体之美吸引。我说美是一种社会特质；男人和女人，不单男人和女人，还有其他动物，当我们看他们而他们给我们喜悦与快感，他们就在我们心里激起温柔之情，以及对他们身体的感情。我们喜欢他们在我们身边，我们自愿与他们进入一种关系，除非我们有很强的理由反此道而行。

小

柏克

《崇高与美的观念起源之哲学探讨》

III,13. 1756

在动物界，在我们自己人类之间，我们倾向于喜爱小的东西；小鸟，以及一些比较小的禽兽。“又大又美”是极少用的措词，“又大又丑”则十分常用。佩服与爱大有差别。崇高是前者的肇因，都寓于巨物与可怖之物；后者则寓于小而可悦之物；我们拜服我们敬佩之物，而喜爱向我们拜服之物，在前者，我们是被迫，在后者，我们是受恭维。简言之，崇高与美丽的基础差异极大，我想两者如果不是不可能，也是很难并见于同一个物体，两者若要并存，一定要减少其中之一对我们的激情的影响，因此，美的物体是比较小的。

光滑

柏克

《崇高与美的观念起源之哲学探讨》

III,14. 1756

经常可以在这类事物里观察到的另一特性，是光滑。光滑是美的本质要件，我想不起任何东西是美而不光滑的。以树与花而论，光滑的叶子是美的；花园地上的平顺斜坡；风景里的平顺溪流；鸟兽的光滑羽毛和毛皮；美女的光滑皮肤；装饰的家具则好多种有光滑的表面。美的效果有相当大部分来自这个特质，而且应该说是最大一部分。取任何美丽之物，使其表面破裂粗糙，则此物其他方面无论何其完美，此物都不复悦目。此物无论缺少其他多少成分，如果不缺光滑，它会比较悦目。我认为此理昭昭明甚，历来论美者枚举美的成分，竟无一人片言只字及之，十分可怪。

渐进的变化

柏克

《崇高与美的观念起源之哲学探讨》

III,15. 1756

描写此点，我心中生出鸽子的意象；鸽子符合绝大多数美的条件。鸽子光滑，一身柔毛，身体各部分彼此融合，整体没有任何突兀的凸出，但整体又不断变化。看看一个美女最美的部位，也就是脖子与胸脯一带；那光滑，那柔软；那舒缓而不知不觉的突起，那表面的变化，没有丝毫相同；那多诡的迷宫，令人目光晕眩游移，不知要定着何处，也不知该移往何处。表面的变化，不断变化，却无一点可以知觉，是美的重要成分之一，这不就是佳例？

颜色明亮

柏克

《崇高与美的观念起源之哲学探讨》

III,17. 1756

首先，美丽的身体，颜色不可暗，不可浊，应该干净明亮。第二，颜色不可以是最强烈的。与美最相适者，是各种颜色中比较淡的色度；淡绿；淡蓝；淡白；粉红，淡紫。第三，如果颜色强烈，则宜分散，不可整体尽皆强烈，要散置多处（花色之变化可为一例），使其强度与亮度大幅缓和。优美的面容，不但因为敷上的颜色有所变化，选用的颜色亦有变化：红与白都不浓烈，不刺目。此外，诸色混合应该得宜，层层渐变，无从分辨界线。孔雀之头与尾，公鸭头部，颜色极为和谐，也是此理。

优雅

柏克

《崇高与美的观念起源之哲学探讨》

III, 22. 1756

优雅与美并无大异，成分亦大致相同。优雅主要在姿势与动作。姿势与动作优雅，要件是不可有丝毫费力之态，身体有些柔曲，各部位不相冲突，没有突出的尖角和角度。优雅，以及所谓的“我不知道是什么”（je ne sais quoi），魅力尽在这种从容、浑圆、姿态与动作之细腻。取美第奇的维纳斯，安提纽斯，或任何公认高度优雅的雕像细看，皆可明见此理。

孤独与寂静

佛斯科洛

《十四行诗：致夜晚》，I. 1803

或许因为你是
我如此珍爱的死亡的意象，
来吧，夜晚！当
夏云与宁静的微风轻轻讨好你，
当你从雪白的空中向世界
投下不安的长影，
你总是应我祈请而降，
温和的手搁在我心和此心的秘密上。
你迫使我神游
永恒与虚空，
时间暗逃，带走
虚耗我们两个的烦忧；
望着你的安详，我内心的
战斗精神安然沉睡。

愈来愈大

弗里德里希

《观在世或新逝艺术家之画有感》，

1830

此画甚大，但我们希望它更大，因为其所构思之主题甚优，要求更大的空间延伸。因此，当我们希望一幅画更大时，这往往是一种赞美。

对恐惧肇因的超脱

柏克

《崇高与美的观念起源之哲学探讨》

IV, 7. 1756

一般的劳动是一种痛苦，是比较粗重部分之活动，恐怖则动用我们身心比较精细的部分；由于眼与耳是最细致的器官，某种痛苦如果对这些器官发生作用，引生的情感就比较接近心理原因。凡此例子里，如果痛苦与恐惧经过抑减而未至于真的可憎，如果痛苦未至于暴力，恐怖也不会当下摧毁人，它们就会产生欢悦，不是快感，而是一种愉悦的惧怖，一种带有恐怖的宁静，这情感与我们得以自保相连，是最强烈的激情之一。其对象即是崇高。到最高度，我称之为惊诧，其次是畏怖、敬意与尊重；由诸词之字源，可见它们来源何在，以及它们与积极的快感有何差别。

7. 康德的崇高论

最精确界定美与崇高之异同者，是写《判断力批判》（1790）的康德。据康德之意，美有如下特征：非关利害的快感、没有概念的普遍性，及没有规则的规律性。意思是，我们可以享受美的事物，而不必然想要拥有它；我们见它仿佛是为了某一特定目的而有如此完美的结构，实则其形式所求的唯一目的是它自己的存在；因此，我们认为它是某种规律的完美体现，实则它自成规律。以此而论，美丽的花是美丽事物的典型例子。也就是在这层意义上，我们明白，不带概念的普遍性是美的一部分：审美判断不是说一切花皆美，而是说，“这”朵花很美，并且，我们说“这朵花很美”，不是根据原则推理而来，而是出于我们的情感。此即想象与理性之自由。

崇高则异于是。康德将崇高分成两种，即数学式的崇高，与力学式的崇高。数学式崇高的典型例子是星空。仰望星空，我们所见仿如远远超越我们的感性范围，于是想象兴发，超迈肉眼所见之境。所以如此，是由于我们的理性（这项能力使我们构思上帝、世界、自由等人智所无法证实之事）引我们假设一个无限，这无限不仅超乎感官掌握，亦非想象力所能企及，想象力无法将之羁勒于单单一个直觉。想象与智力之间既无相互的“自由发挥”，于是生出一个令人不安的负面快感，这负面快感转而导致我们意识到我们主观性的宏大，亦即这主观能掌握我们无法拥有的事物。

力学上的崇高，典型例子是**暴风雨**景象。这里，撼动我们的不是无限巨大的印象，而是无限力量的印象。我们的感官也自觉渺小，而产生不安之感，但我们由此意识到我们在道德上的伟大，对此伟大，**自然的威力**没有支配力。

布拉福，
瑟米奇亚力克冰川，
约 1870，
新贝德福德，
马萨诸塞州，
旧达特茅斯历史学会，
新贝德福德捕鲸博物馆

暴风雨

康德

《判断力批判》，I，2，28. 1790

豪犷、陡悬而带威胁感的岩石，厚积天宇，挟着闪电惊雷的乌云，毁灭力巨大的火山，席卷一切的暴风雨，狂涛滔天的无边汪洋，长江大河自九天而落的巨瀑，凡此种种，其威力使我们的抵抗力微不足道。但是，只要我们自己置身安全之地，则它们唯其可畏，反而愈具吸引力。我们欣然以崇高形容这些对象，因为它们将灵魂的力量提升于超越庸俗平凡的高度，并且在我们内心里揭露另一种完全不同的抵抗力，这抵抗力使我们有勇气与大自然这些乍看全能的力量抗衡。

自然的威力

柯勒律治

《古舟子咏》，1798

现在暴风雨来了，
他暴虐而猛烈：
他以垂天大翼拍击，
朝南驰逐。
帆樯危倾，船头低压，
像一个人吆喝喘气追逐
蹑踩敌人影子
而埋头向前，
这艘船疾驶，狂风怒号，
我们往南奔逃。
现在，雾雪俱至，
严寒刺骨：
高及樯桅的冰漂浮而过，
绿如翡翠。
雪崖透过这些流冰
发出阴森的白光；
人兽都形状莫辨——
举目皆冰。

弗里德里希，
海上生明月，
1822，
柏林，
国家博物馆

这些观念成为浪漫主义感性的养料，在 19 世纪由各路作者承袭发扬。席勒（Schiller）在其《论崇高》（*On the Sublime*）中说，崇高是一个对象或一个再现之作，在其面前，我们的肉体感觉到自己的局限，我们的理性则感觉自己优越于、独立于一切局限。黑格尔在其《美学：艺术讲演集》（*Aesthetics: Lectures on Fine Art*, II, 2, 1835）则说，现象界之物不足以表现无限，于是而有崇高。

不过，前文说过，在 18 世纪，崇高的概念是完全原创的，因为崇高关系的是我们对自然的感觉，而非我们对艺术的感觉。继起作家将崇高论应用于艺术，但浪漫主义感性面临一个难题：如何艺术性地刻画我们目睹自然景观时感受的崇高印象？艺术家各逞其妙，画暴风雨、无垠之地、宏壮的冰川、失去节制的激情，有的形诸文字，甚至抒诸音乐。

但是有些绘画，例如弗里德里希（Caspar David Friedrich）之作，画人观看崇高。我们只见画中人的背面，因此我们切勿目注其人，而应该透过他们，置身其地，见他们所见，与他们一同感受自己在伟大的自然景物前何其渺小。凡此例子，画家主要并非刻画崇高的大自然，而是（在我们合作之下）刻画我们**体验崇高**。

崇高与美

席勒

《论崇高》，1801

自然给我们两种天赋来陪我们度过此生。第一种是游戏的喜悦与社会吸引力，可缩短我们这段冗累的旅程，松弛必然性的桎梏，愉快兴奋地引领我们到岌岌而危之地，在那里，我们必须作为纯粹精神而行动，摆脱一切物质层次的东西，上达真理与义务实践之知。到这里，第一种天赋就离开我们，因为它的领域在感官世界，出此世界，它的尘世翅膀带不动我们。这时，就需要第二种天赋，寂静而肃穆，以其强力之臂将我们扛越深渊。

以第一种天赋，我们知觉我们的美的意识，以第二种，我们体认我们对崇高的意识。美的确是自由的表达，但不是将我们提升超越自然，使我们脱离一切物质影响的那种自由；那种自由是我们作为自然内部的人所享受的自由。我们面对美时，感到自由，因为我们的感官本能与理性的定律相互和谐，因为精神在这里仿佛只受它自己的法则约束。崇高意识，则是一种混合的情感。它的成分之一是哀伤，哀伤的极致表现是颤抖，另一成分是喜悦感，这喜悦感可升高为狂喜，这不是真的快感，有修养的灵魂爱它甚于所有快感。这两种彼此矛盾的情感结合为一种情感，是我们道德独立的铁证。同一个对象与我们极不可能有两种不同的关系，我们与对象却有两种不同的关系；结果，两种相反的自然一定是在我们内里统一，各以相反之道因应对象。经由崇高意识，我们发现我们的心智状态未必受我们感官知觉的状态决定，自然律未必是我们的法则，我们拥有独立于所有感官情绪的自主原则。

体验崇高

阿尼姆与布伦塔诺

《观赏弗里德里希海景画有感》，

约 1811

于无限孤寂之中，站立海岸静观郁黯天空底下的无边大海荒原，十分壮丽，此一感觉之外，必须加上渡越那片汪洋的欲望，以及我们知道此事不可能，以及一个事实，亦即我们注意到举目不见生物，但我们在波涛的怒吼里，在风中，在疾驰的云，在鸟的孤鸣里，意识到生命的声音；凡此都表现一股来自我们内心的需求，而大自然使之归于徒劳。但是，站在这景象之前，这一切都不可能，因此我在和这景物的关系里，发现我希望在景物中找到的一切事物，因为景物在我面前设下的需求被这景物自身阻碍：于是我变成普钦的修士，景物变成沙丘；我的眼睛带着渴望寻找的海，完全不见。为了体验这神奇的感觉，我倾听周围旁观者的各种意见，并且记下来配画。此画无疑是一种装饰，在它面前一定会有行动发生，因为它令我们不得安宁。

第十二章

浪漫主义之美

1. 浪漫主义之美

曼金，
萨福，
1867，
曼彻斯特艺术馆

“浪漫主义”一词，与其说是一个历史时期或艺术运动，不如说是一套特征、态度与情愫。这些特征、态度与情愫特殊之处，在于它们各自的性质，以及它们之间的独特关系。浪漫主义对“美”的观念，有些层面的确戛戛独造，虽然其前例与先驱并不难找，例如美杜莎之美（the Beauty of the Medusa）、丑怖、阴暗、忧郁、没有形式。但浪漫主义的“美”论，其特别独到之处，在于它把各种形式关联起来的纽带，主导这纽带的不是理智，而是情感与理智。这纽带的目标不在排除矛盾或化解对立（有限 / 无限、整体 / 碎片、生命 / 死亡、心 / 智），而是将它们全部捉置一处。浪漫主义真正独造之处，是在这里。

佛斯科洛（Foscolo）的自画像是浪漫主义时期的人如何呈现自己的好例子。**美与忧郁**、心灵与理智、反思与冲动彼此交融。不过，我们应该当心，勿将佛斯科洛生卒的历史时期——法国大革命至复辟之间、新古典主义到写实主义之间——视为浪漫主义之美的表现时期。

的确，一张憔悴、消瘦的脸，以及并未勉强掩饰的死神从脸后窥人，这种美在塔索（Tasso）已明显可见，其影响则持续至 19 世纪末邓南遮（D'Annunzio）就达・芬奇名画《蒙娜丽莎》所作的阴森诠释。浪漫主义式的美表现一种心态，从塔索与莎士比亚开始，中间经过波德莱尔与邓南遮，下至超现实主义的梦幻之美，以及现代与后现代的媚俗品位，主题多变，而万变不离此一心态。

法布尔，
佛斯科洛画像，
佛罗伦萨，
乌菲齐美术馆

佛兰德斯画派，
（原误为达·芬奇作品），
美杜莎的头，
约 1640，
佛罗伦萨，
乌菲齐美术馆

美之明亮

莎士比亚

《罗密欧与朱丽叶》II, 2. 1594—1597

轻声！窗口那头透来的是什么光？
那是东方，而朱丽叶就是太阳！
上升吧，美丽的太阳，杀掉那善妒的月亮，
为了你，她的女侍，远远比她美丽，
她已经难过得凄惨又苍白。
别当她的女侍，她这么善妒。
她贞洁之袍是惨绿的，
只有傻瓜才穿。扔掉吧。
她是我的女郎！哦，是我的爱！
她说话了，可是又什么也没说。
打什么紧？
她的眼睛说着话；我且来回答。
我也太鲁莽了；她不是对我说话。
整个天上两颗最明亮的星星，
有事出门，请她的眼睛代替它们在星际
灿闪，闪到它们回去。
她的眼睛何妨真在那里，而它们在她头里？
她颊上的光亮足以令群星失色无颜
如白昼令灯烛一般；她的眼睛在天上
透过空中放光如此明亮
鸟儿会歌唱起来，以为不是晚上了。
瞧她手托腮帮子的模样！
哦，我愿是那只手上的手套，我就能够
摸抚那腮帮子了。

美与忧郁

佛斯科洛

《十四行诗》VII. 1802

我眉头深锁，专注的双目深陷，
褐发，双颊枯削，态度粗鲁，
双唇多肉而红，齿白，
垂头，颈美而胸陷，
四肢美好，身材甚佳，衣着平凡；
步履、思绪、言词、行动都敏捷，
安静、人性、忠心、慷慨又诚挚，
与世界作对，如果世界与我作对；
言语大胆，经常出手大胆；
大多时候孤独而感伤，终日忧思；
脾气火爆，警觉，不安宁，固执；
美德恶德俱多，我
赞美理性，又唯我心是从：
唯死亡能给我名声与平静。

灵药与魔咒

波德莱尔

《小散文诗》，1869

她真的很丑。然而她令心愉悦！

时间与爱情在她身上留下爪痕，它们残酷地教她明白，每一分钟与每一个吻都带走一份青春与清新。

她真的很丑；一只蚂蚁，一只蜘蛛，你可以说，甚至一具枯骸；但她是药，征

德拉克洛瓦，
萨达纳帕勒斯之死，
1827，
巴黎，
卢浮宫

服，咒语！一言以蔽之，她纤美！

时间没有吸光她步履的活泼和谐，也没有吸光她用来防卫的不可摧毁的雅致。爱情没有改变气息的香甜，一个少女的气息的香甜；时间也完全没有抢走她飘逸的头发，那头秀发发出法国南方疯狂生命力的气味：尼姆、艾克斯、阿尔、阿维尼翁，纳尔波、图卢兹，受太阳福佑的城市，多情又迷人！

时间和爱情啃啮她，都徒劳，虽然它们食欲旺盛；它们丝毫没有减损她丰满胸脯模糊但永恒的魅力。

她永远是主角，使你想到真正的行家才看出来的纯种马，即使套在出租马车或沉重的货车上。

而且她如此甜蜜而热烈！她爱人如人在秋天爱人；可以说，即将来临的冬天在她心中点燃一把新的火，她的温柔顺从从未透露丝毫疲倦之迹。

戈尔冈

邓南遮

《古塔道洛与其他诗作》，1885

她脸上有我爱慕的忧郁苍白……
她嘴上是灿烂
而残酷的笑意
非凡的达·芬奇在他画里追摹的。
充满忧伤地，那笑意
与那对杏眼的甜美搏斗
赋予女性美丽的头
一种超人的魅力
伟大的达·芬奇喜爱的那种魅力。
她的嘴是一朵哀伤的花……

死与美

雨果

《女神颂》，1888

死与美是两件深奥之事
里面含有好多蓝与好多黑
像两个可怕的姊妹
充满同样的谜，同样的神秘

海耶兹，
忏悔的抹大拉，
1833，
米兰，
市立现代艺术馆

有些语义学上的变迁，影响“Romantic”、“Romanesque”、“Romantisch”等用语，由这些变迁追索浪漫主义品位逐步形成的过程，颇有意思。17世纪中叶，“Romantic”一词是意大利文“romanzesco”（意指“像旧日那些传奇”）的负面同义词；一个世纪后，其意思变成“变幻莫测（Romanesque）”或“如画一般（picturesque）”；在这层“如画”的意思上，卢梭添加一个重要的主观定义：模糊、不定的“我不知道是什么（je ne sais quoi）”。

最后，第一批德国浪漫主义者扩大“Romantisch”一词所含的无法界定、模糊之意，此词于是尽包哀郁、非理性、变幻莫测诸义。总之，最特别属于浪漫主义的特征是，对以上诸义的**向往**（Sehnsucht）。这向往无法视为任何特定历史时期所特有，因此，任何表达这股向往的艺术都可以贴此标签，或者说，一切只表现这股向往的艺术，都可以贴此标签。美不再是一种形式，美丽的变成没有形式的、混乱的。

2. 浪漫主义的美与旧传奇的美

"像旧日的传奇"：17 世纪中叶，此语指的是以中世纪为背景的骑士传奇故事，对立于新的感伤小说。新兴感伤小说的题材不是幻想的英雄与好勇斗狠的故事，而是现实的日常生活。

这种新小说诞生于巴黎的沙龙，深深影响浪漫主义的美感意识，其主体则是激情与感伤的融合：拿破仑年轻时代写的《克利松与欧也妮》（*Clisson et Eugénie*）是一佳例，其中已含有浪漫主义爱情的新颖之处，与 17 世纪的爱欲激情确成对照。

有别于拉法耶夫人笔下的主角，浪漫主义的主角——从维特（Werther）与欧尔提斯（Jacopo Ortis）为其最知名者——无法抗拒激情的力量。爱情之美是一种悲剧性的美，主角置身其前，无助、**无力自卫**。下文将会谈到，对浪漫主义者，连死亡亦有其吸引力，

海耶兹，
吻，
1859，
米兰，
布雷拉美术馆

美的相对性

拉克洛

《女性的教育》，XI

另一方面，如果有人要我们相信美所以有作用，只是因为它唤起快感，而且，对我们而言，美是由我们习见的一套事物所代表，这时，我们只要换个国家，例如，把一个法国人送到几内亚；起先女黑人的景象会令他厌恶，因为她们的五官（他认为不寻常）唤起感官的回忆；但一旦看惯她们，他就不会再有憎恶之感，他会继续从她们之间挑出最接近欧洲的美感者，但他也会开始重新发现对清新、高度、力量的品位，这些是四海皆然的美的征象。他逐渐更习惯她们之后，他甚至很快就会喜欢他每天看见的这些审美特征，甚于他到现在只剩模糊记忆的那些；他会比较喜欢扁平鼻子，非常丰满的嘴唇。由此可证，美的诠释是很多的，人的品位显然也有很多矛盾。

古人与美

施莱格尔

《学苑》，残篇 91。1795

古人既不是犹太人，不是基督徒，也不是英国诗人。他们不是上帝独选的艺术家民族，不是只有他们具备美的信仰。他们也没有诗的专利。

无力自卫

佛斯科洛

《雅各坡·欧尔提斯最后的信》，1798

5 月 12 日

我不敢，不，我不敢。我可以拥抱她，就在这里紧紧抱住她，贴紧我心。我看见她熟睡：那双大大的黑眼睛合着，娇艳欲

滴的双颊上的玫瑰平日更加鲜亮。她美好的身体摊在沙发上，头枕着一只臂膀，另一只胳臂松软下垂。看过几次她散步和跳舞；在我灵魂深处，我听见她的竖琴和歌声；我怀着畏意爱慕她，仿佛我眼见她从天国下凡：但我从未看过她像今天这般美丽，从未。她的衣服让我窥见她天使般的曲线；我的灵魂静观她：我还能怎么说呢？万般激情与爱的狂喜令我浑身着火，销魂欲化。像一个信徒般，我触摸她的衣服，她染香的头发，和她胸脯上那束紫罗兰——在那底下，手也变神圣，我感觉她的心跳，我吸她半开的嘴吐出的气息——我正要吸吮那天仙般双唇的所有狂喜——她的吻！我本来要祝福我长久以来为她所饮的泪——但这时，我听见她睡中一声叹息：我抽身，仿佛被一只手推开。

露奇雅·曼德拉

曼佐尼

《订婚者》，II. 1827

就在那时，露奇雅出来了，一身她母亲为她打扮的装束。她那些女伴争睹新娘，一定要她露个脸。她带着乡下女孩特有的那种不驯的娇羞躲她们，举起手肘遮脸，脸低垂胸前，翘起长长的黑睫毛，又张着嘴微笑。青春的黑发在肩头上端秀气分开，在颈后挽成一群小圈圈，满是银簪，几乎像光环的光线，那是米兰地带的农妇仍然喜欢的一种发式。

她脖子挂一条石榴石与金线扣子交错的项链，上身一件精织花纹胸衣，细长开口的蕾丝彩带袖子：线丝细褶短裙，深红长袜，刺绣丝质凉鞋。这些是大喜日的特殊装扮，在这之外，她的装饰，还有她日常生活里谦抑的美，和脸上各种情绪。喜悦掺入些许焦虑，以及新娘脸上偶尔可见的那种宁静的忧伤，这都无损她的美，却为她的美染上一种特别的气质。

小贝蒂娜抢入人群，走到露奇雅跟前，巧妙地使她明白她有事和她说，附在她耳边说了几句话。

点燃强烈的激情

拿破仑

《克利松与欧也妮》，约 1800

生性多疑的克利松，这时陷入忧郁。在他心里，梦代替了省思。他无事、无畏、无望。这种静止是他性格里不曾有的状态，不知不觉令他陷入麻痹。他经常黎明在乡间游荡。他经常前往阿尔浴场，那里离开家一里。在那里，他整个上午看人，走过森林，或读一本好书。

有一天，事不寻常，来了很多人，他遇到两个漂亮女郎，她们好像走得挺来劲。她们独自从那儿回来，带着二八年华那种无忧无虑的快乐。17 岁的艾美利有美丽的身体、美丽的眼睛、美丽的头发和美丽的面容。小一岁的欧也妮比较没有那么美丽。

艾美利的神情仿佛说：你爱我，可你不是唯一的，还有其他很多人；所以，你如果要我喜欢你，你得夸赞我，我喜欢人家恭维我，而且我喜欢很讲究的口气。欧也妮则从不正眼看男人。她甜甜地笑，以便人家看见她美丽无比的牙齿。你如果伸出手去，她会害羞一握，立刻将手抽回。她让你一窥那只你见过最美的手，你可以说她是在挑逗，她的手皮肤极白，青筋衬托之下更白。艾美利像一曲法国音乐，听来愉快，因为人人听得懂它的和弦，也欣赏那和声。

欧也妮则如夜莺之歌，或者，像白西路的曲子，只有敏感的灵魂懂得欣赏，其旋律大多数人觉得平庸，却使能够强烈感受它的人心动神飞。艾美利役使年轻男人，她料定有人爱她。但是，只有爱情不是好玩，不是献殷勤，而是深情以赴的男子，才会喜欢欧也妮。

前者以她的美征服爱情。欧也妮则必须只在一个男人心中点燃强烈的激情，一种唯英雄能有的激情。

米莱斯，
奥菲莉亚，
1851—1852，
伦敦，
泰特美术馆

而且可以是美丽的：拿破仑描写克利松为爱自杀，但他登上帝位后，下令人民禁止为爱情自杀，足证浪漫主义观念在 19 世纪初叶年轻人之间何其风靡。

浪漫主义的美从感伤小说继承到激情这个领域，而致力探索浪漫主义主角与其特有的命运之间的关系。不过，这笔继承不掩浪漫主义的美深深根植历史的事实。其实，对浪漫主义者，历史是值得最大尊重的主题，不过，不是尊敬：古典主义时代并无现代有义务模仿的绝对圭臬。

美的概念没有了理想成分，就发生深远变化。首先，18 世纪一些作家抱持**美的相对性**，如果从历史上研究其起源，可以找到它的根。曼佐尼（Piero Manzoni）的**露奇雅·曼德拉**（Lucia Mondella），那种单纯、乡间的（不过，不是事实的）美，当然反映一种理想，也就是前现代的意大利以理想化面貌出现于 17 世纪伦巴德（Lombard）乡下。不过，这理想是以具备历史层次的方式，亦即以写实主义的方式刻画，不带丝毫抽象。同理，在曼佐尼的《订婚者》

德拉克洛瓦，
阿尔及尔的女人们，
1834，
巴黎，
卢浮宫

安格尔，
豪斯维尔伯爵夫人，
1845，
纽约，
弗里克美术收藏馆

（*The Betrothed*）里，逃跑场面中描绘的阿尔卑斯山风景，以诚挚而独特的美的情操，表现一种美尚未遭受现代性与进步等价值污染的美。写实主义者兼理性主义者曼佐尼知道那些现代性与进步是民族独立与自由时代发展的结果，但詹森主义者（Jansenist）曼佐尼无法接受。

其次，在**古典主义正典**与浪漫主义品位之间的冲突里，出现一种对历史的视境，并以历史为惊奇与异常意象的储存库。这个视境，古典主义习惯摆在背景里，但后来在旅行风尚对异域与东方的崇拜里重振。此一差异的最佳表现，莫过于安格尔（Ingres）与德拉克洛瓦（Delacroix）之间的比较：安格尔以其非比寻常的妙技，传达当代人有时无法容忍的完美，德拉克洛瓦则以其相对的不精确，表现对惊奇、异国及暴力之美的追求。

古典主义正典

歌德

《意大利之旅》，1828

（卡塞塔，1787 年 3 月 16 日）

哈米尔顿爵士……在一个美丽女孩身上找到自然与艺术之趣的极致。她住在他家里，是一个年轻的英国女人，大约 20 岁，真正美丽，身材亦佳。他请人为她做了一套极适合她的希腊服饰：穿上这套服饰，她垂下秀发，披两三件披肩，而且她极懂姿态、手势与表情变化之妙，你真以为自己在梦里。许多艺术家恨不得能够表现的境界，皆备于她，而且洋溢生命与变化。……老爵士认为，古代的雕像，西西里钱币上的精美人像，甚至眺望楼的阿波罗，皆集她于一身。

INGRES

3.“我不知道是什么”的模糊美

“我不知道是什么（je ne sais quoi）”一语，用于一种难以言喻的美，尤指观者心中与此相发的一种情绪。此语并非卢梭所创，因为蒙田（Montaigne）早已使用，后来老布欧尔（Père Bouhours）亦用之。在其1671年的《阿里斯特与尤杰尼对话录》（*Entretiens d'Ariste et d'Eugène*）里，老布欧尔力斥意大利诗人流行以“non so che（我不知道是什么）”形容一切神秘事物。此语用法亦非原创，费伦佐拉（Agnolo Firenzuola）在他的《论女性美》（*Bellezza delle donne*）已作此用法。最重要的是塔索，他以“non so che”所指之美已非优美，而是在观者心中引发的情感冲动。卢梭之“je ne sais quoi”即是此意，也因此而将塔索“浪漫主义化（Romanticsing）”。不过，卢梭是

柯罗，
戴花冠读书的女子，
1845，
巴黎，
卢浮宫

辛克尔，
岩峦山道，
1818，
柏林，
国立美术馆

在一篇文章中穿插此语，该文抨击拟古典主义之美矫揉讲究。他发动这场攻势，所用手段，较当时的启蒙运动与新古典主义时代其他人更为激进。如果人不是从本来的纯真发展而来，却是其隳坏而来的结果，则对抗文明之战应该使用新的武器，这武器不能取自理性的军火库（理性是同一堕落过程的产物），而应该是情感、自然和自发。

卢梭在浪漫主义者心上留下决定性的持久印记。浪漫主义者眼前展开了康德在其崇高批判中刻意化小的一个天地。自然，相对于历史的巨厦，是隐晦、没有形状，而且神秘的，不让人以精确、明晰的形式捕捉，而以宏壮、崇高之景压倒观者。基于此理，浪漫主义不描写自然之美，而是直接体验之，跃入其中感受之。夜的**忧郁**最足以表现人沉浸在弥漫于万有的大自然中的情绪，浪漫主义者于是酷爱夜行，以及月下**不安的漫游**。

忧郁

康德

《美与崇高感觉的观察》，II. 1764

有忧郁倾向的人，定义并非他没有人生乐趣，终日阴郁愁思，而是说，他的感觉超过一个程度，或走上错误之路的时候，灵魂的感伤比较容易影响精神的其他条件。忧郁者最主要的情怀是崇高。甚至美（他对美的感受同样强烈）也不只令他陶醉，还引起他悦慕，令他感动。在他，快感比较镇定，却不减强烈。不过，崇高在他心中引起的所有情绪，都比美引起的情绪更吸引他。

不安的漫游

雪莱

《知性美颂》，1815—1816

美的精神，凡是你的色彩照见的
人类的所有思想和形式
都变神圣，——你哪里去了？
你为什么走掉，离开我们，
留我们在这幽黯的泪谷，空虚又荒凉？
为什么阳光不永远
编织彩虹悬在山河上，
为什么曾经灿烂的要褪色和凋落，
为什么恐惧和梦，死亡和出生
对人间的天光投以如此的阴影，
为什么人如此爱和恨、失望和绝望回环？

神秘的夜

诺瓦里斯

《夜之颂》，I. 1797

你喜欢我们吗，黑暗的夜？
你的斗篷以无形的力量碰触我，
斗篷底下藏着什么呢？
珍贵的慰藉香膏
自你手中，自一束罂粟滴落。
你扶起我心灵的沉重翅膀。
我们被以黑暗而难以名状的方式触动。
怀着恐惧与喜悦
我看见一张严厉的脸，甜美而镇定
俯向我，在无限纠结的鬈发之间
启示亲爱的母亲的青春。
现在，光
显得是何其可怜且幼稚的东西，
白天的离去是多么可喜，
多么美好。

4. 浪漫主义与反叛

卢梭无意中表达了一股对时代的广泛不安，这股不安非仅艺术家与知识分子为然，整个中产阶级亦然。人们彼此大有差异，后来才凝聚成一个品位、态度、意识形态相类的同质社会阶级。联络他们的基本共通点是，他们都知觉：贵族世界，连同其古典主义规则和高高在上的审美观，是个冷冷的、心胸狭隘的世界。个人日益重要，加强了这个看法，作家与艺术家必须在自由市场竞争博取舆论好感，也使个人的重要性更加扩大。以卢梭为例，这场反叛表现为感伤主义，追求愈来愈激动的情感，以及极尽惊人效果之能事。

最直接表现这些潮流之地是德国，此即**狂飙突进**（Sturm und Drang）运动。狂飙突进运动反对启蒙时代的开明专制，因为知识阶级在道德与观念上都已从宫廷贵族手中解放，而开明专制拒绝承认知识阶级有正当存在的空间。

吉劳德，
罗马乡下的发高烧男子，
约 1815，
克莱蒙 - 费朗，
艺术博物馆

德拉克洛瓦，
自由领导人民，
1830，
巴黎，
卢浮宫

前浪漫主义者（pre-Romantics）视世界为无法解释与不可预测，而反对他们当代的审美观：“文学上的无裤党（literary sansculottism，歌德语）”遭受外在限制，化限制为力量，滋养一种全属内在的造反精神。不过，这内在性唯其拒斥理性规则，也变成既自由又专制：浪漫主义者人生如小说，无力抗拒**情绪的力量**，任其摆布。浪漫主义英雄之忧郁，源出于此。黑格尔以莎士比亚为浪漫主义之始，颇非偶然。黑格尔以哈姆雷特为多愁善感而欲振乏力的英雄的原型，莎士比亚在浪漫主义者尊他为师以前数百年就创造了这个人物。

情绪的力量

佛斯科洛

《致保罗·科斯达》，1796

由于使我忧思不见天日的阴影已经消失片刻，由于我丧气的心找到了一些安宁，我的想象也不再以其死亡的颜色刻画一切，于是我想到友情，披上雅致的忧郁，低吟欧湘与葛雷米尔动人的诗句，静观卡诺瓦、拉斐尔和但丁的意象，从中获得乐趣；最后，我周身最甘美的兴奋，陶醉于这个最美丽的女人的出现。我祝福自然的手，我膜拜崇高与美的形象，我沉醉于汹涌的激情和无一时安静的快感。

5. 真理、神话、反语

浪漫主义的冲动获得“正常化”，黑格尔自己在其中扮演一个有意识的角色，因为他提出一些美学范畴来讨论浪漫主义，但那些范畴对整个浪漫主义的看法是扭曲的，影响甚久。黑格尔将对无限的向往与“**美丽的灵魂**（beautiful soul）”的观念相连，此词意指其人虚幻，躲入一个内在世界，避开与现实的一切道德对峙。

黑格尔嘲讽美丽的灵魂，但他未能掌握浪漫主义感性对美的观念带来的创革。浪漫主义者，尤其杂志《雅典娜神殿》（*Athenäum*）的灵魂人物诺瓦里斯（Novalis）与施莱格尔（Friedrich Schlegel），以及赫尔德林（Friedrich Hölderlin），寻找的并不是静态、和谐之美，而是能动之美。能动之美寓于流变之中，因此是不和谐的，因为（如莎士比亚与风格主义者所示）美甚至可以来自丑、没有形式，反之亦然。

简言之，问题在于如何重新安排古典主义里的对立项，将它们置于一种能动关系的架构之中，从而减少主体与客体的距离，以更根本的角度讨论有限与无限、个体与全体之间的隔阂。对传统加以深刻的重新思考后，美现在成为“真”的同义词。在希腊思想家，

美丽的灵魂

黑格尔

《精神现象学》，1807

意识害怕以行动或存在玷污其内在的光华；为了保全其心之纯粹，它避免与实际接触，并顽固拒绝放弃自我，而这自我已削减到只剩极度的抽象，亦即它拒绝赋自己以实质的存在，拒绝将自己化入存在，拒绝做绝对的区分（思想与存在之间）。于是，意识产生的空洞对象就充满了对空洞的知觉。其活动只是渴望，这渴望在变成一个没有实质对象的过程里失落，这对象返求自己，发现自己根本已经失落。在这闪亮的纯粹里，它成为一个忧伤的所谓美丽灵魂。它燃烧自己，消散，如某种没有实质的薄雾般消失于空气之中。

美即是真

济慈

《希腊古瓮颂》，V. 1820

啊，希腊的形状！美好的姿势！周身
繁饰的大理石男女，雕着
森林的枝桠和足迹压低的小草；
你，静默的形式，的确如永恒般
令我们脱弃思虑：冷冷的牧歌！
当暮年令这个世代凋萎，
你将依然在此，在与我们不同
的烦忧之中，与人为友，并告之以
“美即是真，真即是美”——这是
人间所知的一切，和须知的一切。

美与真互合，因为，在某一层次上，真产生美。浪漫主义者反过来，主张真由美而生。浪漫主义者不是以纯粹的美为名逃避现实，而是秉持一种产生更大的真与实的美。

德国浪漫主义者的希望是，这种美能产生一个**新神话**，以一种具备现代内容的论述结合希腊神话的动人力量，取代古典世界的“故事”。施莱格尔与年轻的赫尔德林、谢林（Friedrich Schelling）以及黑格尔殊途同归，都致力于这个主意。后面三人留下一件文献，出自青年黑格尔之手，但内容出处难以确定（一说黑格尔记述赫尔德林与谢林之间的讨论；一说赫尔德林向谢林做一场论述，而后者向黑格尔述说其事，述说时或加注解与更正，或者未加注解与更正，黑格尔记录成书）。年事渐长的黑格尔，对美、神话、解放之间关系何其激进，仍然了无领会。这理性的神话，功能规模空前：要普及全人类，实现人类精神的完全解放。此美有力量消解它自身的特定内容，使艺术作品开向绝对，同时超越这件艺术品，走向绝对的艺术品，成为彻底浪漫主义化的艺术表现。浪漫主义者，尤其施莱格尔，将“反讽”或“反语”（irony）的概念与这种特殊的美相连。浪漫主义的反语并非一种主观的运动，有力量消除一切客观内容，直到一切化成纯粹武断。相反地，浪漫主义的反语，根本上是使用苏格拉底的方法：面对沉重且难以应付的内容，反语法以轻轻一叩一点，透露两种彼此对立的观点或见解，不作任何先入为主或偏颇的选择。反语法因此是一种哲学方法，即使不是唯一的哲学方法。此外，反语的立场使主体能够对客体做亦进亦退的双重运动：反语法是一种解药，能抑制与对象接触而生的热情，复能防止与对象保持距离而坠入怀疑主义。于是，

夏瑟里欧，
两姊妹，
1843，
巴黎，
卢浮宫

新神话

施莱格尔

《谈诗对话录》，II. 1800

我只请你不要怀疑一个新神话的可能性。其他怀疑，无论其来源或意义，我都欢迎，而且能让我更详细，更自由发挥，来提升我的分析。现在，请你仔细听我的假设，因为——目前——我只能向你提出假设。我希望你能将这些假设变成真理：它们其实就是真理，如果你愿意将它们视为有未来发展潜能的提议。

如果新的神话真的能从灵魂最深处升起，唯心主义（我们时代最伟大的现象）就能为我们提供一个极有意义的指标，并且为我们所寻之物提供非常的证据。唯心主义就是这么诞生的，仿佛从无中生出，就是在精神世界里，它也有一个据点，人的元气可以由此据点四面八方播撒，进步发展，而且确信不会丧失自我，也不会迷失回程。这伟大的革命将会散布到所有科学，所有艺术。其行动已经可见于物理学，在这里，理想主义已经自发地迸发，甚至不待哲学以其魔杖来点化它。

海耶兹，
有老虎与狮子的自画像，
1831，
米兰，
波尔迪·佩佐利美术馆

主体能够与客体互入，维持其自身的主体性，不变成客体之奴。主、客体的这种互入，反映了对浪漫主义生命的主观向往（超越现实的狭隘限制），与浪漫主义小说主角生命之间的互入，无论这主角是**雅各坡·欧尔提斯**（Jacopo Ortis），还是歌德的**维特**。

审美行动

黑格尔

《谈诗对话录》，1821

我可以确言，理性的至高行动，包罗全体理念的行动，是一种审美行动，真与善只有在美里才密切融合。……我现在要解释一个观念，据我所知还没有任何人想到的一个观念：我们一定要有一个新神话，但这新神话必须为理念服务，必须变成理性主导的神话。神话必须变成哲学性的，以便人们变成理性的，哲学也必须变成神话的，以便哲学家变成感性的。我们如果不给理念一个审美的形式，亦即神话的形式，则人对它们就不会感兴趣。……最后，已启蒙者与尚未启蒙者将会相遇，不再有不屑的目光，人们不再畏惧他们的智者和祭司。没有任何能力会再受压抑：最后，普遍自由，众心平等！这将是人的终极、最高贵成就。

雅各坡·欧尔提斯

佛斯科洛

《雅各坡·欧尔提斯最后的信》，1798 3月25日

我爱你因此我爱你，我仍然以只有我能想象的一种爱来爱你。啊我的天使，对一个听过你说你爱他，和你一吻而整个灵魂兴奋狂喜，和你一同哭泣过的人，死是一个小小代价：我一脚已在坟墓里；但即使此刻，你也像往常般回到我眼前，我这双死时也盯着你的眼睛。你的美散放神圣的光。时间已尽！一切已准备好；夜已深——再见——我们很快就会被虚无，被永恒分开。虚无？对，对，对，因为我将会没有你。我祈求万能的上帝，求他为我们留个位置，好让我能与你一起团圆，永不分开。

我死得纯净，我至死是自己的主人，满心想着你，而且相信你会为我落泪！原谅我，泰瑞莎，打起精神来，为我们可怜的双亲的幸福活下去，你如果也死了，会成为对我的骨灰的诅咒。如果有人为我多舛的命运责怪你，请拿我在投入死亡的黑夜时发的重誓反驳他们。

福斯里，
蒂塔妮亚拥抱波顿，
1792—1793，
苏黎世，
美术馆

维特

歌德

《少年维特的烦恼》，III，12月20日。

1974

一位邻居看见闪光并听见枪声，因为随即一片安静，他就没有再多想。清晨六点，仆人持蜡烛入内，发现主人横陈地上，他看见手枪和血。他唤他，摇他。他跑去叫大夫，叫艾伯特。绿蒂听见门铃声，全身四肢颤抖。她叫醒丈夫，两人起床，仆人边发抖边哭，说了消息。绿蒂昏倒在艾伯特跟前。大夫赶到这位不幸的人身边，发现他状甚不堪；他还有一丝脉搏，但四肢已经麻木。他是对准自己脑袋开枪的，从右侧射入，脑浆迸裂。为了预防，他们在他胳臂血管刺洞：血不断流出。他还有气息。从椅背的血渍，他们看出他是坐在书桌前自杀，然后抽搐着滚落椅下。他仰卧窗边，没有知觉；他衣着整齐，蓝外套，黄背心。闾里、全城惊动。艾伯特来到。维特已被抬到床上，额头包扎了；他脸上苍白得要死，一动不动。他的肺恐怖作响，时而薄弱，时而大声，气绝不远了。他只喝了一杯葡萄酒，剧本《艾蜜利亚·贾洛提》打开着摆在桌上。艾伯特的激动，绿蒂的痛苦难以言喻。老法官听见消息，策马赶来，流着热泪亲吻濒死的维特。他两个大儿子随他之后徒步赶到，他们俯身到

德拉克洛瓦，
拉拉之死，
约 1820，
洛杉矶，
保罗 · 盖蒂博物馆

床上，面带哀痛，吻他的手和他的嘴。大儿子，维特平日最疼的，吻着他不放，直到维特咽下最后一口气，被人拉开。维特正午绝命。法官主持局面，发号施令，诸事停当。当晚，接近十一点钟，维特安葬于他遗言指定之处。老法官和他的孩子们送葬。艾伯特浑身无力，而且他们顾虑绿蒂有生命危险。工人抬棺，没有牧师到场。

6. 阴暗、丑怖、忧郁

从艺术的观点看，卢梭造文明的反，表现于造古典主义规则的反，尤其是造正牌古典主义者拉斐尔的反。这场造反从康斯坦布尔（Constable）延续到德拉克洛瓦（他偏爱鲁本斯与威尼斯画派），一路而下，直到拉斐尔前派（Pre-Raphaelites）。拉斐尔前派暧昧、道德主义、情色的美，以及其阴郁、阴森的倾向，是美从古典主义正典解放而产生的效果之一。现在，美可以表现于对立事物的趋同之中，丑因而不再是美的否定，而是美的另一张脸。

施莱格尔反对古典主义理想化的美，主张美应该令人感兴趣、有特色，他并且由此提出“丑的美学”。莎士比亚的力量，相较于索福克勒斯（Sophocles）的力量，正寓于后者表现纯粹的美，前者的作品里，则美、丑并在，而且每每伴以丑怖。

更一步接近现实地说，我们看到可厌、纵恣、可怖之事。雨果——浪漫主义艺术以丑怖对崇高的理论大师——给我们一系列

格里科特，
美杜莎之筏，
1819，
巴黎，
卢浮宫

令人难忘的画像，一系列令人退避的丑怖角色，从钟楼怪人（the hunchback Quasimodo），到《笑面人》（*L'homme qui rit*）畸形的脸，到受尽贫穷与生活残酷蹂躏，而仇视天真青年那种纤柔之美的女性。前文提过，走向绝对的冲动，以及对命运的接受，能使主角之死不再只是悲剧，而是美丽：同样这个形式，后来淘空自由与对世界造反等内容，构成20世纪法西斯主义所说“美丽的死亡”的媚俗包装。

甚至坟墓，无论夜间与否，也是美丽的：据雪莱之见，最值得在罗马住一回的美，无过乎他朋友济慈安息的小公墓。酷嗜撒旦主

德维尔，
柏拉图学派，
1898，
巴黎，
奥塞美术馆

义与吸血鬼主题的雪莱，见美杜莎（Medusa）之像，颇为所迷。此画恐怖与美结合，当初曾被误归为达·芬奇之作。

浪漫主义表达早先的观念，而创造一个传统："美丽的死亡"背后，有《耶路撒冷得救》（*Jerusalem Delivered*）里奥林多（Olindo）与克洛琳妲（Clorinda）之死的影子：撒旦主义隐含**撒旦的人性化**，背后是马利诺（Giambattista Marino）解读《屠杀无辜》（*Slaughter of the Innocents*）时看到的**黑暗王子**（Prince of Darkness）的阴郁目光。尤其弥尔顿（John Milton）笔下的撒旦（浪漫主义文学大多对之赞不绝口），这个**撒旦**虽然堕落，却没有失去他光芒四射的美。

撒旦的人性化

塔索

《耶路撒冷得救》IV, vv. 56-64. 1575

高傲的暴君在高处皱眉俯视，
那神色令所有怪物发抖。
他的眼睛满是怒威与高涨的恶毒，
像号召人们武装集合的烽火，
他厚毡似的头发披落胸前，
如嶙峋的山上的荆棘，
他大张的嘴冒着血块，
豁开如冥河泛滥的大漩涡。

黑暗王子

马利诺

《屠杀无辜》，1632

他的眼睛是邪恶与死亡所居，
发着暗红的光。
他斜视的目光和扭曲的眼珠
像陨石，双眉如灯笼。
他的鼻孔和没有血色的双唇
吐出煤烟与恶臭；
暴躁、傲气与霹雳
是他的叹息，
闪电是他的呼吸。

撒旦

弥尔顿

《失乐园》，I. 1667

他超拔群魔之上
身形与姿势傲然
耸立如塔；他的状貌尚未失去
原有的光辉，望之亦未减损
其堕落之首席天使的模样。
他满溢的荣光蒙尘，如旭日东升时
从天边的雾气透出，光芒锐减，又如
昏暗日蚀之际，月亮背后洒下暧昧的光
照向半个万国，天地变色的忧惧
令国君惶惑不定。首席天使虽已如此黯然，
但他的光芒依旧超出众表：不过
他脸上留着雷殛的深疤，
忧虑也盘踞他憔悴的面颊，只是
眉宇之间保持着不屈的勇气
和等待复仇的浓浓傲色。

美杜莎

雪莱

《遗作诗稿》，1819

它仰躺在云深的顶峰
凝望午夜的天空；
底下，遥远的大地，望去
微微颤动；
它可怖如初，美如神。
它嘴唇与眼帘上
影子般躺着可爱，
这火炽阴森的神殿底下挣扎的
是死亡的苦楚与伤痛。

然而将凝视的精神化为石头的
是那优雅，而非恐怖；
死亡的脸的五官刻着优雅，
思虑难追。
美以其旋律般的色彩
透过黑暗与痛苦的眼神
将那挣扎人性化，和谐化。

原始人的诗

德拉克洛瓦

《美的变化》，1857

我们从自己有限的眼界评断其余世界；我们不放弃小小的习惯，我们的热情经常和我们的不屑一样麻木。我们以同样的专擅，评判艺术与自然之作。住在伦敦或巴黎的人，也许比住在文明未及之处的人更没有正确的美感。我们只通过诗人与画家的想象看美；野蛮人则在其漫游的生活里每一步都与美邂逅。

我愿意承认他没有机会专注于诗的印象，我们都知道他时时刻刻都忙于避开死亡和饥饿。他必须不断和敌意的自然搏斗，以保卫他条件恶劣的生活。但是，壮观的景物，以及一种原始的诗的力量，能使人心生一种悦服之感。

7. 抒情的浪漫主义

19世纪歌剧对浪漫主义如何处理美，并不陌生。在威尔第（Verdi）的歌剧里，美往往紧邻黑暗、撒旦、丑怖：《弄臣》（*Rigoletto*）里，吉尔妲（Gilda）之青春美貌与里格雷托（Rigoletto）之畸形并在，加上阴险之状，来自最阴暗黑夜的史帕拉富西（Sparafucile）。里格雷托从尖锐的讽刺转入屈辱，吉尔妲则表现三种不同的女性美形象。《游吟诗人》（*Il Trovatore*）里，爱情、忌妒与仇杀复杂的激情旋涡更明显。剧中，美通过令人激动的火的意象来表现：雷奥诺拉（Leonora）对曼利可（Manrico）的爱是“危险的火焰（perigliosa fiamma）”，伯爵的忌妒是“可怕的烈火（tremendo foco）”：这是一种凄凉的意象，因为惨死女巫的火刑台也是美丽吉普赛少女**阿珠奇娜**（Azucena）的背景与命运。威尔第之高明，在于将这些意象火山似的、离心的力量收束于仍属传统的扎实音乐结构之中。

美与死亡的典型浪漫主义结合，经由瓦格纳（Wagner）的悲观而特见加强。在瓦格纳的音乐里，尤其《崔斯坦与依索德》（*Tristan and Isoide*），令人神摇心迷的情色与悲剧命运组成双重主题，而以复调音乐赋予一元结构。美的命运不是在激情中获得实现，而是在为爱而死中完成：美从世界的天光退出，透过唯一可能的结合形式，即死亡，滑入暗夜力量的怀抱。

阿珠奇娜

卡马兰诺

《游吟诗人》，II，1. 1858

烈火熊熊！
管不住的群众
争看火焰，
满脸快乐；
欢乐的叫声
回响全场；
在受雇打手包围中，
一个女子举步向前！
可怕的火光
在他们可怕的脸上
投下阴森刺目的光，射亮天宇！
烈火熊熊！
受刑人来了，
一身黑衣，
褴褛，赤足！
要她受死的狰狞叫声
响起，回声传遍绝崖峭壁！
可怕的火光
在他们可怕的脸上
投下阴森刺目的光，
射亮天宇！

萨金特，
埃伦·特里扮麦克白夫人，
局部，
1899，
伦敦，
泰特美术馆

海耶兹，
罗蜜欧与朱丽叶的最后一吻，
1833，
米兰，
私人收藏

第十三章

美成为宗教

1. 美学宗教

在 1854 年的小说《艰难时世》(*Hard Times*)里，狄更斯描写一个典型的英国**工业城**：感伤、千篇一律、阴郁，以及丑陋。小说写于 19 世纪下半叶之初，当时，19 世纪早期数十年的热情与失望已换成一些较为节制但有效率的理想（在英国是维多利亚时期，在法国是法兰西第二帝国），居于主导地位者是扎实的资产阶级美德，与不断扩张的资本主义原则。劳动阶级则已知觉自身处境：《共产党宣言》1848 年问世。

艺术家面对工业世界的压迫、带着巨大无名群众而扩张的大都会，以及认为美学乃不急之务的新阶级。新的机器纯粹只强调新材料的功能，艺术家多有不满。在此情势之下，艺术家觉得他们的理想备受威胁，而且认为逐渐得势的民主观念是有害的。他们于是决定“**与众不同**”。

罗塞蒂，
比阿特丽斯，
1864—1870，
伦敦，
泰特美术馆

工业城

狄更斯

《艰难时世》，1854

科克镇是事实的胜利。那是个红砖城，或者说，如果烟尘让它的话，它本来会是红砖城；以实况来说，它是一种不自然的红和黑，像蛮族画的脸。全城机器和高耸的烟囱，烟囱喷出一条条烟蛇，烟蛇永远在拉长，从不盘曲。……全城是几条几乎一式的大街，以及几乎更一式的小街，住着同样一式的人，他们在同样的时辰出入，用同样的声音走在路上，做同样的工作，对他们，每天都和昨天与明天一样，每年也和去年与明年一样。

多雷，
伦敦贫民区，
取自布兰切特《**伦敦历程**》，
1872，
威尼斯，
现代艺术馆

一个地道的美学宗教由此形成。在“为艺术而艺术”的精神之下，美成为一种要不计代价实现的价值，洵至许多人认为生命本身也应该过得像艺术作品。艺术脱离一切政治与道德之际，又生出一股日益增长的驱力——在浪漫主义里已经可以看到——要为艺术的世界征服最令人不安的人生层面：**疾病**、违法犯纪、**死亡**、黑暗、魔性、恐怖事物。此中差异是，艺术不复为了存文献、下判断而刻画。现在艺术刻画上述层面，目的在以艺术之光救赎它们，甚至将之变成令人陶醉的人生模型。

这趋势引进一个唯美世代，这个世代将浪漫主义感性推至极端，夸大其每一层面，到达**颓废**之境。其提倡者对这一点极为自觉，竟至于自认他们的命运与古代伟大文明的式微阶段可以并观：如蛮族入侵后垂死挣扎的罗马文明，以及千年垂老的拜占庭帝国。这股对颓废时代的渴望，导致“颓废主义”通常被用来称呼 19 世纪下半叶至 20 世纪初期数十年的文化阶段。

库彻，
颓废时代的罗马人，
1847，
巴黎，
奥塞美术馆

与众不同

波德莱尔

《谈现代的进步观念应用于艺术》，1868

美永远是诡异的，我不是说它刻意如此，冷冷地诡异，那样的话，它是一只偏离生命的怪物。我是说，它永远会有一丝诡异，使之成为殊相之美。

疾病

道瑞维里

《蕾亚》，1832

“我的蕾亚，你真美，你是全世界最美的，我不会放弃你，你无神的眼睛，你的苍白，你生病的身体，拿天上天使的美来换，我也不放弃。”

……他触摸她的衣服，这个濒死的女人像无比热情的女人般燃烧他。隔着手套，他感觉到那只纤细、热烫的手微微冒汗，比起这简单的接触，恒河岸上的幽螅，伊斯坦堡澡堂的女奴，酒神的赤裸女祭司的拥抱，都不可能令他的骨髓燃烧得更炽烈。

死亡

维维安

《致他所爱》，1903

最长的神圣苍白的百合
在你手中死去如烧尽的蜡烛。
在至高的痛苦的气绝里
你的手指发出愈来愈弱的香气。
从你的白衣服
爱与苦楚
逐渐消褪。

颓废

魏尔伦

《恹恹》，1883

我是衰落已至末日的帝国，
看着高大金发的蛮族通过，
我，慵懒地，以充满金色
与阳光之舞的风格写离合诗。
……
啊，不再有意志，只等死！
一切已经饮尽。巴提勒斯
笑完了！
一切已经饮尽，一切已经吃完。
没有什么好说的了！

库尔贝，
塞纳河畔的年轻女子，
1857，
巴黎，
小皇宫

沉迷于三种形式

邓南遮

《快感》，1889

沉迷于三种形式，都雅致，不同的雅致：一个女人，一只杯子，一只灰狗，水彩画家发现一种以最美的线条构成的画面。女人，裸体，站在浴盆内。她一手支在怪物的突起上，另一手支在柏乐洛丰的突起上，弯腰逗弄那只狗，狗弓起身体，前爪低压，后爪提起，如作势欲扑的猫，朝她抬起细长如矛尖的口鼻。

2. 丹第主义

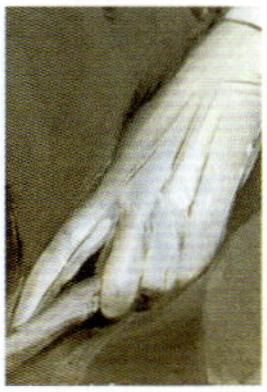

对例外者的崇拜，第一个征象是丹第主义（dandyism，又译纨绔主义）。丹第主义出现于英国史上的摄政时期，即19世纪初期数十年，主角是乔治·“美男子”·布鲁梅尔（George“Beau”Brummel）。布鲁梅尔并非艺术家，亦非思考艺术与美的哲学家。在他身上，对美与例外之爱表现为一种穿着与生活的艺术。他将雅致等同于单纯（有时单纯过甚，流于怪诞），并与似是而非的妙语及挑激世俗的行为结合。兹举一贵族无聊及鄙蔑寻常事物之例。布鲁梅尔携一仆役出游，自山顶望见二湖，即问仆役：“两个湖，我喜欢哪个？”后来，维利耶（Villiers de l'Isle-Adam）曾有此言：“生活？我们的仆人可以代劳。”法国的复辟时期与路易·菲利普在位期间，丹第主义（搭着英国风的浪潮）深入法国，风靡上流社会、名诗人与小说家，而由波德莱尔与道瑞维里（Jules-Amédée Barbey d'Aurevilly）为主将。19世纪末，丹第主义在英国再兴，这回是模仿法国风气，

王尔德，
1880

而以王尔德与画家比亚兹莱（Aubrey Beardsley）为主将。在意大利，邓南遮的行为显出丹第主义的成分。

不过，19世纪一些艺术家“为艺术而艺术”的理想是崇拜一件作品，视作品为他们独专、苦心孤诣、手工艺般的东西，值得奉献生命，以实现作品之美，“丹第”（艺术家中以丹第主义自居者亦然）则视这理想为在公开生活中追求的理想，要下工夫，如艺术品般打造，将公开生活变成美的至高范例。不是人生奉献于艺术，而是艺术应用于人生，人生成为艺术。

丹第主义作为社会现象，有其矛盾。丹第主义不是反叛资产阶级社会及其价值（如崇拜金钱与科技），因为丹第主义从来不过是一种边缘层面，断无革命性，只是贵族风气（作为贵族的奇特装饰）。丹第主义有时与流行的成见与风俗习惯对立，例如丹第主义者有些是同性恋，而同性恋在当时全无容身之地，社会视之为罪犯（王尔德遭受残酷审判，就是著名例子）。

完美的丹第

波德莱尔

《现代生活的画家》，1869

一个人的美的理想，全在他衣着上留下印记，使他的衣服起绉或熨平，使他的手势圆顺或僵硬，最后甚至微妙地进入他的五官。人想成为什么，最后就会成为那个模样。

富裕的人，虽然厌恶一切，在人生里除了追求财富，也别无所事，生来享受奢华，自小习惯别人服从的人，除了斯文就别无职业的人，永远有其与众不同的样貌。丹第主义是一种难以界定的建制，和决斗一样奇怪。……这些人的唯一义务，是以他们自身培养美的观念，满足他们的激情、感觉和思考。

丹第不把爱情本身视为一个特殊的目的。……丹第不把财富当成基本要务来企望；没有限制的银行信用对他就够了；他心甘情愿将这庸俗的嗜好让给粗俗之辈。和许多欠思考的人的想法相反，丹第主义的精华不酷嗜衣服和物质上的斯文。对完美的丹第，这类事物只是他心灵的贵族式优越的象征。因此，依他之见，他虽然最想与众不同，衣着的完美却寓于简单，简单是突出众表的不二法门。

丹第主义首先是想在社会的约定俗成边缘创造独一无二的外表。那是一种自我（例如在女人身上）追寻的幸福，甚至不用我们说的各种幻觉。丹第主义是引起他人惊奇时的快感，是只惊奇于自己时的满足。

波迪尼，
孟德斯鸠－斐仁沙克伯爵，
1897，
巴黎，
奥塞美术馆

美作为装束

王尔德

《道林·格雷画像》，1891

没错，这小子早熟。他春天未到，就在收成。他身体里有青春的脉动和激情，但他愈来愈自觉。观察他，是乐事一件。以那美丽的脸，美丽的灵魂，他令人看了称奇叫绝。无论如何结束，或注定如何结束，都不关紧要。他像化装舞会或一出戏里的一个优雅人物，他的喜悦我们够不着，但他的哀伤撩动我们的美感，他的伤口则像嫣红的玫瑰。

3. 肉体、死亡、魔鬼

在邓南遮，丹第主义以英雄形式表现（大胆的行事）；在其他艺术家，尤其法国颓废派，则表现为传统主义的、反动的天主教信仰，以及反现代世界。不过，他们返取宗教，不是要恢复道德价值与哲学原则，而是着迷于华丽的古老礼拜仪式之魅力、晚期拉丁诗歌的腐败而令人亢奋之气味、拜占庭基督教的华美、中世纪初期野蛮部落的奇妙珠宝。宗教上的颓废主义徒知拥抱仪式层面，而且偏取其暧昧成分，提及神秘主义传统，则专重其病态肉欲。

颓废主义者那种走偏锋的宗教性，另外还有一路，即撒旦主义，因此而热衷超自然现象，发掘魔法与神秘传统，一种与真正的犹太传统全无关系的秘术，以及如于斯曼（Huysmans）的《每下愈况》（*Down There*）所示，在艺术与生活中狂热追求魔性。不仅如此，他们还参加法术，召唤魔鬼，**颂扬一切形式的逾度**，从虐待狂到被虐狂，喜好恐怖，诉诸恶习，以及变态、令人不安或残忍的吸引力：亦即**恶的美学**。

对恐怖的品位

波德莱尔

《爱的慰藉箴言》，1860—1868

对一些比较好奇且堕落的精神，丑的快感源自一种更神秘的情感，亦即对未知的渴求，对恐怖的品位。是这股情感驱使诗人奔向解剖实验室或诊所，驱使女人争睹公开处决。我们人人心里都有这情感的种子。

颂扬一切形式的逾度

兰波

《给德米尼的信》，1871

诗人以漫长、无边、按部就班的工夫将所有感官解放，以此把自己变成灵视者。一切形式的爱、痛苦、疯狂；他搜寻自己内在，他穷搜自己内里所有的毒，保存它们的精华。莫可名状的折磨，超人的力气，大病人、大罪犯、大被告——至高的科学家，因为他臻至未知！因为他比谁都勤于培养他原本即已丰富的灵魂！他臻至未知，如果他精神错乱，失去对他灵魂景象的理解，那他至少已经看过那景象！

恶的美学

王尔德

《道林·格雷画像》，1891

有些时刻，他将恶单纯地视为一种模式，他可以通过模式实现他的美的观念。

牟侯，
显灵，
1874—1876，
巴黎，
卢浮宫

普拉兹（Mario Praz）的名作《浪漫的痛楚》（*The Romantic Agony*）讨论肉欲快感、恋墓癖，对挑衅一切道德规则的兴趣，对疾病、罪孽及痛苦快感的兴趣，为曲尽其蕴，他为此书所取本名是《肉体、死亡与魔鬼》（*La Carne, la Morte e il Diavolo*）。

4. 为艺术而艺术

将 19 世纪末叶美学所有层面尽归颓废主义一词之下，有其窒碍。别忘了，莫里斯（William Morris）将审美理想与社会主义结合为一。我们也不能忽视，唯美主义极盛之际，托尔斯泰在 1897 年写出《何谓艺术？》（*What is Art?*），极言艺术与道德、美与真理的深刻关联。其说与王尔德适成两极。当时有人问王尔德，某本书是否不道德，他答道："比不道德还糟，这本书没写好。"

颓废派感性形成之际，库尔贝（Courbet）、米勒（Millet）等画家仍然倾向于以写实精神诠释现实与人性，将浪漫主义风景平民化，将之带回由劳动、苦作、寒微乡下人与寻常百姓构成的日常现实。而且——下文就会谈到——在印象派作品里，不只有模糊的"美"之梦，还以不厌精细、拟科学的精神研究光与色，想更深刻透入视

米勒，
晚祷，
1858—1859，
巴黎，
奥塞美术馆

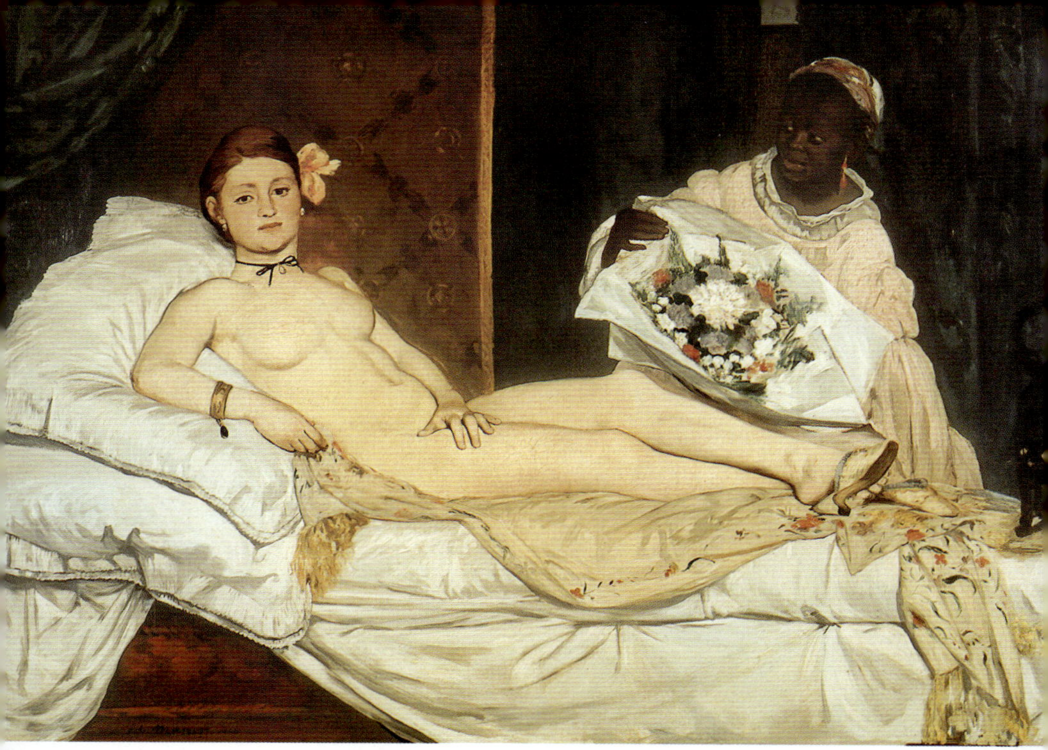

马奈，
奥林匹亚，
1863，
巴黎，
奥塞美术馆

觉世界。此外，同一时期，戏剧家易卜生则在舞台上处理当代的重要社会冲突、权力斗争，世代之间的冲撞、妇女解放、道德责任与爱的权利。

我们也不要以为唯美教就是后期丹第主义那些智巧，或者，就是妖魔派的恶毒，况且那些恶毒往往口头多于精神。单看福楼拜，即见名家之雅好正直，以及为艺术而艺术的宗教里有多少禁欲主义。福楼拜以崇拜文字出名，认为和谐乃美学之绝对必要，而且成此和谐之准确字眼只有一个。他无论是不厌精确观察当代日常生活的凡庸与恶端，如《包法利夫人》(*Madame Bovary*)，还是召唤一个异国风味、华丽、充满感官性的、野蛮的世界，如《萨朗波》(*Salammbô*)，或朝向魔性视境，将恶颂扬为美，如《圣安东尼之诱惑》(*The Temptation of Saint Anthony*)，都维持不涉个人的、精确的语言理想，纯粹以风格的力量使一切题材皆美：“题材无所谓美丽或病态。我们几乎可以成立一条公理：从纯艺术的观点，没有题材这回事，因为风格自身就是绝对的观物方式。”

另一方面，爱伦•坡（主要由于波德莱尔引介，他对欧洲颓废主义发生深重影响）在 1849 年写出《诗的原理》（*Poetic Principles*），主张诗不应以反映或发扬真理为务："有一首诗，这首诗不是别的东西，就是一首诗，是为此诗之故而写的诗，世上没有，也不可能有任何作品比这么一首诗更彻底有尊严、更至尊高贵。"智识处理真理，道德意识管义务，品位教我们以美；品位是自主自律的能力，自具法则，如果品位引导我们鄙视邪恶，也只因为邪恶与美相反，是畸形的东西。

艺术与美之间的关联，我们今天认为十分明显，过去却似乎难以了解。这个时期，出现一种鄙夷自然的态度，美与艺术结合成化不开的一对。无美而非人为之作；唯人为之作可能是美的。"自然通常是错的。"惠斯勒（Whistler）如此说。王尔德则宣称："我们愈研究艺术，就愈不喜欢自然。"愚鲁如自然，不能产生美，艺术必须动手，从没有秩序之中创造一个必然、不可更易的有机体。

对艺术创造的这个深刻信念，不但是颓废主义的典型态度，而且，颓废主义者承续"美只能是漫长、充满爱的劳动的对象"之说，领会一个经验愈是出于人为，愈是可贵。艺术创造第二自然之说，现在变成，一切违反自然之作——而且最好尽可能怪异且病态——都是艺术。

自然安魂曲

于斯曼

《逆理而行》，1884

自然已经走完她的时代。她那地景与天景令人作恶的单调已经明确、彻底耗尽优雅素养的耐心。

不顾自然

王尔德

《说谎之式微》，1889

我自己的经验是，我们愈研究艺术，就愈不喜欢自然。艺术真正向我们启示的，是自然的缺乏组织，她奇怪的粗糙，她非常的单调，与她绝对尚未完工的状态。

诗是一切

邓南遮

《伊索提欧》，约 1890

诗人，神圣的字眼：
上天将我们所有喜悦置于
纯粹的美之中：诗是一切。

5. 逆理而行

德埃圣（Floressas Des Esseintes）是于斯曼 1884 年小说《逆理而行》（*A rebours*）的主角。A rebours 的意思是“违逆纹理、倒行、歧途、反主流”，书与书名都合乎颓废主义感性。为逃离自然与生活，德埃圣将自己以墙围入一处别庄，居处饰以东方布料，充满礼拜气氛的织锦，以及模仿修道院那种清凉，却以奢华材料做成的挂帘与木作。他只种真实但望之如人造的花，陷入畸恋，以药物刺激想象，喜爱假想旅行而不喜真实出门，嗜读以衰疲而浮夸的中世纪末期拉丁文写的作品，构作烈酒与香水的交响曲，将听觉的悸动转移至味觉与嗅觉：易言之，在人造环境里，他建构一种以人造悸动形成的生活，里面的自然不像在艺术里以经过再造的面貌出现，而是既受模仿，又受冷落，经过重新衍释，无精打采，令人不安，病恹恹……

德加，
苦艾酒，
1877，
巴黎，
奥塞美术馆

乌龟悦目，伟大雕刻家复制之龟则具备真实乌龟从未曾有的象征能力；这一点，连希腊雕刻家也知道。但是，在颓废主义者，其中过程不同。德埃圣将龟置于淡色地毯，观看纤维之金银色泽与龟甲生鲜浓黄色调对比，观之不足，将龟背诸色宝石，构成令人目眩的繁复图案，辉光照眼“如西哥特人镶以明亮鳞片之小圆盾，蛮族巧匠之手工艺品”。德圣埃以违反自然来创造美，因为“自然的辉煌时代已经过去；她天上地上风景令人恶心的单调已经明确、终于令精雅的气质忍无可忍”。

颓废主义感性的所有重大主题都环绕一个中心观念，此即改变自然。英国唯美派，自斯温伯恩（Swinburne）至佩特（Pater），以及其法国同辈，重新发现文艺复兴，视之为无尽宝藏，从中寻找残酷、以病态为甜美的梦：在波提切利与达•芬奇所画的脸孔里，他们搜求**阴阳人**的面相，亦男亦女那种**不自然而无可定义的美**。他们幻想女人的时候（也就是不把女人视为洋洋得意的恶，不把她们视为撒旦化身，由于没有爱、不正常而难以捉摸，因为充满罪孽而可欲，以带有腐败之迹而美），则他们所爱的是她已经改变的女性本质：她是波德莱尔梦中**佩饰珠宝的女人**，是“**花/女**”或“**珠宝/女人**”，是邓南遮的女人，这女人唯有比拟于人造模型，比拟于一幅画、一本书或一个传奇中的理想刻画，才尽显其魅力。

至于品位，这段时期幸存而得意的自然事物是花。花甚至产生一种风格，即意大利文 floreale 说的花体装饰风格。颓废主义者**为花执迷**：不过，真相是，他们所爱于花者，是花可以被风格化，成为装饰、精致的纹样，是植物世界里生命很快过渡到死亡而给人的**脆弱与萎败**感。

罗塞蒂，
莉莉丝，
1867，
威尔明顿（美国），
特拉华艺术博物馆

达·芬奇的暧昧

斯温伯恩

《论达·芬奇》，1864

关于达·芬奇的例子，虽少而精：他最好最强烈的作品充满无可界定的优雅和深刻的神秘。女子美好而奇怪的脸充满隐隐约约的怀疑，与似有若无的不屑；不为人知的命运像影子般染到脸上；他笔下的女子，眼睛与心思则焦虑而兼疲倦，苍白而带着耐心与激情的热气，受到引诱，又一脸困惑。

波提切利的暧昧

罗伦

《罗马》，1895—1904

波提切利的人物，那些嘴巴，那些肉感的双唇，圆饱如果实，反讽而忧伤，迂回的绉绉的谜，丝毫不透露是在压抑纯洁还是憎恶。

阴阳人

于斯曼

《艺术与建筑论集》，1889

圣徒的整个神态引人梦想。那些少女身形，臀部还瘦瘦的，那个少女的脖子，肉白如老树丛的木髓，那双唇如猛禽的嘴，那柳条似的身材，那些没入武器握把里的奇怪手指，甲胄在胸乳位置的突起，保护并强调上身，肩甲与颈甲之间露出让人窥见的亚麻布，甚至那紧挨下巴的少女的蓝带，都令我目不转睛。索多姆所有令人不安的影响，似乎都被这个阴阳人接受，那种微妙的美看来已经净化，仿佛一个慢慢接近上帝的变容。

不自然而无可定义的美

戈蒂耶

《珐琅与宝石浮雕》，1852

他是青年吗？她是女人吗？
她是女神还是男神？
爱情，害怕不够高贵，
犹豫着，搁置它的坦白。
为使此美可恶，
各种性别都贡献一份。
炽燃的幻象，
艺术与官能性的
至高努力，
迷人的怪物，我何其爱你，

爱你多层面的美。
你是诗人与艺术家的梦想
许多夜晚你
捕捉我的幻想，这幻想持续，
就是不受骗。

最好的艺术性别

培拉丹

《死寂的圆形剧场》，1892—1911

在波里克利特斯的《正典》里，达·芬奇找到所谓的阴阳人……阴阳人是最好的艺术性别，它混合两种原则，即男性与女性原则，使两者均衡……在《蒙娜丽莎》里，天才男人的理智性权威与贵妇的官能性融合；那是道德的阴阳主义。在《圣约翰》里，其形式混合的结果，性别成为一个谜。

比亚兹莱，
约翰与莎乐美，
取自《比亚兹莱新作集》
（伦敦 - 纽约，1901），
米兰，
国立布雷登斯图书馆

佩饰珠宝的女人

波德莱尔

《忧郁与理想》，1862—1866

我所欢是裸体的，她知道
我的心，只佩叮当作响的珠宝
它们的光华给予她
摩尔女奴在她们欢悦的日子里
那种胜利的气势

它们的颤动发出生动的反讽声音
真正令我沉迷：我爱上了这个
光与音乐的同盟。

花／女

左拉

《莫雷神父的罪孽》，1875

底下，一列列蜀葵似乎以红、黄、绿、白花拼成的花篱挡住入口，它们的茎梗消失于铜绿色的巨大荨麻之间，荨麻静静地淌出炽热的毒蛰。然后，出现一阵奇异的波动，突然的一连串上跃：茉莉丛，它们的香花如繁星；叶子纤细的蕾丝；厚密的常春藤，仿佛以上了漆的铁皮切成，香甜的忍冬，淡色的珊瑚贯穿其间；爱情的铁线莲，伸出它以白羽装饰的手臂。其他更纤细的植物紧附后面这些植物，与它们交织成一种带有香味的编织物。……一大头绿发，花朵覆盖，鬈发四处漫溢，凌乱一片，使人想起一个巨大的处女，头在一阵激情的抽搐里往后仰，秀发披散，仿佛散入加了香料的池子。

珠宝／女人

于斯曼

《逆理而行》，1884

从菱形琉璃开始，阿拉贝斯克形状沿着圆顶迂回，圆顶上，熠耀的彩虹与三棱镜般的闪光沿着珍珠母的镶嵌细工滑行。……她几近赤裸：酣舞之中，她面纱松脱，以细丝编织的长袍掉落：现在，她身上只余珠宝与闪烁的钻石，腰间一条束带，一枚绝妙宝石在乳沟闪耀；往下，臀部一条宽带遮至大腿顶端，大片以红玉与翡翠编缀的锦带如瀑布飞荡。最后，颈腰之间一片裸肌，她肚腹弓起，涡状的肚脐泛红，如乳白色的缟玛瑙封印。在施洗者约翰的首级四周发出的火热亮光底下，宝石发光如焰：那些宝石活过来了，以一种白热的氛围衬映这女子的身体；她的脖子、双腿、胳臂闪烁着尖锐的光点，时而红如闷燃的余烬，时而紫似瓦斯喷气，时而蓝比燃烧的酒精，时而白如星光。

为花执迷

王尔德

《道林·格雷画像》，1891

画室满是玫瑰的浓味，当夏日的微风撩动花园里的树木，从开着的门透来丁香的烈香，或是开着粉红花朵的荆刺的更细致香味。沃顿爵士歪在波斯鞍囊几榻上，和平日一样抽数不尽的烟，由几榻一角，他刚好能瞥见蜜香和蜜色的金链花的闪光，那金链花颤巍巍的枝叶仿佛承受不住那些火焰似的美。

脆弱与萎败

瓦莱里

《水仙》，1889—1890

弟兄们，哀伤的水仙，我在美之中憔悴。……

6. 象征主义

颓废主义的美弥漫腐烂、昏晕、倦怠、恹恹之感；**恹恹**（Languor）正是魏尔伦（Verlaine）一首诗的标题。此诗堪称整个颓废主义时期的宣言（或温度计）。诗人知觉他与罗马的颓废世界及拜占庭帝国的颓废时期血脉相连；历史太长、太大，压得他透不过气；一切都已有人说过，一切快感都已经有人体验，如已饮之酒，唯余渣滓，日薄西山，一个老病文明无力抵挡的蛮族成群出现：如今能做之事，只欠以过度兴奋的想象，投入感官之快适，列举艺术收藏，以疲惫的手摩挲历来世代累积的**珠宝**。拜占庭，金顶辉煌的拜占庭，就是美、死亡、罪孽会合的十字路口。

颓废主义产生的最重要文学与艺术运动，是象征主义。象征主义诗学同时建立一种艺术观与世界观。象征主义植根于波德莱尔的作品。诗人魂游于一个工业化、商品化、机械化、没有人属于自己、任何灵性都受抑制的城市：出版业（巴尔扎克已经以之为腐败的例证，以及观念与品位虚伪的例证）将个人经验捺平，使之千篇一律；当时风行的摄影则残酷地使自然静止不动，将人脸固定，人的目光着魔般盯住镜头，任何刻画都剥尽具体触感，并且——许多当代人认为——扼杀所有想象的可能。要如何来重新创造更强烈的经验可能性？要如何来使经验更深刻、更具体？

在《诗的原理》里，爱伦·坡说，美是一种永远在我们掌握之外的真实，我们无从将之固定。在柏拉图主义背景上，美成为一个秘密世界，通常秘藏于自然之中，只向诗人之眼显露。我们在波德莱尔著名十四行诗《通感》（*Correspondences*）里读到，自然是一座神殿，其中活生生的柱子有时发出浑茫之语；自然是一座**象征的森林**。色彩与声音、意象与事物彼此参化，流露神秘的关联与呼应。这是宇宙的秘密语言，诗人即其解读者，美则是他将揭示的真理。如果每一事物都拥有这种启示的力量，则向来见为禁忌的经验，如罪恶与堕落的深渊等经验，必定更加强烈，而且从中生出最剧烈且

克里姆特，
莎乐美，
1909，
威尼斯，
现代艺术馆

珠宝

王尔德

《道林·格雷画像》，1891

他经常花一整天，在盒子里摆他收集的各种宝石，摆好，又重摆。其中有橄榄绿的宝石，灯光一照就转红，有带着银丝的波光玉，有阿月浑子色的橄榄石，玫瑰粉红与葡萄酒黄的黄玉，有着火红四芒星的红玉，火焰红的肉桂石，橘色与淡紫色的尖晶石，以及红宝石与蓝宝石相间的紫晶。他爱日长石的红金色，月长石的珍珠白，以及乳色猫眼石的碎彩虹。

象征的森林

波德莱尔

《恶之花》，1857

大自然的神殿里，活生生的柱子
不时喁喁浑融而语；
人行过其象征之森林
森林凝视他以熟悉的眼神。

余响悠长的回声从远处
汇合成深远幽奥的和谐，
广浩如黑夜，光明如白日，
香味、色彩与声音彼此应和。

芳香清新如婴孩，
甘如双簧管，绿似草地，
其余则腐朽、丰富、辉煌，

扩展如无限之事物，
如龙涎香、麝香、安息香、线香，
歌颂灵魂与精神的狂喜。

方丹 - 拉图，
桌角，
人物左起：
魏尔伦（Verlaine）
兰波（Rimbaud）
艾尔兹（Elzéar）
布莱芒（Blémont）
瓦拉德（Valade）
阿卡德（Alcard）
德维里（D'Hervilly）
柏乐达（Pelleta）
1872，
巴黎，
奥塞美术馆

启示

波德莱尔

《我袒露的心》，1861

在某些近乎超自然的心理状态里，生命的深远整个在我们眼前的景象中袒露，虽然这景象可能很常见。这景象就成为生命的象征。

诗的艺术

魏尔伦

《诗的艺术》，1874

音乐高于其他一切
偏好不均匀的线条
更容易化入空气中
没有丝毫重量，没有固定。
……
因为我们要纯粹的神韵
不是色彩，只要神韵！
啊，唯神韵能连梦于梦
合长笛于法国号！
……
要更多，更多音乐！愿我们的歌是偷来
的东西
仿佛要逃离一个不受赞美的灵魂
逃向天空和其他的爱。
愿你的歌是一场美好的探险
转向面对清晨的微风
那儿绽放薄荷与百里香……
其余都是文学。

暗示

马拉美

《文学演进的探讨》，1897

高蹈派取事物的整体并表现之：但这样一来，他们就缺乏神秘，精神相信自己能创造，因而喜悦，他们偷走了精神的这个喜悦。为一物命名，诗趣即四去其三，诗趣寓于点点滴滴暗示。暗示是诗梦寐以求之境。完美运用这种神秘，即构成象征：唤起一物，以显示一种心理状态选择一物，使之散放一种心理状态——透过一个渐进的解读过程而致。

丰富的组合，幻觉在其中也比在他处启示更多真理。在《通感》里，波德莱尔言及“隐密且深邃的和谐（shadowy and profound unison）”，语涉人类与世界的奥妙统一。一个现实宇宙之外的宇宙向我们启示事物内在的神秘灵魂，易言之，诗人之诗为事物赋予它们先前所无的价值。

如果美要来自日常事件的质地之中，无论日常事物是掩匿美，或指向它们自身以外的美，则诗人的课题就是如何将语言变成一种完美的指涉机制。我们不妨看看象征主义在这方面的最完整之作，就是魏尔伦的《**诗的艺术**》（*Art Poétique*）：通过语言的音乐化，以及一定程度的明暗法和指涉，可以触发事物之间的通感，其间种种关联也由是显豁。

不过，为诗的创造提出一套形而上论，出力最大者不是魏尔伦，而是马拉美（Stéphane Mallarmé）。在一个由机缘支配的宇宙里，唯

马奈，
马拉美画像，
1876，
巴黎，
奥塞美术馆

有诗的语言能实现绝对，方法是通过诗不可移易的节奏韵律（这是悠长的耐心，和英雄式的、直指本质的努力工夫的成果）。马拉美生平孜孜于他的《大作》（*Grand Oeuvre*），而至死未完。他自视此作为“以奥菲斯（Orpheus）的方式解释世界，这是诗人与文学游戏的唯一职责。”问题不在面面俱到，以古典诗的清明与严谨显示事物；马拉美在其《离题》（*Divagations*）里说：“说出一物之名，一首诗之乐趣即四去其三。诗主**暗示**（to suggest it），这是诗梦寐以求之境。完美运用此种神秘，可以构成象征，点点滴滴唤起一个对象……在

精确的意象之间建立关联，在它们之外另生第三个层面，一个能融释而清晰的层面，呈现以供忖臆（divination）……我说，一朵花！从隐暗之中，我的诗的音声逐出某种形状，不同于所有已知的花萼。由此隐暗之中，所有花束都没有的那朵花，花的理念本身，带着音乐性，悦耳地升起。”一种掩隐的诗法，留白暗示而不明言，恍惚有物；唯有如此，《大作》才能启示“无可移易的美的花边细工”。此中有柏拉图主义那种超越现实的探索，但同时也知觉诗是一种神奇的行动，一种猜测的技巧。

在兰波（Arthur Rimbaud），忖臆的技巧与诗人的生命合一：感官的放纵成为天眼通之路。在兰波，颓废主义的唯美宗教并不导致丹第主义的怪异。放纵的代价是受苦，唯美的理想是有代价的。他穷其青年时代寻找绝对的诗的语言，了悟此事难有进展之后，他以不到 20 岁的年纪，从文化界抽身，远走非洲，37 岁在非洲去世。

我膝盖之美

兰波

《地狱一季》，1873

有天晚上，我诱引美到我膝盖上。我发现她不友善，于是我欺负她。我反抗正义。我逃开。啊，女巫。啊，悲惨。啊，怨恨。我将宝藏托付于你，我将一切人类希望逐出我的灵魂。像一只野兽，我扑向任何喜悦，想法扼杀它。我呼引刽子手，因为我希望啃着他们的枪托而亡。我呼引鞭子，我想在沙里和血里窒息。不幸是我的神。我在泥沼中颠簸而行。我在犯罪的空气里吹干自己。我与疯狂肆意调情。春天带给我一个白痴令人心惊的大笑。

相信一切魔法

兰波

《地狱一季》，1873

有很长一段时间，我自夸是一切可能的风景的主人，我认为现代绘画与诗的所有名家都是笑话一个。我爱殊方异域的图像，我爱门廊顶上挂的画，舞台布景，街头艺术家使用的风景，褪色的文学，教堂的拉丁文，错字百出的色情书，我们祖父念的传奇、童话，幼童看的书，老旧的闹剧，简单愚蠢的诗，天真的节奏。

我梦见十字军，无人记载的发现，没有历史的共和国，被压制的宗教发动的战争，被革了命的风俗习惯，种族与大陆的迁徙：我相信一切种类的魔法。

7. 唯美的神秘主义

波德莱尔的《通感》（*Correspondences*）1857 年出版，收入其诗集《恶之花》（*Les fleurs du mal*）。他写《通感》之时，英国的文化社会由拉斯金（John Ruskin）管领风骚。拉斯金一贯的主题是力斥工业世界污秽无诗意，力倡返回中世纪与 15 世纪带着爱心与耐心从事的手工艺世界。不过，在这里，拉斯金令我们感兴趣的是，他对美的思考里处处弥漫的热烈神秘主义与宗教性。对美的爱，是对大自然的奇迹与大自然里无处不见的神的标记的敬爱；大自然在寻常事物里向我们启示“深刻事物的寓言，神的类似物”。“一切都是崇拜”，“最高的完美掺糅一些黑暗，才能存在”。“柏拉图主义”式对超越的美的探求，呼唤中世纪艺术与拉斐尔以前的艺术：这些就是拉斯金的要义，宗旨则在启发当时的英国诗人与画家，尤其罗塞蒂（Dante Gabriel Rossetti）成立于 1848 年的拉斐尔前派兄弟会（Pre-Raphaelite Brotherhood）。拉斯金、伯恩·琼斯（Edward Burne-Jones）、亨特（William Holman Hunt）及米莱斯（John Everett Millais）运用前文艺复兴的主题与技巧——这些主题与技巧在 19 世纪初已令德国“拿撒勒派”（Nazarenes）着迷——来表现一种充满感官性的微妙神秘主义。

罗塞蒂说：“画你所想画，而且简单为之。上帝在万物之中，上帝即爱。”但罗塞蒂笔下的女人，他的比阿特丽斯（Beatrici），他的维纳斯，双唇丰满，欲焰逼人。她们令人想起的不是中世纪的**天使般的女性**（donna angelicata），而是斯温伯恩（英国颓废主义诗坛盟主）诗中的带着邪气的女子。

米莱斯，
盲女，
局部，
1856，
伯明翰（英国），
市立博物馆和艺术馆

8. 事物内在的狂喜

象征主义濡染整个欧洲文学，至今仍在开花。由象征主义的主流，一个新的现实观浮现出来：事物是启示之源。这是一种新的技巧，年轻的乔伊斯（James Joyce）在20世纪头20年里，在《英雄史蒂芬》（*Stephen Hero*）与《一个青年艺术家的画像》（*A Portrait of the Artist as a Young Man*）里，为此技巧作了理论上的界定，但这技巧也以不同形式出现于当时其他伟大小说家笔下。这种新现实观的根，则在佩特（Walter Pater）的思想里。

佩特的批评著作里，可以找到所有颓废主义感性的主题：生活于过渡时期的意识（他的角色，伊壁鸠鲁主义者马里乌斯，是唯美主义者，一个罗马帝国末季的丹第）；一个文化进入秋天的那种慵恹的甜美（雅致的色彩，纤柔的色泽，精细、微妙的悸动）；对文艺复兴世界的悦慕（他有文章讨论达·芬奇，皆负盛名）；以及所有价值附属于美（有人问他，“我们为什么要向善”，他答曰，“因为善如此美丽”）。

在《伊壁鸠鲁主义者马里乌斯》（*Marius the Epicurean*），特别在其名文《论文艺复兴》（*On The Renaissance*, 1873）里，佩特发展一套精确的“**顿悟的灵视**”（epiphanic vision）美学。他没有使用“顿悟”（epiphany）一词，此词后来乔伊斯使用，意指“显现”（manifestation）。

伯恩·琼斯，
被链子锁在树干的公主，
1866，
纽约，
福布斯收藏馆

顿悟的灵视

佩特

《论文艺复兴》，1873

每刹那都有某种形式在手中与脸上臻于完美；山上或海上某个音乐比其余更精美；某个心情、激情或洞见或思想上的兴奋对我们是那么莫可抵御地真实——只在那一刹那。目的不在经验的果实，而在经验本身。……

永远以这般硬实的、宝石似的火焰燃烧，维持这狂喜，即是生命之成功。就某一意义而言，甚至可以说我们的失败就在于形成习惯；毕竟，习惯关系一个刻板化的世界，同时，唯有眼光粗糙，才使任何两个人、两件事物、两个情况看来一样。一切都在我们脚下熔掉之际，我们尽可以把握任何纤细的激情，任何似乎在提升了的眼界里使精神自由一刹那的新知，或感官的任何悸动，奇异的染料、奇异的色彩，令人好奇的气味，出自艺术家之手的作品，或一个朋友的脸。

阿博特，
乔伊斯像，
1926

佩特未用此词，但其义只是含蓄未发：有些刹那，尤其情灵感动之际（一天某个时辰，或一个出乎意料的事件，突然使我们贯注于一个物体），事物显得面貌全新。这时，事物并非指向我们自身以外的美，也不是引起“通感”，而是以前所未有的强度出现，意义饱满，使我们了悟，只有在那一刹那，我们才有了完全的体验——人生只有累积此等体验，方才值得。顿悟是狂喜，不过，是没有上帝的一种狂喜：它不是超越，而是这个世界的事物的灵魂，论者尝谓，这是一种唯物主义的狂喜。

史蒂芬·德达勒斯（Stephen Dedalus），乔伊斯早期小说的主角，不时被看来微不足道的事物吸引，一个女人唱歌的声音，腐烂甘蓝菜的气味，街头一口突然从夜暗中浮现的钟，钟面浮光明晃，卒至

海鸟女孩

乔伊斯

《一个青年艺术家的画像》，1917

一个女孩站在中流，独自一人，一动不动，凝望大海。她仿佛被法术变成一只奇异又美丽的海鸟。她修长光裸的小腿纤细如鹤足，而且纯净，除了一缕翠绿的海草黏在那肌肤上，像个标记。她的大腿要丰满一些，色泽轻柔如象牙，几乎裸露到臀部，内裤的白花边像柔软的白羽。她深蓝灰色的裙子大胆撩到腰间，在下背挽个结。她胸脯如鸟，细柔而微隆，微隆细柔如黑羽鸽。但她长长的秀发仍是少女模样：她的脸，少女模样，带着一抹神奇的人间绝美。她独自一人，一动不动，凝望大海；当她感觉到他的存在以及他眼睛的崇拜，她转身向他，静静容受他的注视，没有羞耻，也不带放浪。……

天国上帝！史蒂芬的灵魂在突来一阵亵渎的喜悦中大喊。

一个狂野的天使向他显现，青春绝美的天使，从生命的美丽之庭来的特使，在狂喜的刹那，在他面前一把打开大门，通向一切错误与荣耀之路的。往前，往前，再往前！

布兰奇，
普鲁斯特像，
约 1900，
巴黎，
奥塞美术馆

史蒂芬“左顾右盼一个个偶然入目的字眼，木然纳闷它们如此悄没声息失去当下的意义，直至每个庸鄙的店招如符咒般缠缚他的心灵，缚得他的灵魂枯缩于终古一叹”。

在其他地方，乔伊斯式顿悟仍然连结于美学神秘主义，一个行走海边的少女，在诗人眼中有如一只传奇中的鸟，“有形的美的精神”“如同披风”般包覆它。在其他作家，如普鲁斯特（Proust），启示来自回忆：一个特定意象或触觉勾起另外一个意象、另一时刻里另一个悸动的悸动，如是层层渐出，然后，“不由自已的回忆”发生短路，引发启示，当事人悟见生命中诸般物互联相属，成为一个统一体。在这里，人生是对美的追求，使这样的人生有意义的也是这些刹那的特殊经验，而我们唯有学习狂喜地进入周遭事物之心，才可能有此刹那。

这几位作者将顿悟灵视结合于“顿悟即创造论”：如此稍纵即逝的体验，唯有艺术能将之传达他人。艺术使此体验自无中生出如泉涌，从而赋我们的经验以意义。

如乔伊斯所言，史蒂芬认为“能最精确将意象的灵魂自其环境网罟中解脱出来，精选最准确的艺术环境，将此灵魂重新体现于此新境中的艺术家，是至高无上的艺术家”。但这一切必须指归波德莱尔，他才真正是这所有潮流之祖：“整个有形宇宙只是一座意象与符号的仓库，想象派给这些意象与符号一个适其位置的价值，这是想象力必须消化与转化的一种营养。”

9. 印象

雷诺阿，
金发浴女，
1882，
都灵，
乔瓦尼·阿涅利美术馆

作家以顿悟开出一种视觉技巧，时而大有取代画家之势；不过，顿悟基本上是文学技巧，在视觉艺术的理论上并无铢两悉称的对等物。在《在少女们身旁》（*A l'ombre des Jeunes filles en fleurs*）里，作者普鲁斯特长篇描写不存在的画家艾斯蒂尔（Elstir），颇非偶然。艾斯蒂尔的作品类如印象派。他刻画我们乍然与景相遇的第一刹那，唯一的真相刹那，在那一刹那，人智尚未介入来解释此景此物是什么，我们尚未将我们拥有的概念覆加于景物给我们的印象。艾斯蒂尔将事物还原于当下印象，使之“蜕变”。

马奈（Manet）说，“实物并不存在，我手画我见”，“我们画的不是一个风景、一个港口、一个人，而是一个风景、港口、人物在一天某个时辰给我们的印象”；梵高要用人物表现永恒，但是要通过“色彩的悸动”来达成；莫奈（Monet）为他一幅画取名《印象》（*Impression*），而此词不经意成为整个绘画运动的名称；塞尚说，他画苹果，就要画出其灵魂，其“苹果性”：以上艺术家都显出他们与晚期象征主义里不妨称为“顿悟”潮流的血缘。

莫奈，
鲁昂教堂三景，
1892—1894，
巴黎，
奥塞美术馆

塞尚，
苹果和饼干，
1890—1895，
巴黎，
桔园美术馆

梵高，
星夜，
局部，
1889，
纽约，
现代艺术博物馆

印象派的大趋势不在于创造超越的美，他们主要志在解决绘画技巧的难题，发明一种新空间、新的物体可能性，就如普鲁斯特志在启示时间与知觉的新层面，又如乔伊斯决心深度探索心理联想的机制。

这时候，象征主义已产生了接触现实的新方式，对美的追求已经不是追求天国，艺术家沉浸于活生生的题材。这个过程持续前进之际，艺术家甚至忘却原初引导他们的美的理想，不再视艺术为美学狂喜的纪录与原因，而是视之为知识工具。

METROPOLITAIN

第十四章

新的对象

1. 殷实的维多利亚式审美

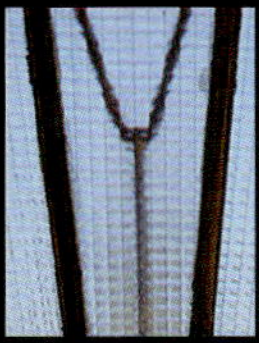

吉马尔德，
巴黎地铁，
1912

美的观念不只随多样的历史时代而变。同一时代，甚至一国之内，可能有多样的审美理想并存。颓废主义的美学理想问世之际，另一个美的理想也骎骎而盛。这个理想，可以称为“维多利亚式”理想。上起动荡的1848年，下迄19世纪末叶的经济危机，史家通称“资产阶级时代”。这时期，资产阶级在贸易、征服殖民地诸事上伸张其价值的能力达于极盛，在日常生活亦然：这时期的道德观、审美与建筑规则、何谓良知良识，以及主宰衣着、公共行为、家具的规则，全以资产阶级为依归。如果考虑英国资产阶级的霸权，则可以更明确地说，这些规则都是“维多利亚式”。资产阶级以其军事强权（帝国主义）与经济力量（资本主义）自得，也以其审美观念自得，这观念结合实用、坚固、耐用，正是资产阶级心态有别于贵族的特征。

普金，
哥特式沙发，
约1845

维多利亚世界（尤其资产阶级部分），基本上讲究实用，而简化生命与经验：凡事非对即错，非美即丑，不许耽溺无用的混合特征或多义暧昧。资产阶级没有利他和自利的两难困境：他在外（股票市场、自由市场、殖民地）是自利主义者，在家中四壁之内是好父亲、教育者、慈善家。资产阶级没有道德两难式：他在家里是道德主义者和清教徒，出了家门是伪君子，对年轻的劳动阶级女子则道德荡然。

这种实用的简化并不构成两难：这种简化反映于**资产阶级住家**内部，反映于其器物、家具及其他品项，其中表现的美既奢侈又坚固。维多利亚式的美没有在奢华与功能、表象与实存、精神与物质之间选择的困扰。从精雕的相框到教育女儿用的钢琴，无一而非用心安排：任何事物、表面、装饰，无不同时表现其费用成本与经久耐用之意，一如英国炮艇与银行向世界各地输出的“大英生活方式”。

资产阶级住家

霍布斯鲍姆

《资本的时代，1848—1875》，1975

家是资产阶级世界的精髓，因为在这里，只有在这里，人始能忘记或以人为方式压下社会上的问题与矛盾。在这里，只有在这里，资产阶级家庭（小资产阶级更是如此）才能维持和谐而阶级分明的幸福的假相，周围是证明这种幸福的人工制品，梦幻似的生活，其极致表现，则是有系统地为此目的而发展出来的家庭仪式，亦即庆祝圣诞。圣诞晚餐（狄更斯歌颂的），圣诞树（发明于德国，但很快由王室之奖掖而同化于英国），圣诞歌曲（源出德语地区的《平安夜》最著名）：这些事物象征外面世界的冷酷，家庭的温暖，以及这两个世界的对比。

世纪中叶，资产阶级家庭内部给人的最直接印象，是过度的拥挤与掩饰：一大堆物体，以布幔、坐褥、衣服、壁纸掩饰，而且经常十分繁缛。图画必有镀金、格子细工雕镂的画框，画框有时甚至覆以天鹅绒，坐椅必用椅套或椅布，丝织品必有流苏，木制品必经旋削，任何表面上必有布或某种物体。这无疑是财富与地位之征。……物品表现其成本。在家中物体大致仍是以手工制作的时代，繁缛大多为成本兼材料昂贵的表示。成本带来舒适，舒适要肉眼可见，而且是产生来供人体验的。但物体不只有功利作用，也不只是身份与成就的象征。它们本身还是人格的表现，资产阶级生活的现实，甚至是改变人的气质的东西。

因此，维多利亚美学表达的是一种根本双重性，起自实用功能，进入美的领域。在一个所有物品都变成货物，交换价值（一件物品等于一定数额的金钱）凌驾一切功用价值的世界，连美丽事物的审美乐趣也变成其商业价值的表现。过去由模糊、不定所占的空间，如今被事物的实用功能充满。从此以后，形式与功能的区别愈来愈不分明，都带着这种双重性。

儿童茶会，
约1880，
伦敦，
国家历史图片档案库

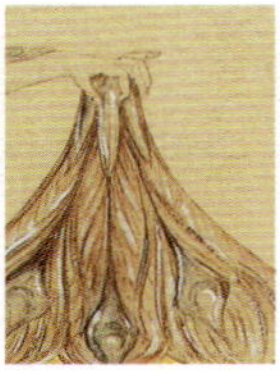

2. 铁与玻璃：新的美

这种双重性也见于内部（住家、道德、家庭）与外部（市场、殖民地、战争）的截然区分之中。斯迈尔斯（Samuel Smiles）座右铭说“事事有其位，事事适其位”。斯迈尔斯以清晰、善诱的文字表达资产阶级的“自助”论，有名于时。

但这区分在19世纪的漫长经济危机（1873—1896）中一片大乱。大众本来相信一个由“看不见的手”支配的世界市场会不断进步、无限成长，如今不复如此信心满满，甚至不再确信经济过程是理性、规律的。同时，新的材料出现，用以表现建筑之美，促成维多利亚形式发生危机，并且催生19世纪末期至20世纪初期的新形式。不过，这场兼用玻璃、铁、铸铁的建筑品位革命，有其更早的起源：圣西门（Saint-Simon）信徒的乌托邦实证主义。19世纪中叶，圣西门之徒深信人类正在走向历史顶峰，即有机阶段。第一个新颖的征象出现于世纪中叶，就是拉布洛斯特（Henri Labrouste）设计的公共建筑：圣吉尼维也夫图书馆（Bibliothèque de Sainte-Geneviève），所谓“新希腊运动”（Neo-Greek movement）的发轫之作，以及法国国家图书馆（Bibliothèque Nationale de France）。

拉布洛斯特1828年以一篇精详论文说明培斯顿（Paestum）有一座神殿其实是公共建筑，惊动各方。他力斥理想美，深信建筑不

拉布洛斯特，
法国国家图书馆，
1875—1880，
巴黎

拉布洛斯特，
法国国家图书馆，
1875—1880，
巴黎

新希腊风格

理查森

《建筑评论》，1911

……真正的新希腊风格，乃漫长规画过程之大成，反映了设计者孜孜不倦的心智，他收集许多观念，将它们投入他想象力之炉而熔之，炼之，直至新铸之铁光华闪耀。没有他不能冶炼的材料。如此，唯有如此，独创的设计方始可能。

应表现理想美，应该表现使用建筑者的社会愿望。他设计的伟大图书馆，以大胆的照明系统与铸铁柱子，为空间与容量赋予形式，是一种内在渗透着社会、实用、进步精神的美的模范。艺术之美纯粹由结构之美来表现：一直到最小的一栓一钉，没有任何材料不是一种新创的**艺术品**（objet d'art）。

埃菲尔铁塔，
巴黎

帕克斯顿，
水晶宫，
1851，
伦敦，
英国国立科学与工业博物馆

英国也愈来愈多人认为，在20世纪，美应该通过科学、贸易、工业的力量来表现，这些力量注定要取代已经势穷力竭的道德与宗教价值：这正是水晶宫（Crystal Palace）设计者之一琼斯（Owen Jones）的立场。在英国，以玻璃与铸铁表现的美，深为一些人所不喜，他们一心要返回中世纪，如普金（Pugin）与卡莱尔（Carlyle），返回新哥特，如拉斯金与莫里斯，他们还促成了“中央艺术与工艺学校”（Central School of Arts and Crafts）。这股厌恶，追求的是倒退性的乌托邦，要返回大自然之美，拒绝在机器文明里看出一种新的美。不过，王尔德质疑“美应该表现于社会功能”之说，上举诸人于此并无疑问，他们争的是：建筑物的门面应该表现**哪种**功能。

普金，
新哥特式室内设计

据拉斯金之见，建筑的目的在于使建筑物在风景内部臻至和谐，从而实现一种自然之美：这种乡村式的美取木、石之自然而拒斥新建材，是唯一能表现一个民族生命精神的美。这是一种具体、可触而感的美，表达于身体与建材的接触之中，建材则透露建材生产者的历史、激情与本质。“好的建筑”背后站着快乐的人，而不是被工业文明异化的人，才能产生美丽的房子。莫里斯的乌托邦社会主义梦想重返中世纪社会形式，鄙弃大都市的异化、铸铁那种冷酷且人工的美，以及大量生产的千篇一律。

3. 从新艺术到装饰艺术

“中央艺术与工艺学校”歌颂工匠之美，鼓吹重返手工，反对工业对自然的一切污染。在艺术领域，这个运动的最直接成果之一，就是“新艺术”（Art Nouveau）。新艺术在两个世纪之交迅速传播，尤其在装饰、设计及奢侈品方面。

有意思的是，有异于其他运动之由事后归纳而得名（如巴洛克、风格主义），新艺术从“草根”兴起并成形，是自发而来，名称随其所从来的国家而不同：在德国叫“Jugendstil”（青年风格），在奥地利叫“Secession”（分离派），在意大利称“Liberty”（取自伦敦一家著名百货公司老板之名）。新艺术由书籍装饰起步：花体字、框边、字头变化，将精致考究的装饰之美与事物的习见功能结合为一。如此常见之物之如此精工装饰，来自一股难以抑制的、要以新式蜿蜒的线条缘饰结构形式的冲动。这是一个征候：果然，这种美未久即

沃尔佛斯，
电灯，
取自《美女孔雀》，
约 1901

占据铁制窗框、巴黎地铁入口、建筑及家具。这甚至可以称为一种自恋式的美：一如那西塞斯（Narcissus）看见自己在水中的倒影，而将自己的形象投射出来，新艺术将其内在之美投射于外物，拨用外物，以其线条将之包覆。

青年风格之美是线条之美，并不鄙夷肉体、感官层面：此派艺术家很快发现，甚至人体，尤其女体，也包在柔软的线条与非对称的曲线里，人体由此形成一种充满欲感的涡动。人体的风格化不只是一个装饰元素。青年风格的衣着，迎风飘扬的围巾，不只是外在风格，而是一种内在风格：舞蹈女王邓肯（Isadora Duncan）是当代的真实偶像。青年风格的女人是情色解放的、肉感的女人，她们拒斥紧身胸衣，喜爱化妆品：新艺术从书籍与海报装饰之美，进向人体之美。

青年风格

史登伯格

《青年风格全景》，V. 1976

青年风格因此并非一个时代的代表观念，但的确界定了一种划时代现象。在心理层次，它大致传遍西方世界：英国、比利时、荷兰、法国、德国、奥地利、瑞士、斯堪地那维亚、美国，有些母题则及于西班牙、意大利，甚至俄国。同时，这些国家里都有一些非常不同，而且更为重要的运动：然而青年风格是新奇的表征，创新与更新则是青年风格的征记（从此以后，凡是获得评价、名气、市场，以及要在历史上占一席之地的艺术，都以新奇为特征，甚至必备条件。这个特性，由其传遍德国以外整个西方的另一个名称表现无遗：新艺术。当然，除了流派、集团、个人之别，各个重镇也必须有个区辨：伦敦、格拉斯哥、布鲁塞尔、巴黎、南西、慕尼黑、达姆斯达特，以及维也纳；维也纳自己有一个名称，叫“分离派”。

……我不打算在“象征主义”与青年风格之间划一条清楚的分界线：如此划分，将失之牵强。我宁可寻找作品之间、个人之间的差异。我们在这里谈的，是一个内在各部分相通而彼此交织的宇宙，里面兼有正面与反面层次。青春、光明、健康等母题，与梦、渴望、童话及偏邪互反；有机装饰的原则既表示自然的人性化，也表示人的去自然化。我们如果将矛盾分解开来，说它们属于哪些潮流或发展阶段，会错失那种深刻的，丰富的，既吸引我们，又令我们不安的暧昧多义。青年风格不能失去暧昧多义。建筑上，凡德维德的“理性”与高迪在巴塞罗纳的奇想，麦金托许在格拉斯哥的谦抑，与吉马德在巴黎的丰沃之间，多少矛盾！王尔德的谐谑，和德国人德梅尔诗中的理想化悲情，梅特林克的灵视与维德京的尖酸，多大的对照！绘画上，克里姆特的淫猥奢华，与蒙克（Edvard Munch）的强烈绝望，是相隔多远的世界！但是，以上种种之间还是有个统一；这些画家、诗人、建筑师与设计家有其共通之处：我们以“青年风格”一词所界定的，就是这个印象。

露易丝·布鲁克斯

新艺术毫无拉斐尔前派与颓废主义的怀旧忧郁与死亡暗示，也不带达达主义对商业化的造反。不过，新艺术有明显的功能主义特征，具见于它对材料重视，其物件有一种精细功用，形式则尽去奢华与冗赘。导源于艺术与工艺运动的元素，对它的这些特征当然有其贡献，但新艺术明显与工业社会妥协而淡化这影响。原来的青年风格没有免于某些反资产阶级的趋势，只是其动机主要在于使资产阶级骇异，也就是法国人说的“épater les bourgeois”，而不在于推翻当权秩序。这个趋势的冲击可见于比亚兹莱的版画、维德京（Frank Wedekind）的戏剧，以及劳特累克（Henri de Toulouse-Lautrec）的海报，但老旧的维多利亚陈腔滥调消失，这冲击很快随之化小。1910 年起，新艺术的形式要素由装饰艺术接续发展。装饰艺术继承新艺术的抽象、扭曲与简化等特征，同时走向更明显的功能主义。装饰艺术（此词 1960 年代才问世）保持新艺术的画像学母题，如风格化的花束，年轻、细柳似的女形，几何图案、蛇纹、锯齿形，而以取自主体主义、未来主义、建构主义的元素加以提升，并且随时着眼于形式追随功能。新艺术的多彩丰富由一种不重审美而重功能的态度取代，这种功能之美由质量与大量生产精致结合而来。这种美的特色，是将艺术与工业两者调和：这至少有一部分可解释，何

凡德维德，
哈巴纳百货公司，
布鲁塞尔

杜多维奇，
Balilla 508 汽车海报稿，
1934，
都灵，
菲亚特档案馆

阿吉雍，
时尚精华，
1920，
Susan J.Pack 收藏馆

以装饰艺术甚至在1920与1930年代的意大利也异常流行，当时意大利的官方正典是**法西斯主义的女性美**，与装饰艺术苗条似柳的女子截然相反。装饰艺术不强调装饰成分，遂成为20世纪初叶欧洲设计界一种普遍共通之心绪。这种功能主义的美，共通特色是接受金属与玻璃素材，以及夸张的几何线条与理性成分（取自19世纪末叶奥地利分离派）。青年风格将技术元素做成风格化装饰，从贝伦斯（Peter Behrens）设计的日常物品（缝纫机、茶壶），到慕尼黑“工厂联合会”（Werkbund, 1907年成立）的产品，从德国包豪斯（Bauhaus, 后来被纳粹关闭）到以希尔巴特（Paul Scheerbart）为先声的玻璃房子，一直到鲁斯（Adolf Loos）的建筑，其中浮现的那种美，就是对这种技术元素风格化的反动（青年风格不将科技视为威胁，因而能与之妥协折衷）。反对这种装饰元素——本雅明（Walter Benjamin）称之为“龙的装饰”——是这种美的最明显政治特征。

法西斯主义的女性美

总理新闻室
《以妇女时尚为题的画作与摄影》，
1931

根据领袖对医学界发表的重要讲话，法西斯主义女人一定要健康，要能成为健康孩子的母亲。绝对禁止画以人为手段变瘦而显出男人性质的女子身形，以及颓废的西方文明裸露妇女。

4. 有机美

上文说过，维多利亚时代有一个正典，是内部与外部清楚有别。新艺术，连同当时其他文化领域里的事件——如尼采与柏格森（Henri Bergson）的哲学，乔伊斯与弗吉尼亚·伍尔夫（Virginia Woolf）的文学作品，以及弗洛伊德发现潜意识——促成这正典毁坏。这趋势最充分表现于20世纪建筑，其中又以赖特（Frank Lloyd Wright）之作最值一提。赖特的“有机”草原风建筑（Prairie House），内部空间扩伸而与外部空间重迭，表现了一种以个人主义为基础，以恢复人与自然关系为基础，但拿掉了倒退式乌托邦的“新民主”。德劳奈（Robert Delaunay）画的埃菲尔铁塔与周围环境密合，异曲同工。在赖特以玻璃与铁为材质的“小木屋”里，美国人体验一种既是建筑之美，也是自然之美的美，一个自然之地与人工之作统合无间的美。

高迪，
卡沙公寓的旋梯，
局部，
1906—1910，
巴塞罗那

赖特，
流水别墅，
1936，
熊溪河畔

这种令人神安气定的美，与高迪（Antoni Gaudí）设计之作那种乱人心意、追求惊异的美南辕北辙。高迪以迷宫式空间取代线性结构，舍铁与玻璃之凝炼，取岩浆作用般变化的塑料材质，这些材料在语境与表情上都不做任何综合的企图。其作品外表有如丑怪的拼贴，将功能与装饰的关系颠倒过来，从而根本否定建筑体与现实之间的任何关联：高迪的建筑故示无用，抗拒分类，表现了内在美的极端反抗——反抗机器以其冷酷的美将生命变成它的殖民地。

5. 日用物品：批评、商业化、大量生产

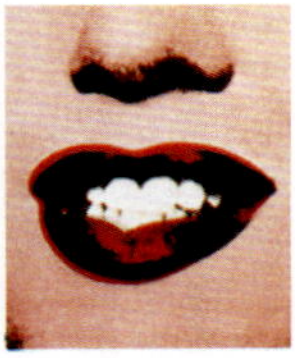

20世纪艺术有个特征是，一个生活与事物都商业化的时代，对日用物品十分留意。凡物皆简化成商品，世界纯受交换价值支配，使用价值逐渐消失，日常物品的性质由是根本改变：日常物品必须有用、实用、相对便宜、具标准品位，而且大量生产。此事的意义是，在货物流通之中，实用性决定物品的流行程度；实用性和流行程度与物品根据基本模型生产的数量成正比。易言之，物品失去某些决定其美与重要性的特征所赋予它们的“氛围”。新的美可以复制，但也短暂易逝：它必须说服消费者快速更换物品，更换的理由或为用旧用坏，或是对产品不满意，如此，货品的生产、配销、消

夏文斯基，
为 Boggeri 工作室制作，
Olivetti 打字机的蒙太奇海报，
1934

费循环才不会停止成长。有些大博物馆，如纽约现代艺术博物馆（MoMa）、巴黎装饰艺术博物馆，以专门空间展示家具与饰品之类日用物品，也是这个时代的一个征候。

杜尚，
自行车轮，
1913，
费城，
艺术博物馆

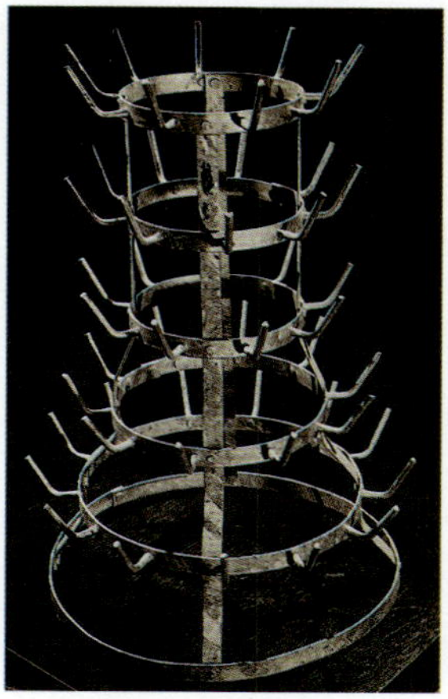

杜尚，
晾瓶架，
1914，
斯德哥尔摩，
现代艺术博物馆

对这种潮流的反应，是达达主义对日常物品提出凶猛的讽刺批判。达达主义最理性的主将杜尚（Marcel Duchamp）的《现成品》（*Ready Mades*）即其中力作。他以脚踏车轮或尿斗——取名《喷泉》（*Fountain*）——就物品从属于功能这一点提出吊诡的批评：如果一物之美是商业化过程的结果，则任何日常事物都可以去掉其作为日常用品的功能，重新恢复其作为艺术品的功能。

杜尚的作品仍然着意批评现状并反抗商业世界，波普艺术（Pop Art）运动对日常物品的态度则既不抱乌托邦式憧憬，也不抱任何希望。波普艺术家冷眼观物，有时自承愤世嫉俗，但最重要的是，他们承认意象、美学创造与美已非艺术家专利。

莫兰迪，
静物，
1948，
都灵，
市立美术馆

商业世界以其不容否认的本事，将人的感觉装满商业世界的意象，无论你的社会地位为何：艺术家与一般人的区分于是愈来愈不明显。批评从此没有容身之地，艺术的工作是确定，任何物体，从玛丽莲·梦露的脸到汤罐头，从卡通形象到公车站候车的没有表情的人群，具不具备其本身之美，不是根据物体自身性质，而是根据那些决定其呈现方式的社会坐标：一根黄色香蕉，看起来与其所“代表”的实物并无关联，还是被选为前卫合唱团 Velvet Underground 的专辑封面图案（安迪·沃霍尔之作）。从里希登斯坦（Roy Lichtenstein）的漫画，到塞格尔（George Segal）的雕塑，到安迪·沃霍尔的艺术生产，都是大量生产的美：都从一个产品系列延伸而来，或者本来就适合包含在一个产品系列之中。

这么说来，大量生产是不是美在“艺术可用技术复制的时代”里的命运？并非人人皆持此见。莫兰迪（Giorgio Morandi）画出一批批普通瓶子。但是——带着波普艺术的愤世嫉俗所不知的一种悲情——他不断超越大量生产造成的局限。他不断寻找日常物品之美在空间中的方位，以此决定空间，同时，空间也决定这物品的位置。此是瓶子、罐头或旧箱子，皆无不可。莫兰迪至死追寻的美，其奥秘或许就在这里：美出人意表，从覆盖日常物品的灰锈里源源涌出。

欧登博格，
汤匙桥与樱桃，
1988，
明尼阿波利斯（美国），
沃克艺术中心

安迪·沃霍尔，
绿松石玛丽莲·梦露，
1962，
Stefan T.Ellis 收藏馆

安迪·沃霍尔，
毛泽东，
1973，
私人收藏

第十五章

机器之美

1."美丽的"机器?

我们今天已习惯用"美丽"形容机器，无论其为汽车或计算机。但机器而以"美丽"称之，是个相当晚近的观念。人隐约知觉此点，可以说是17世纪左右，但真正的机器美学的发展，至今不过一个半世纪。当初织布机问世，许多诗人还骇异莫名。

总的说来，任何延伸并扩大人体可能性的人为构造，都是机器，从第一块磨利的燧石，到杠杆、手杖、棰、刀剑、火炬、眼镜、望远镜，一直到开瓶器或榨果汁机，皆是。以这层意义而论，椅、床、衣服莫不皆然。动物以毛、羽为天然护身物，衣服是人为代替品。人类实际上与这些"简单的机器"合一，它们都与我们的身体直接

薄片连铸机模具，2000

腓尼基仪式用金银斧，公元前18世纪

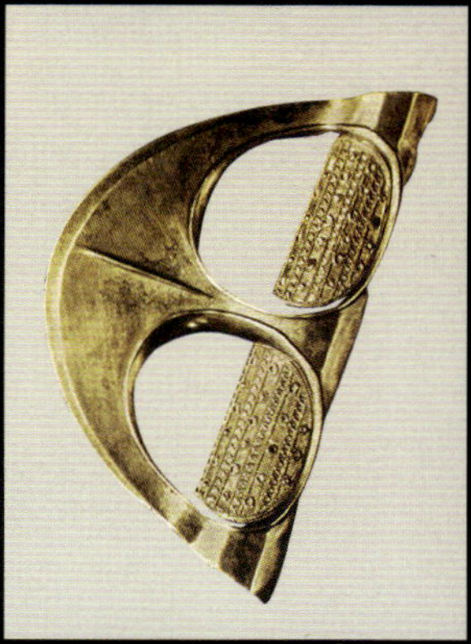

接触，是人体的自然延伸，我们照顾并装饰它们，一如我们照顾并装饰身体。我们制作握把缛饰而昂贵的武器或手杖，奢华的床，细心装饰的马车，精致的衣服。有一种机器与人体没有直接关联，也不模仿手臂、拳头或腿，此即轮子，但轮子是日、月形状的复制，是绝对完美的圆形，轮子也因此而常含宗教意义。

打从开始，人也发明“复杂的机器”，不过，我们的身体与这类机器没有直接接触，如风车、联斗式输送机，或阿基米得螺旋泵。这类机器的机制隐藏于机器内部，一旦发动，就自行持续工作。这类机器引起恐怖之感，因为它们使人类器官的力量倍增，隐藏其内的齿轮对身体又危险（谁将手伸进一部复杂机器的齿轮里，都会受伤），尤其复杂的机器仿佛活生生似的。你看见风车的手臂，钟表里钝齿轮的轮齿，或夜行火车的两只红眼，很难不把它们想成活生生的东西。

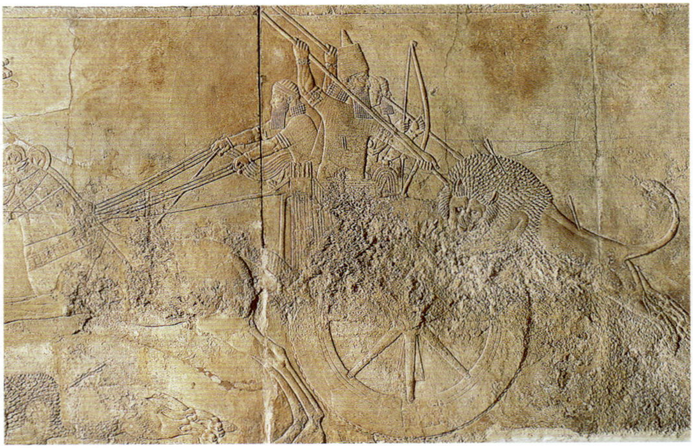

猎狮，
尼尼微（Nineveh），
亚述巴尼拔宫浮雕，
公元前650年，
伦敦，
大英博物馆

轮子

威廉·布莱克

《四个活物》，1795—1804

生命的所有艺术
他们都拿来变成死亡术
沙漏受到鄙视
因为它简单的技术
就像农夫的技术以及
那将水送上水槽的水车
因为它的技术就像
牧羊人的技术
他们不要沙漏
反而发明复杂的轮子
没有轮子的轮子
好迷惑青年，
好将无数人绑缚于
日日夜夜的劳动
让他们一小时又一小时
锉磨铜和铁
辛劳苦作而不知其用

机器望之如半人，或半动物，这“半”就是它们形同巨怪之处。这些机器有用而令人不安：人利用自己所造之物，却又视其隐约有如魔鬼，无“美”可言。

希腊文明知道这些简单机器和复杂机器，例如水磨；希腊人也知道一些堪称精密的机器，因为戏剧设计里有**神从机器里出来**（deus ex machina）一词。但古希腊人不提这些机器。那个时代，人对那些机器的兴趣，不比他们对奴隶的兴趣多。奴隶从事肉体之劳，奴事他人，不值得他们花脑筋思考。

杭恩，
发电厂机工，
1920

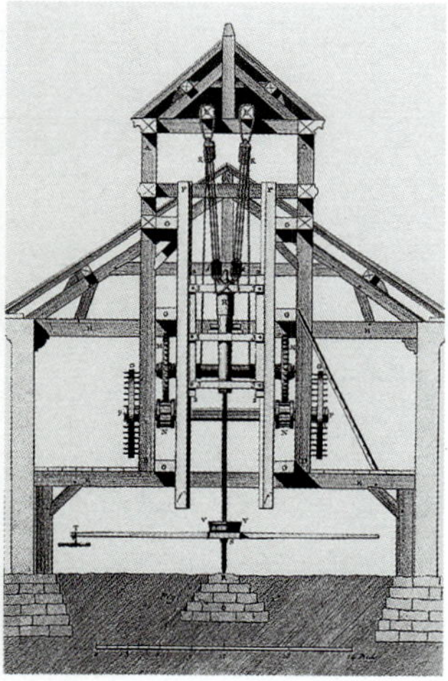

钻孔与旋削机，
古塞尔绘制，伯纳德雕版，
取自狄德罗与达朗贝尔
《**百科全书**》图版 XC，
1751

让他们在悲苦的贱役里
获取微薄的面包
在无知之中看那小小一块
以为那就是人生一切。

还魂尸说对了？

蒙泰尔

《诗》，1939

再会，夜暗的笛声，波浪，咳嗽
窗子放下。时间到了。也许
还魂尸说对了。鬼影憧憧
靠在走道里。
……
你呢？当你的快速火车
如微弱的连祷文开动，你
是不是也以卡瑞欧卡
无时或已的可怕节奏跟随？

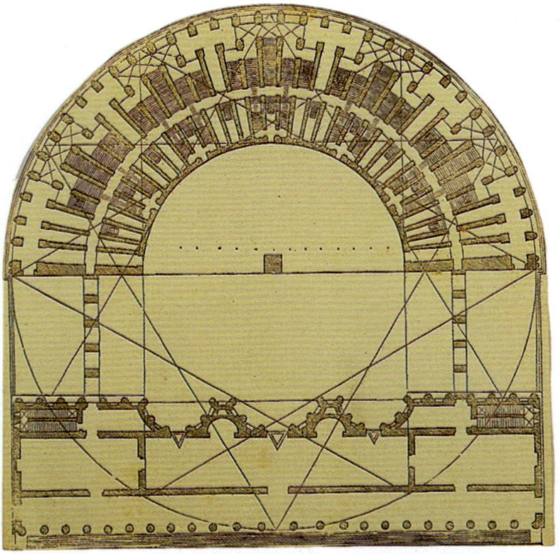

维特鲁威
库里昂之旋转剧场图解
取自巴巴洛版《**维特鲁威建筑十书**》
1556

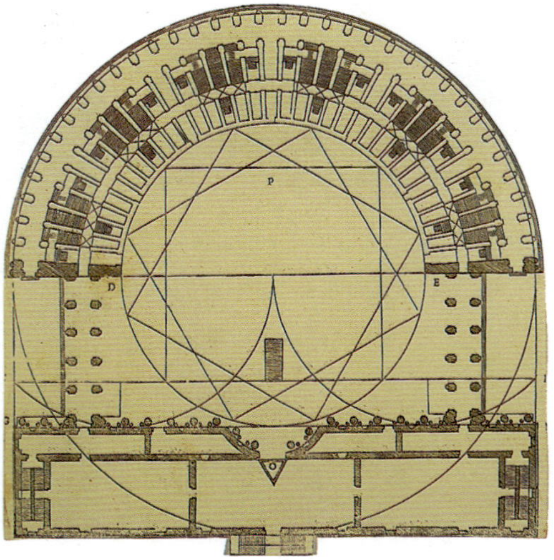

2. 从古代到中世纪

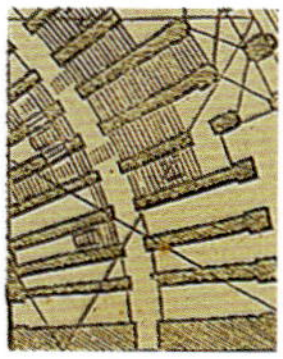

希腊化时代，希腊人谈到一些神奇的自动装置：第一篇讨论此事之作，是 1 世纪的亚历山德里亚的赫伦（Heron of Alexandria）所著《气动控制》（*Spiritalia*）。赫伦谈的可能是数世纪前亚历山大的塞特西波斯（Ctesibius）的发明，书中描述的机关预启将近两千年后的发明，诸如球体装满水，加热，两个喷嘴射出蒸汽，推球滚动。不过，赫伦视这些为玩具，或如神庙中制造玄虚的巧幻设计，决非艺术之作。

此一态度实际上历世不变（罗马人注意到营造问题，或为例外，见前文所提维特鲁威），直至中世纪，圣维克多的修伊（Hugh of Saint Victor）在其《学问指南》（*Didascalicon*）里说，“mechanicus”（机器）一词源自“moechari”（通奸）或“moechus”（通奸者）。希

亚历山德里亚的赫伦，
自动装置，
1647，
博洛尼亚（意大利）

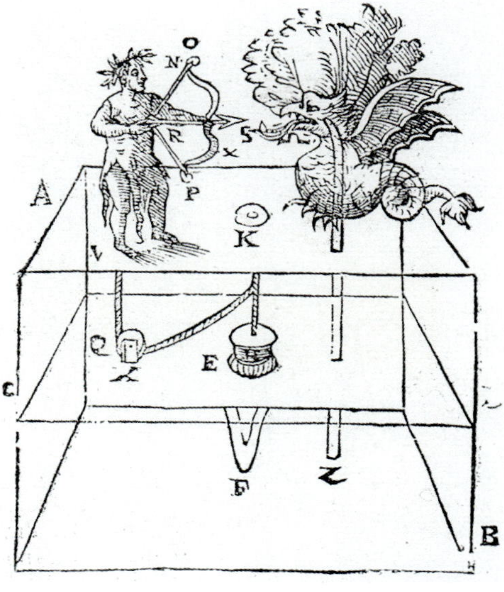

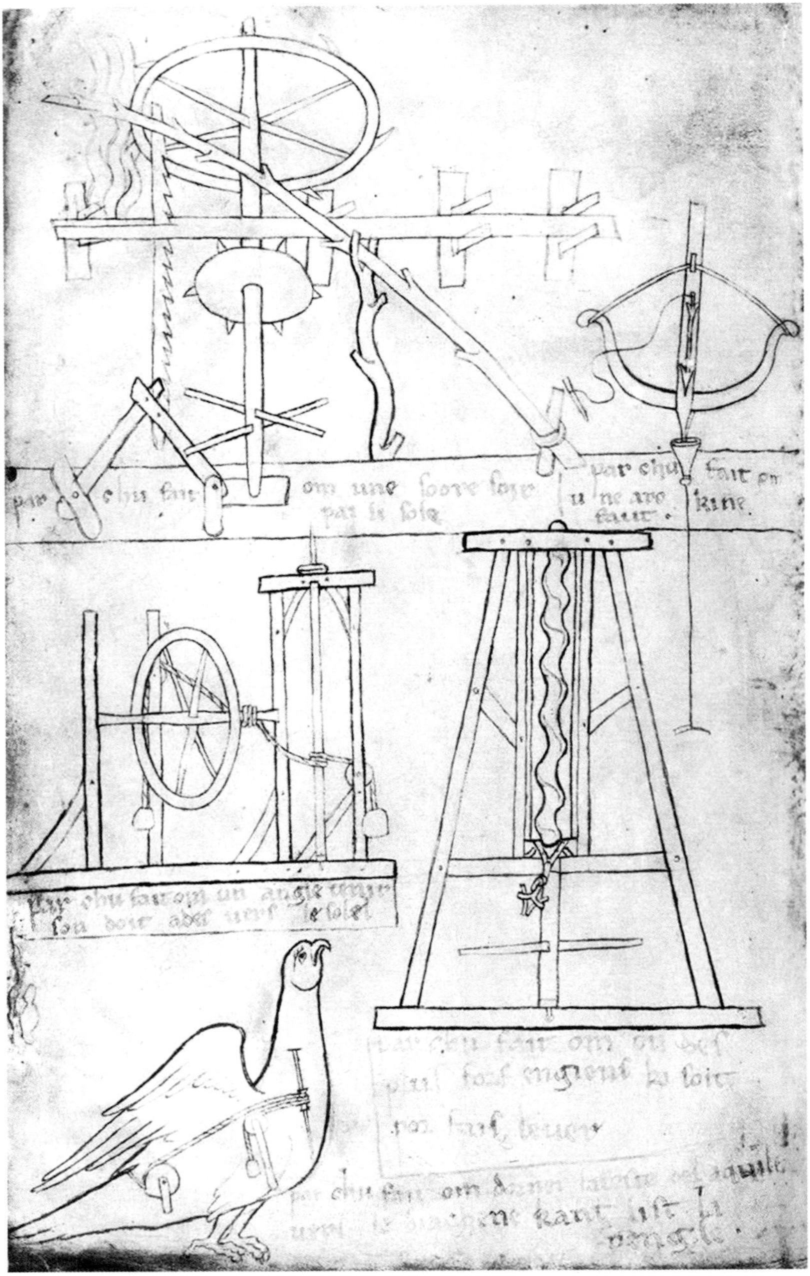

腊人没有机械图存世，中世纪则留下营造图标，但这些图标往往是纪念某种创建而作，例如教堂落成，只谈教堂是否美观，不及于营造方法。

公元1000年至13世纪之间，马颈圈、风车、马镫、尾舵及眼镜相继发明，使工作出现革命性的变化。这些发明在视觉艺术里留下记录，但也只因为它们是风景的一部分，而非因为它们是值得严肃思考之物。

的确，思想开明如罗杰·培根（Roger Bacon），梦想机器改变人类生活，见其《工艺与自然的奥秘》（*Epistola de secretis operibus artis et naturae*），但他并不认为这类机器会是美的。石匠行会使用机械，维拉·德·奥内库尔（Villard de Honnecourt）的《画集》（*Livre de portraiture*）有名至今。奥内库尔画出恒动机关，甚至设计飞鹰。但这是工匠所绘之图，用意在示人以制作机器之法，不在表现机器之美。

中世纪作家经常谈到机器猴子或机器鸟，拉希德（Harun al Rashid）送给查里曼大帝（Charlemagne the Great）的自动水钟，或克雷莫纳的流普兰德（Liutprand of Cremona）在拜占庭宫廷里看见的自动装置，谈来颇以为奇，但他们说的神奇是自动装置的外表，是其逼真如实物的印象，而不是使那些机关仿佛有生命的内在机制。

奥内库尔，
自动锯木机、机弩、起重机、活动鹰形讲台等机器图解，
13世纪，
巴黎，
法国国家图书馆

魔术王座

流普兰德（10世纪）
《出使君士坦丁堡报告》

王座前面，立着一株镀金的青铜树，树枝上满是各种青铜鸟，鸣声各有不同。皇帝宝座的式样，初看似低，再看变高些许，终而高高在上。而且极为巨大。我不知道那是木制的，还是青铜制。两只镀金狮子，似是护驾之用，以尾击地，张喉而吼，舌头摇动。两个太监以肩扛我入宫，来至皇帝面前。我一到场，二狮吼叫，铜鸟鸣唱，我并无惧意，亦未惊异，因为事先已有知情者告诉我。我鞠躬三次，抬头，忽见我方才看见的那个人高高坐在天花板下，而且衣着已变。宝座升上去了。我不解怎么升的，也许是以绞盘拉上去，像榨葡萄机之类装置。

3. 从15世纪到巴洛克

15世纪费奇诺（Marsilio Ficino）之作，可以说是较早认识机械**奇物**的象征价值之例，而且我们必须承认，达·芬奇设计其机关，他画那些机关，付出的爱心一如他画人体。他以自豪之笔揭示那些机器的关节，仿佛笔下主题是动物。

不过，达·芬奇亦非揭示机器内部结构的第一人。这方面，乔万尼·方塔纳（Giovanni Fontana）比他先行将近一个世纪。方塔纳设计以水、风、火、土推动的钟，这些材料因其自身重量而流过更漏；一张活动的魔鬼面具，魔术灯投影、喷泉、风筝、乐器、钥匙、撬锁具、战争引擎、船、暗门、开合吊桥、水泵、磨坊及活动楼梯。文艺复兴与巴洛克时期的**机械**，标准特色是游移于技术与艺术之间，方塔纳当然即是一例。这时候，我们瞥见一些迹象，**制作者**逐渐重新露面，技师获得一种新的尊重。华丽的插画书描述他们的活动。这时，机器明确与审美效果的产生相连，并且用来产生绝美、奇绝的建筑，例如有神奇喷泉而生气盎然的花园。赫伦的发现经过复制，现在藏在岩穴里，置于植物之间，或隐身塔中，外在可见之物只有潺潺喷泉交响，加上仿如生人之物。设计这些奇作的人，经常拿不定应该泄露个中机关之秘，还是表现其自然效果即可，并且每每折

考斯，
山林女神奏管风琴，
回声与她应和，
取自《**动力原理**》，
1624

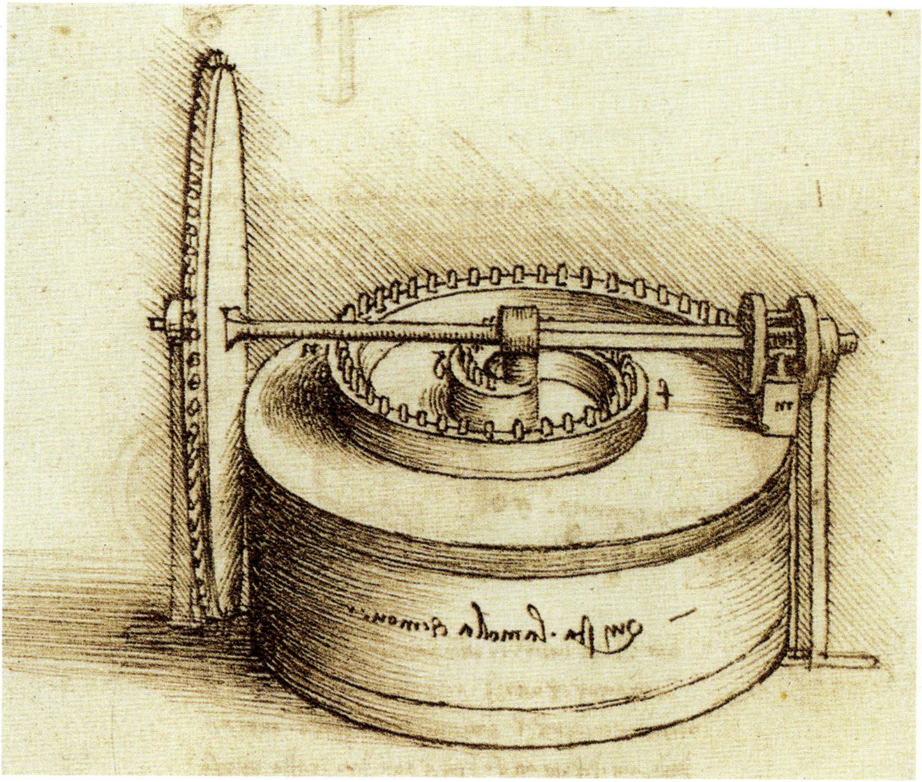

达·芬奇，
弹簧钟，
手稿 8937, fol. 4r，
马德里，
西班牙国家图书馆

奇物

费奇诺

《柏拉图主义的灵魂不朽神学》，II, 13. 1482

一些动物以一套杠杆连接于一只中央球体，在球上以不同方向移动：有的向左，有的往右、往上或朝下；有的上升，有的下降，有的包围敌人，有的扑击敌人，还传出小号与号角、鸟鸣等等声音，为数甚伙，全由那只圆球转动产生。……

上帝即是如此。上帝是一个无限简单的中心，万物来自这个中心，他最轻微的一动，一切皆动。

机械

森普洛尼欧（17 世纪）

《钟、沙漏与日晷》

他背叛并偷走人的生命，
像被贬到那个轮子上
在一百只轮子上旋转，
他习惯将人化为尘土
现在被人以一把沙衡量。
他以阴影遮暗我们的白天，
现在自己也在太阳的光里
变成影子；
啊，凡人，知道了吧，
时间与自然
消解一切

衷于两者之间。同时，人开始欣赏机器本身，欣赏机器之别出心裁。这类机器博得“人造”、“智巧”等形容词，我们也别忘了，在巴洛克感性之下，令人称奇的人造之物与巧妙的发明成为美的判准。机器似乎有了 gratia sui 的生命，亦即只为夸示其神奇的内在结构而存在；人欣见其形式，不论其功用；现在，机器与传统上视为美的创造（天然或艺术的创造）已有许多共通之处。文艺复兴与巴洛克时

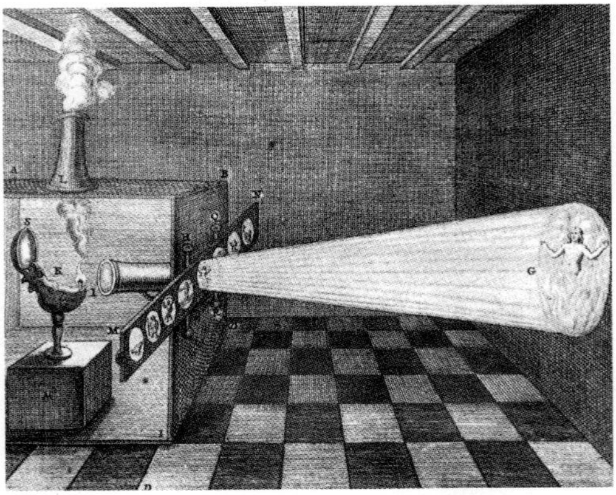

基尔克，
魔术灯，
取自《伟大的光影术》，
1645

拉美里，
机器，
取自《各种巧妙的机器》，
1588

期的机器，由钝齿轮、机架、连杆、螺栓擅场。机械得势，见者眩惑，于是只见其实际作用，不暇重视其产生效果的内在机制。这些机器所生效果之单纯，与产生效果所需机制之精密，也每每不成比例。

经由巴洛克时期耶稣会传教士基尔克（Athanasius Kircher）的奇想，机器的奇绝之美与内在机制的智巧之美结合为一。有个例子是（以镜子变幻为基础）的反射剧场，从基尔克在《伟大的光影术》（*Ars magna lucis et umbrae*）里的描述看来，堪称一些现代电影摄影技术的先声。

T
V
R
S
X
Z
P
N
L
M

4.18与19世纪

机器成为审美对象的过程并非尽属直线前进。瓦特（James Watt）在第一次工业革命之初建造他第一部机器，为图世人原谅其功能，将功能隐藏于形如古典神殿的外表之下。过一世纪，社会已经有点喜欢新的金属结构，“工业”之美已开始出现，埃菲尔铁塔为求视觉上获得大众接受，仍得古典模样的拱状装饰，纯属装饰，因为并无承重功能。

在法国《百科全书》（Encyclopédie）里，机器以其理性效率而受颂扬。理性效率也是新古典主义使用的一项审美判准。《百科全书》

瓦特引擎图解

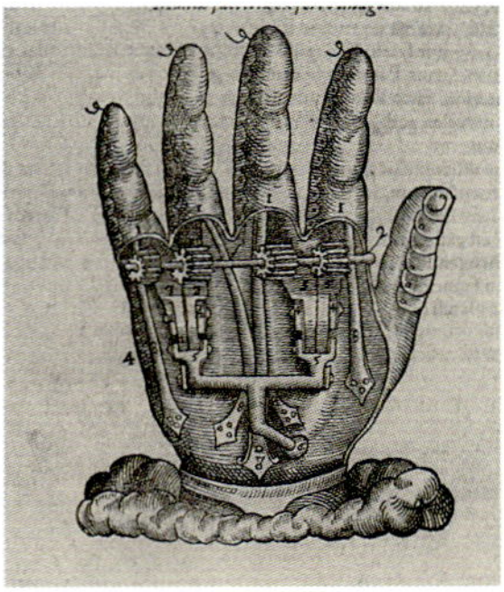

巴雷，
人造手，
取自《外科手术工具与解剖图》，
1594

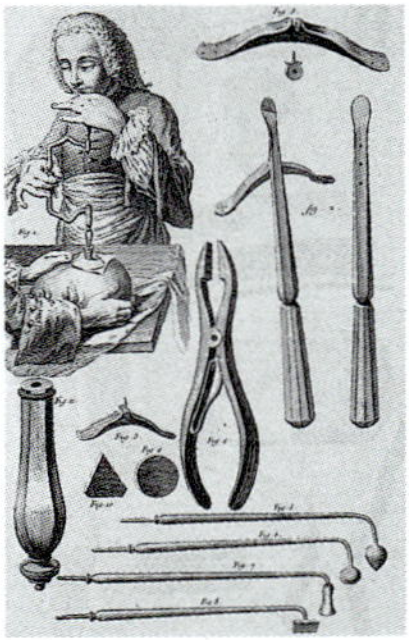

外科手术工具，
取自狄德罗与达朗贝尔《百科全书》，
1751

尼提斯，
火车驰过，
1879，
巴列塔（意大利），
市立博物馆

的机器描述十分周全，不带任何如诗如画的、戏剧性的成分，也不谈机器与人有任何相似。取《百科全书》所画手术工具，与16世纪医师巴雷（Ambroise Paré）所画手术工具相较，可见文艺复兴时代所制工具仍然有意状似下巴、牙齿、掠食猛禽之喙，工具与其所要对治的病痛，以及其所使用的暴力（救人用的暴力），都还有形态学上的关联。18世纪的工具，其呈现方式则如同我们今天呈现之桌灯、割纸刀或任何工业设计产品（参见本书第九章）。

蒸汽引擎之发明，是对机器的审美热情明确降临的标志。即诗人亦如此热情：卡杜奇（Giosuè Carducci）的诗《撒旦颂》（*Inno a Satana*）足为明证。诗中写火车头是“美丽”又恐怖的怪物，是理性战胜过去蒙昧主义的象征。

撒旦火车

卡杜奇

《撒旦颂》，1863

一只美得可畏的怪物
被放开锁链了，
它疾驰大地
疾驰四海：
闪烁又冒烟
如一座火山，
征服高山，
吞噬平原；

它跃过崖谷；
深深钻入
隐藏的洞窟，
沿着深邃莫测的路径；
然后重新冒出，
势不可遏，
从此岸到彼岸
如龙卷风
狂啸怒吼，

如龙卷风
喷吐气息：
那是撒旦，啊万民，
撒旦呼啸过去了。

5. 20 世纪

罗雷，
Ardita 汽车广告，
1933，
都灵，
菲亚特档案馆

20 世纪初，时代成熟，未来主义遂能推崇速度，马利内提（Marinetti）先则倡言月光徒供诗兴，乃无用之垃圾，杀之可也，继而声言赛车较胜利女神奈姬（Nike）更美。此即工业美学全盛期之始：机器不必再如瓦特那般以古典主义的装饰来掩藏其功能，因为形式跟随功能的概念已经确立，一部机器愈明白表现其功能，愈美。

不过，就是在这个新的审美气候里，基本设计的理想仍与风格理想交互出现，亦即机器的形式有时并不根据其功能，而是为了在审美上更悦目，以便更吸引可能的使用者。罗兰·巴特（Roland Barthes）分析第一款法国汽车 Citroën DS，于其设计与风格之争有精当之论（DS 两个字母，技术气派十足，若正确发音，念成“deésse”，却是法文的“女神”）。

是知故事仍然并非直线前进。过去数世纪以来，机器虽然本身即变得美丽迷人，但还是继续引起新的焦虑，这焦虑并非机器的神秘所引起，却是来自机器赤裸裸的吸引力。钟在一些巴洛克诗人心中引起时间与死亡的反思，足为例子。他们写道，那些钝齿轮切割日子，割裂时辰，细沙流过更漏则如人不断失血，我们的生命如同沙粒般，涓涓滴滴流逝。

将近三百年后，我们看到卡夫卡在《流刑营》（*In the Penal Colony*）里描写的机器。书中，机制与酷刑工具一而二，二而一，太迷人了，连刽子手也愿意为了荣颂其发明而牺牲自己。

与卡夫卡笔下那些发明同其荒谬的机器，后来不再是致命工具，而是“守贞机器”（celibate machine），也就是没有功能、或功能荒谬但美丽的机器，亦即纯属浪费的机器。易言之，即没有用的机器。“守贞机器”一词，来自杜尚作品《大玻璃》（*The Large Glass*），此作又名《新娘被她的单身汉剥光》（*La Mariée mise a nu par ses celibataires*）。稍加检视，即知此作灵感直接来自文艺复兴时期的机械设计。

FIAT

速度之美

马利内提

《人的繁增与机器的主权》，约 1909

法国铁路工人大罢工期间，组织罢工者没有能够说服任何火车司机破坏火车头。

我认为这是极为自然的道理。那些人怎么可能伤害或杀害他专忱、忠实、热情、任凭他使唤的好朋友，他怀着爱心润滑呵护的美丽机器？这不是比喻，这几乎是一个现实，我们短短几年之内就能够印证。

你一定听过汽车主人和修车厂经理的说法："引擎真是神秘的东西！"他们说，"引擎有它们自己的怪癖，难以预料的举止，仿佛有人格、灵魂，有意志。你得爱抚它们，尊重它们，千万不能虐待它们，也不可以过度操劳它们。

"你如果好好对待它，那么，这部用钢铁做成的机器，这具依照精准规则制造的机器，不但会为你拿出它所有性能，而且两倍、三倍于此，比制造商预设的更多、更好。"真正的机器感性定律即将发现，以上说法就是此一发现的先声，要重视！

因此，我们一定要准备迎接人与机器之间即将来到的，不可避免的认同，促进直觉、韵律、本能与金属纪律的不断互动，这境界，多数人绝对不知，只有神志最清明的人能够预见。

车道神圣

马利内提

《新宗教：速度的道德》，1916

如果祈祷意指与神沟通，则高速旅行就是祈祷。轮子与车道神圣。我们要跪在车道上，向神圣的速度祷告。我们要在环动罗盘的旋转速度面前下跪：每分钟两万转，人类达到的最大机器速度。我们一定要从星星偷取它们神奇不可思议的速度的秘密。让我们加入星际战争；让我们对付那些无形的加农炮射出的星弹；让我们和这颗叫做 1830 Groombridge、秒速达到 241 千米的星星一较高下，和猎户座里每秒飞 430 千米的星星一争短长。无形的数学炮兵。那些战争里，星星既是炮弹，也是炮手，高速逃离比自己大的星星，又轰击比自己小的星星。我们的圣徒，是那些以平均每秒 4 万 2 千米速度穿透我们的大气的无数微粒子。我们的圣徒是速度每秒 3×10^8 米的光波与电磁波。在汽车里高速飞驰的兴奋，就是觉得自己与上帝合一的喜悦。车手就是这个宗教的第一批信徒。（接下来马上就是）摧毁房屋和城市，改建为汽车和飞机的集合场。……

电力的手臂

佛戈尔

《电》，1912

电力设备、工具、
由此意志操纵，
沉重的拖车
贪婪地吞噬
空间、时间和速度；
啊电力的手臂
到处伸展，
捕捉生命，改造生命，
以快速的元素
或强大的齿轮
塑造之；
电的超绝子女
粉碎梦与物质，
我听见你们嘶嘶之声
在工厂及
建筑工地汇集
唱着大车赞美诗
宏声勇健穿过街道，
歌颂那
不受拘制而制造一切奇迹的电的
神圣意志

钟

森普洛尼欧（17 世纪）

《钟面》

时间是一条盘卷的蛇，
毒化名字，将美消蚀；
然而你，只因它将你的时辰
在滴答之中带走，
你就把它保存于你心腹，于金盒之中。
啊可怜的人，你多么盲目又愚蠢！
时间奸险的双手出卖观看它的人，

用那双手标示致命的一小时一小时，
白你的头发，犁你的脸庞。

你崇拜你的人生形状
没看出那多诈的掠食者
如何使它一天天苍白暗淡。
像只愠怒的狗或聪明的贼，
他不吠，只咬；
他有铜的尖牙，铁的舌头
默不作声，偷偷欺近。

珍贵的机器

鲁塞尔

《非洲印象》，1910

贝杜单击框架上的一条弹簧，发动他孜孜不倦以无比毅力创造的珍贵机器。

几条隐藏不见的推送带，推送带上端消失于框架之中，在这些带子推动之下，板子与几只梭子槽水平移动。虽然如此移动，而且杆上附着无数条线，但每只梭子都有个具备抵消作用的特制张力系统，因此一切维持完全稳定。丝轴安梭子的纺锤上，不加干涉的话，那些纺锤自行逐渐倒卷而解开。一条弹簧发挥非常轻微的反制，防止丝线倒卷。其中的机制能使一些纺线变短，一些变长，网孔因此维持本来形状，不会松落，也不会纠缠一团。板子以一枝坚固垂直的柄子支撑，定时做直角弯曲，穿透框架。这里有一条看不见的长沟槽，供方才开始的无声滑行运动之用。

不久，板子停止，然后开始往上移动。现在，那枝支撑柄的垂直部分缓缓开始延伸，透出一系列滑抽而出的节段，很像望远镜的伸缩筒。它由一套内部滑轮与缆线控制，要靠一条有力的螺旋弹簧推送，才能产生那徐缓的上升运动。上升运动在片刻之后停止。……突然，板子里一条弹簧丢出一个梭子，梭子冲过线丝，落进一个位置经过精心计算来接它的凹处。一条纬线抽出来，打横延伸，形成一块布的第一排电线。

由一条沟槽底下一根活动棒子推动，芦杆击打不断供应的线，然后反向上射。综絖再度启动，完全改变丝线的安排，丝线现在上下远远分开。

在左侧格子一条弹簧推送之下，梭子射过支柄，回到凹处。第一条纬线从梭子的纺锤抽出，由芦杆做精巧的敲击。综絖开始其怪趣的来回往复之际，板子以其两个置换机制斜向移动。第二个凹处利用运转里一个短暂的停顿，吐出一个梭子，梭子射入一个角落，所有丝线都已传过来，定着于对凹处。这个凹处自始就是维持不动的。

芦杆又再度敲打新的纬线，接着，综絖又为很快被逼回凹处的梭子准备返回的路线。

酷刑工具

卡夫卡

《流刑营》，1919

“没错，耙，”军官说。“名称很贴切。这些针就是像耙一样排列，整个东西也像耙一样使用，只是使用时维持在原地，而且原理巧妙多了。你等会就会明白。犯人摊在这张床上。……这么说，你比较好懂。铭刻仪有个链轮也挺老旧了，动起来喀吱喀吱响，说话简直听不清楚。

可惜这儿很不容易找到替换零件。好吧，我说过了，这是床。整套设备盖着一层棉花，用处你回头就知道。犯人肚子朝下，卧在棉花层上，当然喽，光着身子。这是绑手的皮带，这是绑脚的，这是绑脖子的，把他稳稳固定。我说，犯人肚子朝下，摊在床上，这儿是床头，床头这里伸出一个毛毡头，可以灵活调整，很容易塞进犯人嘴巴里，防他惨叫，也防他把舌头咬碎。犯人当然一定要把毛毡头咬在嘴里，不然脖子上的皮带会把他的脖子给绞断。

……

这套设备挺大的。床和铭刻仪同样大小，看起来就像两口箱子，铭刻仪离床上方约莫两米，四角用铁柱子撑起来，你瞧这铁柱子，太阳照起来发亮。耙挂在两口箱子之间，在一条铁带子上。……

“好，现在犯人趴在那里了，”旅行者说。他靠在椅背上，翘起腿来。“没错，”军官说着，一边把帽子往脑袋上推一点，一只手抹过热烘烘的脸。“喏，看清楚。床和铭刻仪有各自的电池，床的电池给自己用，铭刻仪的电池要为耙供电。犯人绑稳之后，床就发动，以又细又小的动作同时上下左右颤动，你在精神病院应该看过和这个类似的装置，只是我们这张床的运动经过细心计算，必须和耙的动作精确一致。不过，真正执刑的，是耙。……

人俯摊在床上，床开始颤动，耙就插到他身上，自动就位，而且刚好只有针尖轻轻碰到身体。机器开始操作，钢带就紧绷成一条棍子。好，表演开始。不明究里的人，从外表看不出这些处罚有什么不同之处。耙的动作好像一成不变似的。耙颤动的时候，将针尖插到身体里，身体也是跟着床在动的。为了让人看清楚刑罚怎么执行，耙是玻璃制。用玻璃做耙，要如何固定这些针，在技术上有相当的困难，不过，我们试验几次之后，还是办成了。我们真是不遗余力。好，在犯人身体上铭刻的时候，透过玻璃，谁都可以看得一清二楚。你要不要靠近一点，看看这些针？”旅行者慢慢站起来，走近，俯身看耙。“你瞧，”军官说，“针有两种，排列复杂。每根长针隔壁都是一根小针，长针刻字，短针喷出水来，把血冲开，保持字迹清晰。血水导进这里的小沟沟，最后流入这些主槽，再从一条出水管汇到坑里。”

女神

罗兰·巴特

《神话学》，1957

我相信，今天，汽车的确相当于伟大的哥特教堂：都是一个时代的伟大创造，由不知名的艺术家以澎湃的热情构思出来，其形象（如果不说其用途）被一大群人消费，他们通过它而拥有一件神奇之至的物品。新款 Citroën 分明就是天上下凡，意思是，它自始就是超绝之物。不要忘了，此物是超自然的最佳载具，轻易自成完美，没有起源，自成一体而灿烂，是生命转化为物质（特质远较生命神奇），最后，它有属于神奇之物的那种沉默，神物不言。这位女神具备来自另一宇宙事物的所有特征（至少大众已开始异口同声说它有这些特征），那些事物满足 18 世纪对新奇的狂热，以及现代科幻小说表现的类似狂热：这款车的第一要义是，它是新的鹦鹉螺号。

卓别林，
电影**《摩登时代》**，
1938

鲁塞尔（Raymond Roussel）在《非洲印象》（*Impressions d'Afrique*）里发明的机器就是"守贞机器"。不过，鲁塞尔描述的机器产生我们可以辨认的效果，例如奇妙的编织，丁格利（Jean Tinguely）等艺术家现实上建造的机器雕塑则只产生没有知觉的运动，唯一功能是喀喀而动，并无目的。它们不生产功能，合乎"守贞机器"的定义——它们令我们发笑，使我们生出好玩的心情，因为如此我们就能控制瞥见某种隐藏的目的即产生的恐怖之感。它们的目的如果不能见人，就只可能是偏邪的目的。因此，丁格利的机器，功能如同许多艺术之作，能以美来驱除痛苦、恐惧、不安和未知。

丁格利，
恐怖战车：法拉利万岁，
1985，
巴塞尔（瑞士），
丁格利博物馆

第十六章

从抽象形式到物质的深度

1.“到石头堆里寻找他的雕像”

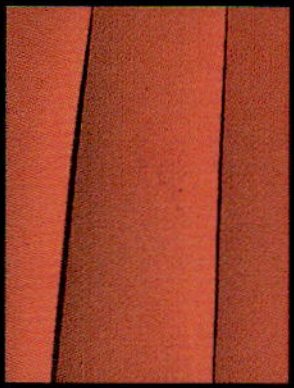

当代艺术发现物质的价值及其丰富潜力。这不是说过去艺术家不晓得自己是用某种材料工作，也不是说他们不明白物质材料有其局限，有其创造的契机、桎梏和自由。

米开朗基罗说，他的雕刻作品仿佛现成于大理石块之内，艺术家之事，不过削除多余之石，露出材料中含藏之形而已。为他作传的人说，他常“遣人到石头堆中寻找他的雕像”。不过，艺术家虽然素知他们必须与材料对话，也知道他们必须在材料中寻找灵感，但他们觉得材料本身没有形式，将一个理念或形式印上去，才产生美。

依照克罗齐（Benedetto Croce）的美学，真正的艺术创造是“直觉 / 表现”那一刻，“直觉 / 表现”在创造精神内部已经整个完成，技术上的表现，也就是诗思移译为音声、色彩、文字、石头，纯属外在附带，于作品之完足与确定都无所增益。

米开朗基罗，
苏醒的奴隶，
局部，
1530，
佛罗伦萨，
学院美术馆

形式与材料

米开朗基罗（16 世纪）
《诗》，151

优秀艺术家的观念
无一而不在富孕的
大理石块之中，他所有的
不过是那只应心而运的手。

2. 当代对物质材料的重估

当代美学对克罗齐的主张产生反动，重新评估**物质材料**的价值。发生于精神深处，与具体物质毫无关系的创造，的确只是个苍白的影子。美、真理、创造和发明不只存在于精神之中，它们必须进入我们能触摸、嗅闻的物质世界，倒地时发出声响，受地心引力拉扯，会磨损老旧，会变化，会衰败或发展。

美学体系重新重视物质，20 世纪艺术家则每每独重物质，从新方向探索可能的形式。于是，对当代大多数艺术家，物质不再只是作品的载体，也是作品的目的。以“非正式”（informal）知名的画风，标志了泼洒、龟裂、堆块、缝隙、滴漏等特色的盛行。

波洛克，
整整五英寻，
1947，
纽约，
现代艺术博物馆

物质材料

帕雷森

《美学》，1954

艺术家怀着爱心研究他的物质材料，他深度检视，他观察其行为与反应；他质疑它以便控驭它，他诠释它以期驯服它，他服从它以便使它屈服于他的意志；他深度研究它，以便发现它可能适合他目的的潜能；他挖掘它，引它自己暗示新的，原创的可能性；他依循它，以便它的自然发展能符合他要创造的作品的需要；他研究悠久的传统教他的处理它的方式，以便产生运用它的新途径，或延伸处理它的旧有方式；如果那个材料的传统可能危及它的可塑性，使之沉重、过时又乏味，他就设法恢复它的原始清新，以便它愈是未经探索的层面，愈是成果丰富；如果材料是新的，他不会被一些似乎从它里面自发浮现的线索惊吓，他不会缺乏做某些实验的勇气，也不会规避困难，他会穿透它，寻找它的可能性。……

这并不是说艺术家的人性与精神性表现于一种物质材料之中，变复杂、被塑造，无论材料是声音、色彩或文字，因为艺术并非一个人的生命的再现和塑形。艺术只是一种材料的再现与塑形，不过，这材料是依照一种不可重复的塑形方式而被塑造的，这方式就是艺术家完全化成风格的精神性。

卢西奥·方塔纳，
空间观念：等待，
1964，
私人收藏（Rif.n.64T76）

布尔利，
粗布袋(Sacco 5P)，
1953，
卡斯泰洛城（意大利），
阿尔比琴宫

有时候，艺术家听任材料自由发展，听任泼上画布的颜色、粗麻布或金属自由发挥，直接由一个随机或出乎意料的裂口代言。艺术品每每仿佛不求任何形式，让画布或雕塑几乎成为自然物体，是机缘巧成之作，如海水之画沙，雨滴之铃泥。

有些画家以画题唤起艺术意图生出之前的素材：**柏油**、**碎石**、**霉**、**轨**、**尘泥**、**布**、**洪水**、**矿渣**、**锈**、**废料刮屑**，等等。但我们不可忽略一个事实，亦即艺术家并非单纯在邀请我们（就说通过书面信息吧）去观察铺路石、锈、柏油或搁弃于阁楼中的粗麻布袋。他们是在利用这些材料做艺术品，他们在挑选、突显，从而给没有形式的东西形式，将他们的风格如盖印般打上去。我们看过一件非正式艺术的作品后，才觉得受到鼓励，以更敏锐的眼睛探索巧妙随机泼出的色彩，碎石的天然形成，或褴褴褛褛的、虫蛀布料上的绉纹。如此探索那些材料，我们发现它们内里隐藏的美。

3. 现成艺术

现成（Objet trouvé）艺术，亦应作如是观。Objet trouvé（译按，“捡来的东西”）在20世纪初叶已由杜尚等艺术家发明。事物自己存在，但艺术家犹如人闲行海滩，发现一个贝壳或小圆石，捡回家摆在桌上，仿佛那是令人惊奇之美的艺术品。艺术家就这样“挑选”瓶架、脚踏车轮、铋晶体、一个本来供教学用的几何固体、受热变形的眼镜、服装店的人像模型，甚至尿壶，以之为雕塑作品。

这类挑选，底下当然有其挑激的意图，但其中也有个信念，说一切事物（甚至最低下之物）都有我们难得留意的形式层面。这些事物一旦被挑出，被“聚焦”，呈现于我们注意力之前，就有了美学意义，仿佛受过一位作者之手操纵。

杜尚，
喷泉，
1959，
巴黎，
国立现代艺术博物馆，
蓬皮杜中心

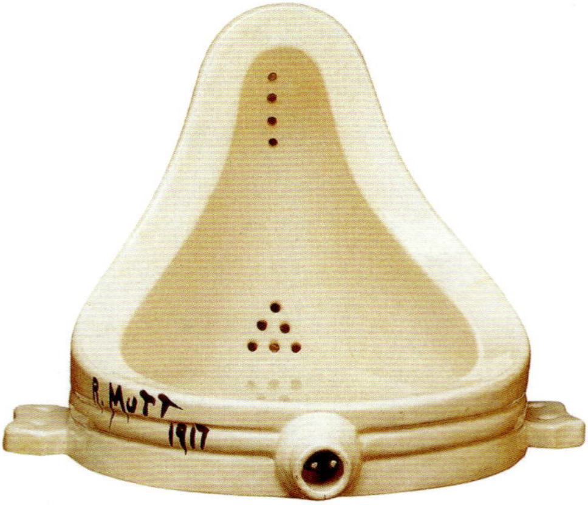

4. 从复制到工业材料到物质的深度

有时候，艺术家不是找到，而是以自己的手“复制”一段路或墙上的涂鸦，如杜布菲（Dubuffet）的路面，或托姆布雷（Cy Twombly）满是童稚乱涂的画布。这里，艺术运作明显可见。艺术家心知肚明自己正在使用精炼的技术重做东西，使东西望之如随机自成之作，如**素材状态的材料**。有时候，材料不是自然材料，而是工业废料，或已经无用，从垃圾桶捡回的商品。

托姆布雷，
无题，
1970，
休斯敦，
梅尼尔收藏馆

素材状态的材料

曼迪亚格斯

《杜布菲，或极点》，1956

更简单而言，我们可以点出，他特别喜欢泥土的一点，是泥土比世界上任何东西都更常见，分布更广。也由于它平常，只对它匆匆一瞥的人往往裹足不前。这与理想的泥土观念无关，与土地的温情精神无关，谈起这精神，智者愚夫都灵感大发。这与泥土对人类的关系

也扯不上。……这是个平凡的材料，就在我们脚下，有时黏在我们鞋子上，这是水平面的墙，我们站在其上的平面，太平凡了，我们视而不见，除了多花时间下工夫。没有比它更具体的东西了，要不是人为建筑，我们永远都踩在上面。

RD

上左：
安迪·沃霍尔，
Campbell 汤罐头 1，
亚琛（德国），
新美术馆，
Ludwig 收藏管

上右：
里希登斯坦，
喀喇！
1963—1964，
里希登斯坦遗产委员会

前页：
塞沙尔，
压缩，
1962，
巴黎，
国立现代艺术博物馆，
蓬皮杜中心

后页：
碎形合成图，
取自培特根与李希特《**碎形之美**》，
1987

塞沙尔（César）将旧车引擎冷却器的扭曲金属压缩、变形、展览。阿尔曼（Arman）将透明的展示柜塞满旧眼镜，里希登斯坦（Roy Lichtenstein）根据老漫画做成巨大而忠于原作的拷贝。安迪·沃霍尔给我们可乐罐、汤罐头，等等。

这些例子里，艺术家针对我们周遭的工业化世界，展开充满嘲讽的辩难，将一天天消耗的世界像考古出土物般展出，让我们每天看见的东西在他的反讽博物馆里日益变僵，有如变成化石。我们每天看那些东西，不自知是恋物拜物。不过，艺术家的辩难无论多凌厉、多嘲讽，他也是在教我们要爱这些物事，提醒我们，就是工业世界，也有能传达审美情感的一定"形式"。

这些物体走完其作为消费品之路，完全无用，现在则反讽地不复无用、贫乏、狼狈无状，而是得救而流露一种无人想到的美。今天，精密的电子技术使我们在物质深处发现出乎意料的形式层面，一如我们从前在显微镜下欣赏雪花结晶之美。

一种新的现成形式于焉产生，不是工业物品，而是自然的一个深刻特征，肉眼不见的结构。我们不妨称之为新的"碎形美学"（aesthetics of fractals）。

第十七章

媒体之美

1. 挑激之美？消费之美？

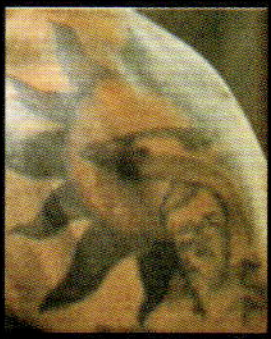

假想一位未来的艺术史家，或一位外层空间来的探险者，两人都问：主导20世纪的“美”观是什么？根本的说，美的历史一路走来，我们只是就古希腊、文艺复兴及19世纪初期或晚期提出一些类似的问题。我们辨认各个时期里引起波动的相反艺术风格，以及例如新古典主义品位与崇高美学同时并存的时代。但基本上，我们“从一段距离”看事情，每觉各世纪有其一贯的特征，或者，至少有一个根本的不连贯。

玛丽莲·梦露，
取自《玛丽莲月历》，
1952

梅耶，
尼金斯基与山林女神，
取自《**牧师之午后**》，
1912

轮到未来的诠释者“从一段距离”看事情，他们找他们认为真正的20世纪特征，可能拈出马利内提（Marinetti），说《胜利女神》在20世纪的对等之作的确是一辆美丽的赛车，而无视于毕加索或蒙德里安（Piet Mondrian）。我们无法从如此距离看今天，我们只能说，20世纪上半叶，最多到（包括）20世纪60年代，有一场挑激（provocation）之美与消费之美激烈相争。

曼·雷，
维纳斯复原，
1936，
米兰，
Schwarz收藏馆

2. 前卫，或挑激之美

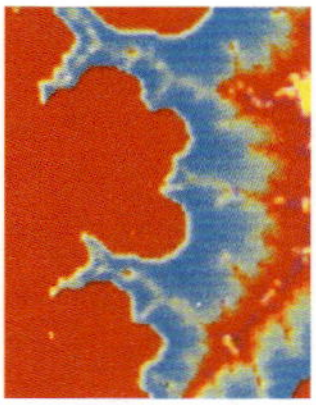

挑激之美，其理念出于各种前卫运动与艺术实验主义：从未来主义到主体主义，从表现主义到超现实主义，从毕加索到非正式艺术以降。

前卫艺术不拿美的问题自扰。新的意象在艺术上是“美”的，它们给我们的快感，犹如乔托的壁画或拉斐尔的绘画给他们当代人的快感，这都不待赘言，但我们必须明白，其所以不待赘言，全因前卫艺术以充满挑激的做法，背弃了所有至今仍受尊重的审美正典。艺术不再有兴趣提供自然之美，也不提供由静观和谐形式而来的乐趣。相反地，艺术现在的目标是教我们透过各种不同的眼光诠释世界，教我们乐于回归古老或玄奥的模型，梦的宇宙，精神病患的幻想，药物激发的视境，重新发现物质，以惊世骇俗的手法在不可能的背景中呈现的日常物品（如现成艺术、达达，等等），以及下意识冲动。

塞维里尼，
纠缠的舞者，
1911，
都灵，
私人收藏

毕加索，
阿维尼翁少女，
1907，
纽约，
现代艺术博物馆

当代艺术只有一派恢复几何和谐的理念，令人想起比例美学，此即抽象艺术。抽象艺术反对迁就自然与日常生活，走纯粹形式之路，自蒙德里安的几何构图，以至克莱因（Yves Klein）、罗斯科（Mark Rothko）或曼佐尼（Piero Manzoni），皆是。不过，数十年来参观展览或美术馆者，谁不曾听人对着一件抽象作品问："这到底什么意思？"谁不曾听见看完展览出来的人说："这也叫艺术？"所以，即使是这个重返比例与数学美学的"新毕达哥拉斯主义"，也冲击当代感性，冲击一般人对美的观念。

最后，许多当代艺术流派，诸如偶发（happenings）、艺术家自残、声光秀、音响现象——以艺术之名，演出类似古代神秘仪式的场面，其目的不在于沉思美丽事物，而在宗教体验，而且是欲情、原始一路，诸神已经不在。与此类似，有 raves 之类事件，即大群人齐集迪斯科舞场或摇滚演唱会，灯光闪烁，音乐震天，俨然大同世界（每每由化学药物刺激助兴），局外人见之，谓之"美"（古罗马竞技场那种万众鼓噪的美），实际置身其中者，体验又自不同。参与者可能大谈"美丽的经验"，犹如我们说某次游泳真"美"，某次机车出游好"美"，或某次性邂逅之"美"畅。

马尔维奇，
黑色方形与红色方形，
1915，
纽约，
现代艺术博物馆

3. 消费之美

但我们的未来访客不会不发现另一件怪事。参观前卫艺术展览的人买他们无法理解的雕塑，参加“偶发”艺术活动者，依照时尚的正典穿着化妆。他们穿牛仔裤或名牌衣服，发型与化妆来自时尚杂志、电影、电视标榜的模型，也就是媒体提倡的模型。他们追随的美的理想，是商业消费世界提供的，而那是前卫艺术对抗逾五十年的世界。

这矛盾如何解释？此处不拟妄揣，不妨称之为20世纪的典型矛盾。那位未来客人必定要问，大众传播媒体的美的模型到底是什么。他会注意到这个世纪的一些对比。

418—423页：

崔姬

葛丽泰·嘉宝

丽塔·海华斯

上左：格蕾丝·凯莉
上右：碧姬·芭铎
下左：奥黛丽·赫本
下右：玛莲·黛德莉

安妮塔·艾克伯格

约翰·韦恩，
电影《**龙虎盟**》(*El Dorado*)，
霍华德·霍克斯导演，
1967

弗雷德·阿斯泰尔
和珍姬·罗杰丝，
电影《**海上恋舞**》(*Follow the Fleet*)，
马克·桑德里奇导演，
1936

上左：**卡里·格兰特**
上右：**马龙·白兰度**
下左：**詹姆斯·迪恩**
下右：**马塞洛·马斯楚安尼**

第一个对比是，同一个十年里有两种相反的模型。兹举一例：电影出现葛丽泰·嘉宝（Greta Garbo）与丽塔·海华斯（Rita Hayworth）代表的“致命女人”，同时有克劳德特·科尔伯特（Claudette Colbert）与桃乐丝·黛（Doris Day）代表的“邻家女孩”。高大而雄赳赳的西部英雄约翰·韦恩（John Wayne），与温良而略带阴柔的达斯汀·霍夫曼（Dutin Hoffman）并存。加里·库珀（Gary Cooper）与弗雷德·阿斯泰尔（Fred Astaire）同时。身材轻瘦的弗雷德·亚斯坦（Fred Astaire）与魁梧的吉恩·凯利（Gene Kelly）共舞。时装界推出电影《罗伯塔》（*Roberta*）里的华丽女装，同时有可可·香奈儿（Coco Chanel）那些男女融合的设计。大众媒体彻底民主，为天生贵族风致者提供美的模型，也为肉感的劳动阶级少女提供美的模型。无法与胸脯丰满的安妮塔·艾克伯格（Anita Ekberg）争锋的女性，可以纤细的奥黛丽·赫本（Audrey Hepburn）为法。没有理查·基尔（Richard Gere）那种文雅型阳刚之美的男人，则以艾尔·帕西诺（Al Pacino）的善感与劳勃·狄尼洛（Robert De Niro）的蓝领阶级魅力为式。最后，买不起玛莎拉蒂（Maserati）之美的人，选择迷你车（the Mini）之美，亦甚方便。

雷蒙德，
《闪电侠》，
1974

艾德曼，
披头士，
《黄色潜水艇》插画

第二种对比将20世纪一分为二。大众媒体在20世纪前60年呈现的那些美的理想，源出“主流艺术”（major arts）。1920年代与1930年代广告里的慵懒女人，令人想起新艺术与装饰艺术运动的苗条之美。各种产品的广告素材透露了未来主义、主体主义、超现实主义运动的影响。漫画《小尼莫》（*Little Nemo*）的灵感来自新艺术，《闪电侠》（*Flash Gordon*）里其他世界的都市情节，则令人联想圣伊利亚（Sant'Elia）等现代主义建筑师的乌托邦，此作甚至预启现代飞弹的形状。漫画《狄克•崔西》（*Dick Tracy*）出现愈来愈眼熟的前卫绘画。最后，追踪1930年代到1950年代的《米老鼠》（*Mickey and Minnie Mouse*），可以看出那些画法如何步趋当时管领风骚的审美感性。

不过，波普艺术继起，开始根据取自商业、工业及大众传播媒体的意象，以挑激手法推出实验性作品，以及披头四合唱团巧妙改写一些传统音乐形式，挑激的艺术与消费的艺术之间的隔阂即日益缩小。此外，“人文”艺术与“通俗”艺术之间似乎仍有间隔，但是，在所谓后现代的气候里，传统不断被重估之际，有文化的艺术也推出超越视觉艺术的实验新作。

达丽尔·汉纳与罗特格尔·哈尔，
电影《银翼杀手》（*Blade Runner*），
莱德利·斯科特导演，
1982

上左：
谭曼玲，
Richard Avedon 摄，
取自《Pirelli 月历》，
1997

上右：
纳奥米·坎贝尔，
Tarence Donovan 摄，
取自《Pirelli 月历》，
1987

下左：
丹尼斯·罗德曼

下右：
凯特·摩丝，
Herb Ritts 摄，
取自《Pirelli 月历》，
1994

另一方面，大众传播媒体不再呈现任何统一的模型，任何单一的理想美。即使是注定只维持一星期的广告攻势，传媒也可以征用一切前卫实验之作，同时推出取自 20 世纪 20、30、40 及 50 年代的模型，甚至呈现世纪中期的过时汽车款式。大众传媒至今不断端出回锅的 19 世纪画像学意象，梅·韦斯特（Mae West）的丰满与当红时装模特儿厌食症造成的魅力并见；纳奥米·坎贝尔（Naomi Campbell）的热骚美，与克劳蒂亚·希弗（Claudia Schiffer）的北欧美；《歌舞在线》（*A Chorus Line*）传统踢跶舞的优雅，与《银翼杀手》（*Blade Runner*）的冷冽建筑；电视影片或广告里的致命女人，与朱利娅·罗伯茨（Julia Roberts）或卡梅隆·迪亚兹（Cameron Diaz）代表的冰清邻家女；短发的乔治·克鲁尼（George Clooney），与花样翻新，脸上画成金属色彩，头发直竖如五彩森林或完全剃光的机器人赛博格（Cyborg），众型兼陈并列。

我们的未来访客势将无从辨认大众媒体在 20 世纪与 20 世纪以降传播的审美理想是哪个理想。面对这全然的异同宽容、彻底的混合主义、绝对而莫之可遏的美的多神教，他也束手。

参考书目索引

英文版译者小注

附有说明之处除外，本书引文都由笔者从意大利文版译成英文。原作以英文撰写之作当然不在此例。本书所引诗作，笔者尽力以精确且可喜面貌呈现，但笔者宗旨在于使读者就其内容得一概念，而非再现原诗。再者，许多诗作是笔者从意大利译本译来，因此，能以原文读这些作品的读者必将发现，笔者译文与原作颇有差异。艾柯大度且耐烦，许多朋友与同行协助我处理一些极为棘手的段落，谨此致谢：Luciana Bettucchi, Vincenzo Mantovani, Leonardo Mazzoni, Winifred McEwen, Anna Mioni, Sergio Musitelli, Valentina Pisanty, Mirella Soffio, 及 Simon Turner。任何讹误，责任当然笔者自负。

Alighieri, Dante 但丁

Purgatorio, VII, vv. 70-78 *109*
Purgatorio, I, vv. 13-24 *114*
Paradiso, XIV, vv. 67-75 *114*
Paradiso, XXX, vv. 97-120 *129*
Paradiso, XXIII, vv. 1-34 *174*
Henry Wadsworth Longfellow 译
（e-text courtesy ILT's Digital Dante Project）

Boccaccio, Giovanni 薄伽丘

The Decameron, Third day, First Novella *160*
J. M. Rigg 译，London, 1921

Cervantes, Miguel de 塞万提斯

Don Quixote, Book I, Chapter XIII *212*
选自 The Classical Authors Library
John Ormsby 译

Kafka, Franz 卡夫卡

In the Penal Colony, 1919 *397*
Ian Johnston 译
Malaspina University-College, Canada

Nietzsche, Friedrich Wilhelm 尼采

The Birth of Tragedy, I, 1872 *55*
The Birth of Tragedy, I, 1872 *56*
TheBirthof Tragedy, III, 1872 *58*
in Allen G, and H. Clark.
Literary Criticism: Pope to Croce.
Detroit: Wayne State University Press, 1962

The Birth of Tragedy, XVI, 1872 *58*
Francis Golffing and Walter Kaufmann 英译，
The Nietzsche Channel

Plato 柏拉图

Timaeus, V *51*
Phaedrus, XXX *51*
Timaeus, 55e-56c *51*
Timaeus, 53e-55c *67*
Benjamin Jowett 译

Tasso, Torquato 塔索

Jerusalem Delivered, XII *288*
Jerusalem Delivered, IV vv. 56-64 *324*
Edward Fairfax（1560-1635）译；London, 1600.
The text of this edition is based on that edited by Henry Morley, LL.D.（New York, 1901）
Public domain.

作者索引

续

续

艺术家及其作品索引

续

续

续

其他艺术作品

续

页码	作品中文名	作品外文名	相关信息
9	女子胸像	Female bust	
15	埃里卡·克利尔	Erica Creer	
*429	谭曼玲	Ling	取自《Pirelli 月历》
	纳奥米·坎贝尔	Naómi Campbell	
	凯特·摩丝	Kate Moss	
36	青年雕像	Kouros	
39	卡比多里尼的维纳斯	Capitoline Venus	罗马人仿
40	黎明女神抱其子曼农尸体	Eos with the body of her son Memnon	希腊红色人像杯（Attic red-figured cup）
41	阿基里斯与埃阿斯掷骰子	Achilles and Ajax playing astragali	黑色人像双耳瓶（black-figured amphora）
42	人首马身怪与拉庇泰族之战	The struggle between Centaurs and Lapiths	阿波罗神庙山墙（the Delphi temple pediment）雕刻
43	战车御者	Auriga	
46	拉奥孔	Laocoon	
52	眺望楼的阿波罗	Appolo of Belvedere	罗马人仿
53	阿波罗与缪斯	Appolo and the Muses	黑色人像瓶（black-figured vase）
55	戴奥尼索斯	Dionysus among Satyrs and Maenads	克莱奥弗拉德斯画家（Kleophrades Painter）红色人像双耳陶瓶（red-figured amphora）
56	睡眠中的半神人	Barberini Faun	
57	菲昂与雷斯波斯岛的女人	Hydra depicting Phaon and the Women of Lesbos	美迪亚斯画家（Meidias Painter）
59	西勒诺斯与半人兽神	Silenus with Two Satyrs	戴奥尼索斯神秘仪式（Dionysiac Mysteries）壁画
70	巴黎圣母院	The cathedral of Notre-Dame in Paris	
71	《圣经旧约故事》	The Old Testament	巴黎圣母院北面玫瑰窗
73	宙斯与迪米特之女科拉	Kore	
76	风、元素、体液	Winds, Elements, Humours	取自《占星学手稿》（*Astronomic Manusicript*）
78	以色列十二族的领袖	The Leaders of the Twelve Tribes of Israel	取自圣黎巴纳（Beatus of Liébana）《启示录注释》（*Commentary on the Apocalypse*），费迪南德一世夫妇（Beatus of Fernando I and Sancha）泥金抄本
*98	天使打开无底坑，蝗虫升起	Opening of the Well in the Abyss and Ascent of the Locusts	
*101	吹第五支号角的天使	Angel of the Fifth Trumpet	
*120	骑士与狮头喷火马	Riders on Lion-Headed Horses Vomiting Fire	
*132	恶龙、母子、天使长米迦勒及他的天使	Struggle among the Dragon, the Woman, Her Son, the Archangel Michael, and His Angels	
*148	天使缚魔鬼于深渊	Angel Chaining the Devil in the Abyss	
81	人的体液与基质和黄道十二宫的关系	Corporal Humors and Elementary Qualities of Man in Relation to the Zodiac	
83	以几何表现的上帝、灵魂、美德与恶行概念	Geometrical Representations of the Notions of God, Soul, Virtue and Vice, Predestination.	取自《图说技术》（*Ars Demonstrativa*）
84	上帝以圆规测量世界	God Measuring the World with a Compass	取自《圣经的道德教谕》（*Moralised Bible*）
85	艾萨克牺牲柱	Sacrifice of Isaac	
89	圣母教堂	The cathedral of Notre-Dame in Laon	
	圣礼拜堂	The Sainte-Chapelle in Paris	
94	《哈利路亚》	Jubilus Alleluja	乐谱
	《永恒之父》	Tu patris sempiternus	
95	圣母教堂	The cathedral of Notre-Dame in Chartres	
99	圣约翰·克里索斯顿祈祷书抄本	The Liturgy of St. John Chrysostom	
103, 110	福音书金句选本装订	Binding of an evangeliarium	
111	圣卡明方舟	Ark of San Calmin	
113	音乐与乐师	Music and its Connoisseurs	取自波修斯《数学与音乐》（*De Arithmetica de Musica*），安茹宫廷（Anjou Court）泥金抄本
117	耶稣世系图	The Tree of Jesse	彩色玻璃窗（stained-glass window）
121	《植物史》	Historia plantarium	伦巴德泥金抄本（Lombard Illumination）

续

122	野人、熊，或农夫	The Wild Man, Bear or Hind	取自《亚历山大传奇》（*Romance of Alexander*）
123	大妓女揽镜	Vision of the Great Whore	启示录织锦（Apocalypse, 17）
131	蛇发女怪瓦檐饰	Antefix in the shape of a gorgon's Head	Santa Maria Capua Vetere
138	世界地图	Mappa Mundi	
139	纽伦堡纪事	Nuremberg Chronicle	取自《纽伦堡纪事》
140	巨足遮荫人	Sciapod	
141	怪物噬人	Monster Devouring	圣皮埃尔（St. Pierre）教堂柱头
142	《寰宇志奇》	Livre des Merveilles	Master of the Marshall of Boucicault
144	教堂浮雕	Carved tribune of the church of San Pietro in Gropina	
147	启示录：七头龙被投入地狱	Apocalypse: the Seven-Headed Dragon Cast Down into Hell	
154	围巾游戏	Game with a Hood	金丝银线绣亚麻布钱包
157	圣母携子	Madonna with Child	
159, *163	泥金插画	Illumination	取自《曼尼西抄本》（*Manesse Code*）
162	维纳斯受六个传奇情人崇拜	Venus Worshipped by Six Legendary Lovers	佛罗伦萨盘子，传为圣马丁工匠（Master of St. Martin）作品
164-165	献心和情人向女郎献银	The Offer of the Heart and A Lover Offering Silver to His Lady	布鲁日的葛利斯（Jehan de Grise）画室创作
167	小死：拉德尔死于的黎波里女爵怀中	The Small Death, Jaufré Rudel Dies in the Arms of the Countess of Tripoli	采自意大利北方歌集（a Northern Italian Songbook）
171	但丁与比阿特丽斯在天国	Dante with Beatrice in Paradise	
175	嘉布里叶及其姊妹	Gabrielle d'Estrées with One of Her Sisters	枫丹白露画派（School of Fontainbleau）
243	奇吉别墅	Villa Chigi	
255	卷首插图	frontispiece	取自狄德罗与达朗贝尔《百科全书》（*Encyclopédie* de Diderot et D'Alembert）
*383	钻孔与旋削机	Machine for Boring and Lathing Cannons	
*392	外科手术工具	Chirurgie(Sugery)	
260	柔情地图	La Carte du Tendre	a map of affections and passions
301	美杜莎的头	Head of Medusa	佛兰德斯画派（Flemish School）
333	王尔德	Oscar Wilde	
363	儿童茶会	Tea Party	
366	埃菲尔铁塔	The Eiffel Tower in Paris	
370	露易丝·布鲁克斯	Louise Brooks	
380	薄片连铸机模具	Mould for Continuous Castingof Thin Slabs	
381	腓尼基仪式用金银斧	Phoenician ceremonial axe in gold and siver	
382	猎狮	Lion Hunt, relief from Assurbanipal's palace in Nineveh	
392	瓦特引擎图解	Watt's Machine	
399	电影《摩登时代》	Modern Times	卓别林（Charlie Chaplin）作品
412	玛丽莲·梦露	Marilyn Monroe	取自《玛丽莲月历》
418	崔姬	Twiggy	Olympia 提供
*421	奥黛丽·赫本	Audrey Hepburn	
*422-423	安妮塔·艾克伯格	Anita Ekberg	
*424	卡里·格兰特	Cary Grant	
	马龙·白兰度	Marlon Brando	
	詹姆斯·迪恩	James Dean	
*425	约翰·韦恩	John Wayne	
419	葛丽泰·嘉宝	Greta Garbo	Publifoto 提供
420	丽塔·海华斯	Rita Hayworth	
421	格蕾丝·凯莉	Grace Kelly	
*424	马塞洛·马斯楚安尼	Marcello Mastroianni	
421	碧姬·芭铎	Brigitte Bardot	Rex Features 提供
	玛莲·黛德莉	Marlene Dietrich	
425	弗雷德·阿斯泰尔和珍姬·罗杰丝	Fred Astaire & Ginger Rogers	Contrasto 提供
428	电影《银翼杀手》	Blade Runner	
429	丹尼斯·罗德曼	Dennis Rodman	